不可不知的 **36** 种

电子元器件 （第2版）

张晓东 著

人民邮电出版社
北京

图书在版编目（CIP）数据

不可不知的36种电子元器件 / 张晓东著. -- 2版
. -- 北京 ：人民邮电出版社，2017.2
（科技制作小达人）
ISBN 978-7-115-44096-9

Ⅰ．①不⋯ Ⅱ．①张⋯ Ⅲ．①电子器件－制作－青少
年读物 Ⅳ．①TN-49

中国版本图书馆CIP数据核字(2017)第002986号

内 容 提 要

　　本书系统地介绍了36种常用电子元器件的基本知识和识别方法，包括阻抗元件、二极管、三极管、集成电路、耦合与显示元器件、敏感元器件、电声换能器件、电控制器件、开关与保护器件等，让读者能尽快掌握进行电路设计和电子制作所必备的基础知识。

　　本书在内容上精心编排，每种元器件的介绍均从"外形和种类""结构及特点""主要参数""型号命名""产品标识"和"电路符号"等几个方面详细讲解，除配有大量实物照片外，还包含了常用元器件性能参数列表以及作者在长期实践中归纳、总结出的一些经验性的内容，真正让读者"看得懂、记得住、用得上"，并具备方便查找常用元器件参数的功能。这些是本书有别于同类其他图书的最大特点。

　　本书适合制作爱好者、电子技术初学者阅读，可以成为他们的元器件学习与使用指南，还可以为参与电子技术教学、电子科技实践活动及创客教育课程的师生提供有益的参考。

◆ 著　　　　　　张晓东
　　责任编辑　　房　桦
　　责任印制　　周昇亮

◆ 人民邮电出版社出版发行　　北京市丰台区成寿寺路 11 号
　　邮编　100164　　电子邮件　315@ptpress.com.cn
　　网址　http://www.ptpress.com.cn
　　北京七彩京通数码快印有限公司印刷

◆ 开本：700×1000　1/16
　　印张：16.75　　　　　　　　　2017 年 2 月第 2 版
　　字数：340 千字　　　　　　　2024 年 12 月北京第 20 次印刷

定价：49.00 元

读者服务热线：(010)53913866　印装质量热线：(010)81055316
反盗版热线：(010)81055315
广告经营许可证：京东市监广登字20170147号

电子元器件是构成各种电子装置最基本的单元。作为电子爱好者，在电路设计与制作之前，必须先要会认各种电子元器件，熟悉它们的名称、特点、种类、参数、用途，以及型号、引脚、电路符号等，为顺利完成一个个实用创意电子作品打下扎实的"基本功"。基于这样的出发点，我们特编写了《不可不知的36种电子元器件》一书，作为电子爱好者和电子技术初学者必读的图书、必备的手册。

本书融知识性、资料性、实践性为一体，在编写时力求做到实用性强、图文并茂、通俗易懂。

全书按所介绍元器件的特性和用途等简单划分成10章：第1章，阻抗元件；第2章，半导体二极管；第3章，半导体三极管；第4章，集成电路；第5章，耦合与显示元器件；第6章，敏感元器件；第7章，电声换能器件；第8章，电控制器件；第9章，开关与保护器件；第10章，其他元器件。每章均有简明扼要的导读内容，以帮助读者学习、记忆。

本书由张晓东编写，参加编写的人员还有张汉林、苟淑珍、李凤、张亚东、陈丽琼、陈令飞、张海棠、丁正梁、张海玮、张爱迪、陈新宇等。书中如有不妥之处，欢迎广大读者朋友批评指正，以便再版时使本书臻于完善。作者E-mail：zxd-dz@tom.com。

本书所介绍的36种常用电子元器件内容，大部分已在《无线电》期刊上公开发表，受到读者的广泛欢迎。在此声明，抄袭和盗用本书的文章，必将承担应有的法律责任！

愿本书能够成为广大电子技术初学者和电子爱好者的元器件入门学习指南，为大家初学入门、尽快掌握电子技术提供有效帮助！

编著者

第2版说明

　　2013年《无线电》编辑部推出的《不可不知的36种电子元器件》（第1版）得到了电子爱好者、电子技术初学者和青少年科技爱好者的普遍好评，成为畅销的电子技术入门图书。为此，应读者要求和市场需求，我们决定推出第2版。

　　本书由原书作者进行全面修订，总体思路是尽可能按简明、实用的要求向初学者提供常用电子元器件的基本知识、识别技巧及应用参数资料等，使该书融知识性、资料性、实践性于一体，真正成为电子制作入门的必读图书和必备手册！第2版主要增加了电阻器、电容器、电感器的型号命名和常用元器件的型号及其参数表格等内容，增加了附录——"学会网上查询电子元器件资料"，以引导读者利用互联网获取更多的元器件资料。同时，我们对第1版中出现的一些不足和差错进行了修正、完善，使新书在装帧设计和印刷质量上也有了新的提高，希望广大读者能够认可并喜欢。

《无线电》编辑部

2017年1月

目录

CONTENTS

第一章 阻抗元件

电子电路中有3种类似棋中"车、马、炮"重要棋子一样的基本元件，它们就是电阻器、电容器和电感器。作为科技制作"小达人"，要想顺利进行电子制作，必须首先熟悉和掌握这3种最基本元件的结构特点、外形种类、主要参数、识别方法和电路符号等内容。

电阻器、电容器和电感器可统称为阻抗元件。顾名思义，它们都具有阻碍"电"的能力，在电路中分别发挥出纯阻抗（电阻器）、容抗（电容器）或感抗（电感器）的功用。其中：电容器具有存储电荷的能力，其特点是允许交流电的流通，阻止直流电的流通；电感器具有存储磁能的能力，其特点与电容器相反，是通直流、阻交流。这两者是振荡电路、调谐电路、退耦电路和滤波电路中经常用到的元件。

1 无处不在的电阻器

电阻器是利用一些材料对电流有阻碍作用的特性所制成的，它是一种最基本、最常用的电子元件。电阻器在电路里的用途很多，大致可以归纳为降低电压、分配电压、限制电流和向各种元器件提供必要的工作条件（电压或电流）等。为了表述方便，通常将电阻器简称为电阻。

电阻器按其结构可分为固定电阻器和可调电阻器两种，电位器也是一种可调电阻器。

固定电阻器

固定电阻器通常简称电阻器或电阻，它是电子制作中使用最多的元器件之一。固定电阻器一经制成，其阻值便不能再改变。

（1）种类及特点

电子爱好者经常使用的固定电阻器有：实芯电阻器、薄膜电阻器和线绕电阻器。图1-1所示是它们的实物外形图。由图可知，普通固定电阻器只有两根引脚，引脚无正、负极性之分；小型固定电阻器的两根引脚一般沿轴线方向伸出，可以弯曲，以便在电路板上进行安装。

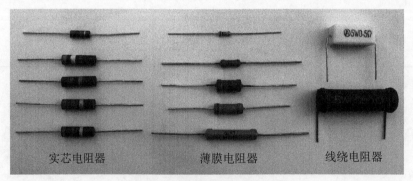

实芯电阻器　　　　　　薄膜电阻器　　　　　　线绕电阻器

图1-1　常用固定电阻器实物外形图

实芯电阻器是由碳与不良导电材料混合、并加入粘结剂制成的，型号中有RS标志。这种电阻器成本低，价格便宜，可靠性高，但阻值误差较大，稳定性差。在以前的电子管收音机和各种电子设备中，实芯电阻器使用非常普遍，但现在的成品电器中已经很少使用了。电子爱好者手头多有这种电阻器，一般在业余电子制作中是完全可以利用的。

薄膜电阻器是用蒸发的方法将碳或某些合金镀在瓷管（棒）的表面制成的，它是电子制作中最常用的电阻器。碳膜电阻器型号有RT标志（小型碳膜电阻器为RTX），它造价便宜、电压稳定性好，但允许的额定功率较小。金属膜电阻器型号有RJ标志，外面常涂以红色或棕色漆，它的特点是精度高，热稳定性好，在相同的额定功率下，体积只有碳膜电阻器的一半。

线绕电阻器在型号中有RX标志，是用镍铬或锰铜合金电阻丝绕在绝缘支架上制成的，表面常涂有绝缘漆或耐热釉层。线绕电阻器的特点是精度高，能承受较大功率，热稳定性好；缺点是价格贵，不容易得到高阻值。万用电表中的分流器、分压器大多采用线绕电阻器。

（2）主要参数

电阻器的主要技术参数有标称阻值、允许偏差和额定功率。

电阻值（简称阻值）的基本单位是欧姆（简称欧），用希腊字母"Ω"表示。通常还使用比欧姆更大的单位——千欧（$k\Omega$）和兆欧（$M\Omega$）。它们之间的换算关系是：

$$1兆欧（M\Omega）=1000千欧（k\Omega）$$

$$1千欧（k\Omega）=1000欧姆（\Omega）$$

为了适应不同的需要，国家规定了一系列的电阻值作为产品的标准，并在产品上标注清楚标准电阻值，称之为标称电阻。我国电阻器的标称阻值系列见表1-1。表中所给出的基数，可以乘以10、100、1000……例如3.9这个基数，可以是3.9Ω，也可以是39Ω、390Ω、$3.9k\Omega$、$39k\Omega$、$390k\Omega$和$3.9M\Omega$等。

表1-1　电阻器标称阻值系列

Ⅰ级（±5%）	1.0、1.1、1.2、1.3、1.5、1.6、1.8、2.0、2.2、2.4、2.7、3.0、3.3、3.6、3.9、4.3、4.7、5.1、5.6、6.2、6.8、7.5、8.2、9.1
Ⅱ级（±10%）	1.0、1.2、1.5、1.8、2.2、2.7、3.3、3.9、4.7、5.6、6.8、8.2、
Ⅲ级（±20%）	1.0、1.5、2.2、3.3、4.7、6.8

但是由于电阻器在生产过程中存在着误差，所以标称阻值并不是100%的等于电阻器的实际电阻。我们把电阻器的实际阻值和标称阻值间的差别，常以差值与标称阻值的百分比数来表示，叫作允许偏差（或阻值误差）。电阻器产品根据允许偏差大小可以分为3个等级，即：Ⅰ级允许偏差为±5%，Ⅱ级允许偏差为±10%，Ⅲ级允许偏差为±20%。很显然，允许偏差值小，表示电阻器的阻值精度越高。

电阻器是一种耗能元器件，当电流通过电阻器时，就会有一部分电能转换成热能，使电阻器温度升高。若使用时电阻器通过的电流太大或电阻器两端承受的电压过高，都会造成电阻器因过热而损坏。因此，各种电阻器都规定了它的标称功率（又叫额定功率）。如果低于额定功率使用，电阻器的寿命就长，工作安全；如果超负荷使用，轻者会缩短它的使用寿命，重者可能将电阻器烧坏。电阻器长期工作所允许承受的最大电功率即为额定功率，单位为瓦（W）。一般电阻器分为1/16W、1/8W、1/4W、1/2W、1W、2W、5W、10W等多种，使用中电阻器实际消耗的功率必须小于它的额定功率。在电子制作中，如果电路中没有特别注明，通常都可以使用1/8W或1/4W的电阻器。

（3）型号命名

国产电阻器的型号命名一般由4部分组成，其格式和含义如图1-2所示。第1部分用字母"R"表示电阻器的主称；第2部分用汉语拼音字母表示构成电阻器的材料，如T为碳膜、H为合成碳膜、S为有机实芯、N为无机实芯、J为金属膜、Y为氧化膜、C为沉积膜、I为玻璃釉膜、X为线绕、F为复合膜；第3部分用阿拉伯数字（个别类型用汉语拼音字母）表示电阻器的分类，如1和2均为普通型、3为超高频、4为高阻、5为高温、7为精密、8为高压、9为特殊、G为高功率、T为可调；第4部分用阿拉伯数字表示产品序号。

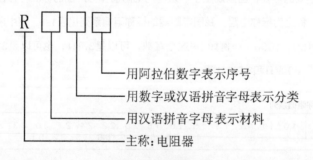

图1-2 国产电阻器的命名规则

通过国产电阻器的型号，可以获得构成对应电阻器的材料、结构类型等信息。例如：型号RT11表示这是普通碳膜电阻器，型号RX71表示这是精密线绕电阻器。

（4）标识方法

以前国产的电阻器大多数是将其标称阻值、允许偏差和额定功率（1W以下不标明）用数字和字母等直接印在表面漆膜上的，如图1-3（a）所示。这种直接标志法的好处是各项参数一目了然。另一种标志方法是在单位符号（Ω、kΩ、MΩ）前面用数字表示整数阻值，而在单位符号后面用数字表示第一位小数阻值，下面的字母则表示电阻值允许偏差的等级。字母等级划分：D表示±0.5%，F表示±1%，G表示±2%，J表示±5%，K表示±10%，M表示±20%。例如，图1-3（b）所示的电阻器阻值为3.9kΩ，偏差为±5%。

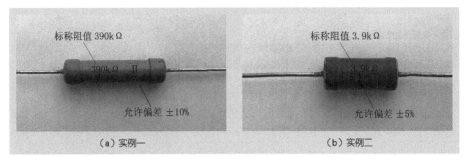

图1-3 电阻器的直接标志法

实际上，目前占据电阻器主流标志方法的是国际上惯用的"色环标志法"。采用色环标志电阻器的标称阻值和允许偏差有很多好处：颜色醒目，标志清晰，不易褪色，并且从电阻器的各个方向都能看清阻值和允许偏差。使用这种电阻器装配整机时，不需注意电阻器的标志方向，有利于自动化生产。在整机调试和修理过程中，不用拨动电阻器就看清阻值，给调试和修理带来了很大的方便，因此世界各国大多采用色环标志法。

采用色环标志法的电阻器，在电阻器上印有4道或5道色环表示阻值等，阻值的单位为Ω。对于4环电阻器，紧靠电阻器端部的第1、2环表示两位有效数字，第3环表示倍乘数，第4环表示允许偏差，如图1-4左边所示。对于5环电阻器，第1～3环表示3位有效数字，第4环表示倍乘数，第5环表示允许偏差，如图1-4右边所示。一般说来，我们常用的碳膜电阻器多采用4色环，而金属膜电阻器为了更好地表示精度，多采用5色环。

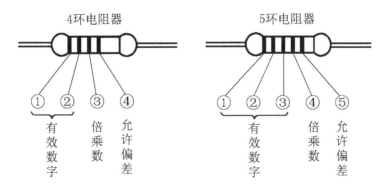

图1-4 色环电阻器的标志法

色环一般采用黑、棕、红、橙、黄、绿、蓝、紫、灰、白、金、银12种颜色，它们所代表的数字意义如表1-2所示。图1-5给出了色环电阻器的实例。其中，图1-5（a）的电阻器4道色环依次为"棕、黑、红、金"，它表示10后面有两个"0"，其阻值为1000Ω=1kΩ，允许偏差为±5%；图1-5（b）的电阻器5道色环依次为"绿、棕、黑、橙、棕"，它表示510后面有3个"0"，其阻值为510×10^{3}Ω=510kΩ，允许偏差为±1%。

表1-2 电阻器上色环颜色的意义

颜色	有效数字	倍乘数	允许偏差
黑	0	×10^0=1	
棕	1	×10^1	±1%
红	2	×10^2	±2%
橙	3	×10^3	
黄	4	×10^4	
绿	5	×10^5	±0.5%
蓝	6	×10^6	±0.25%
紫	7	×10^7	±0.1%
灰	8	×10^8	
白	9	×10^9	
金		×10^{-1}=0.1	±5%
银		×10^{-2}=0.01	±10%
无色			±20%

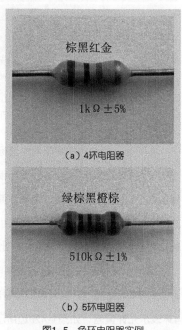

棕黑红金

1kΩ±5%

（a）4环电阻器

绿棕黑橙棕

510kΩ±1%

（b）5环电阻器

图1-5 色环电阻器实例

　　色环标志法中每种颜色所对应的数字在国际上是统一的，初学者往往一时记不住，运用得不熟练，其实你只要记住下面10个字的顺序，即"黑、棕、红、橙、黄、绿、蓝、紫、灰、白"，它对应着数字"0、1、2、3、4、5、6、7、8、9"，并且代表允许偏差的最后一圈色环多为专门的金色或银色，熟能生巧，慢慢就会运用自如了。

可调电阻器

　　可调电阻器主要有微调电阻器和电位器两大类，其最大特点是电阻值能够在一定范围内连续可调。

（1）微调电阻器

　　微调电阻器又称微调电位器、半可调电阻器，其实物外形见图1-6。它的阻值可以在一定范围内改变，常用于偶尔需要调整阻值的电路，例如作为晶体管的偏流电阻器、电桥平衡电阻器等。

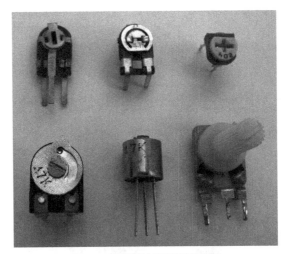

图1-6 常用微调电阻器实物外形图

　　微调电阻器的结构原理可通过图1-7所示的WH7-A型立式微调电阻器来说明。与固定电阻器相比较，微调电阻器增加了一个可以在两个固定电阻片引出脚之间滑动的触点引出脚，其中两个固定电阻片引出脚之间的电阻值固定，并将该电阻值称为这个微调电阻器的标称阻值。而滑动触点引出脚与任何一个固定电阻片引出脚之间的电阻值可以随着滑动触点的转动而改变。这样，可以达到调节电路中电压或电流的目的。

　　微调电阻器的阻值一般打印在它的外壳或表面明显处，所标阻值是它的最大阻值。微调电阻器多用于小电流的电路中，其额定功率较小，常见的多是合成碳膜电阻器，它的型号中有WH标志。若在大电流电路中使用微调电阻器，如电源滤波电路等，则要用线绕半可调电阻器（型号中有WX标志）。

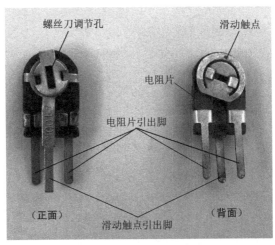

图1-7 WH7-A型立式微调电阻器

（2）电位器

电位器也是一种可调电阻器，它在电路中多用于经常需要改变阻值、进行某种控制或调节的地方，如收音机的音量调节、稳压电源输出电压调节等都是通过电位器来完成的。常用电位器有普通旋转式电位器、带开关电位器、小型带开关电位器、直滑式电位器等，它们的实物外形见图1-8。

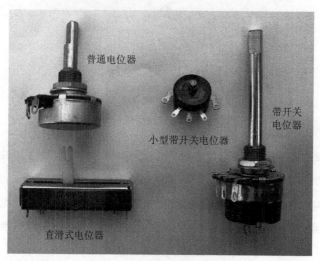

图1-8　常用电位器实物外形图

电位器与微调电阻器在构造上有相似的地方，它们一般都有3个引出脚（见图1-9），其中两边的两个固定电阻引出脚间的电阻最大，而中间的滑动触点引出脚与左、右两个引出脚之间的电阻可通过与旋轴相连的簧片式触点的移动而改变，但这两个电阻值之和始终等于最大电阻（标称阻值）。与微调电阻器相比，电位器具有较长的旋轴和外壳，制造工艺也更精巧，有的电位器还附有独立的电源开关。在业余电子制作

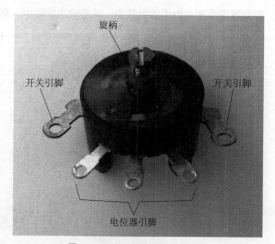

图1-9　WH15-K型带开关电位器

或临时搭接线路的电子实验中，只要体积允许，可用电位器来代替微调电阻器。

电位器的主要参数除标称阻值、允许偏差和额定功率外，还有一个重要的参数——阻值变化特性，它是指其阻值随转轴的旋转角度（或动臂的滑动行程）而变化的关系。常见的电

位器阻值变化规律有直线式、指数式和对数式3种，分别用字母X、Z、D（或B、A、C）来表示，其变化特性曲线如图1-10所示，具体特点和用途如下：

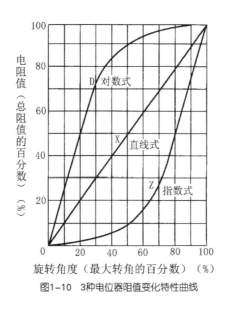

图1-10 3种电位器阻值变化特性曲线

①直线式（X型）电位器。其阻值按转轴旋转的角度而均匀变化，适用于一些要求均匀调节的场合，如分压器、晶体三极管偏流调整等电路中。

②指数式（Z型）电位器。其阻值在转轴转过的角度较小时，变化缓慢，以后随着转轴转过的角度加大，阻值的变化也逐渐加快。简单地说，当转轴旋动时，这种电位器的阻值按照指数规律变化。这种电位器适合于音量控制电路，因为人耳对微小的声音稍有增加时，感觉很灵敏，但声音大到某一值后，即使声音功率有了较大的增加，人耳的感觉却变化不大，采用这种电位器进行音量控制，可获得音量与电位器转角近似于线性的关系。

③对数式（D型）电位器。其阻值在转轴转过的角度较小时，变化很快，以后随着转过角度的增大，变化就逐渐变慢，这正好与Z型电位器相反。简单地说，当转轴旋动时，这种电位器的阻值按照对数规律变化。这种电位器适用于反馈式音调控制电路等，可使电位器的转轴旋到中心位置（旋转角度为50%）时，高、低音控制电路处于既不提升又不衰减的状态。

各种不同类型的电位器（包括微调电阻器），可以通过它们的型号进行识别。国产电位器的型号命名一般由4部分组成，其格式和含义如图1-11所示。第1部分用字母"W"表示电位器的主称；第2部分用汉语拼音字母表示构成电位器电阻体的材料，如H为合成碳膜、S为有机实芯、N为无机实芯、J为金属膜、Y为氧化膜、I为玻璃釉膜、X为线绕、D为导电塑料、F为复合膜；第3部分用汉语拼音字母表示电位器的分类，如G为高压类、H为组合类、B为片式类、W为螺杆驱动预调类、Y为旋转预调类、J为单圈旋转预调类、D为多圈旋转预调类、M

为直滑式精密类、X为旋转式低功率类、Z为直滑式低功率类、P为旋转功率类、T为特殊类，早期产品还用阿拉伯数字1和2表示普通类、7表示精密类、8 表示特种函数类、9表示特殊类、W表示微调类、D表示多圈类；第4部分用阿拉伯数字表示产品序号，有些还在数字序号后缀上单字母，作为区别代号。例如：型号WXJ2表示这是精密线绕电位器，型号WHX3表示这是旋转式合成碳膜电位器，型号WSW1A表示这是微调有机实芯电位器。

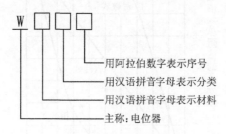

图1-11　国产电位器的命名规则

　　电位器在实际应用时必须配上合适的手动绝缘旋钮或拨轮盘。例如，广泛应用于便携式收音机、磁带录放机等产品中的WH15-K型带开关小型合成膜电位器（见图1-9），只有给它配上了专门的塑料拨轮盘，才能顺利操作。通过塑料拨轮盘控制旋柄转动，从而完成控制电源开关和阻值改变两项工作。

电路符号

　　图1-12所示为固定电阻器、微调电阻器与电位器的电路符号。其图形符号中的长方块，表示电阻体本身，两端的短线表示电阻器的两个引脚线。微调电阻器和电位器图形符号中带箭头的引线，表示滑动簧片端。在电路图中，为了使电路图整齐、清楚，这些图形符号可以竖着画，也可以横着画，在电路图中的位置也以连接简洁为前提。这与制作时它们的实际安装位置，竖放还是横放，以及排列的远近疏密都没有关系。这一点对电阻器以外的其他元器件也是一样的，请初学者注意。

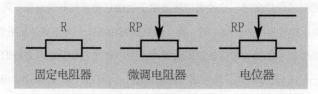

图1-12　电阻器的符号

　　固定电阻器的文字符号是R，可调电阻器的文字符号是RP（有些书刊用W表示），它们常写在图形符号旁边。若电路图中有多只同类元器件，就在文字符号后面或右下角标上数字，以示区别，如R1、RP2或R_1、RP_2等。

2 隔直流、通交流的电容器

电容器简称电容，是最常见的电子元器件之一。在各种电子制作中，除了电阻器用量最大以外，电容器用量一般居第二位。

电容器的基本构造如图2-1所示：两块相距很近并且中间夹着绝缘介质（固体、气体或液体）的导电极板就构成了一个简单的电容器。电容器具有阻止直流电通过，而允许交流电通过（同时有阻碍作用）的特性，因此常用于振荡电路、调谐电路、滤波电路、旁路电路和耦合电路等。

电容器按其结构可分为固定电容器和可变电容器两大类。按介质分类则有纸介电容器、瓷介电容器、有机薄膜介质电容器、电解电容器、空气电容器等几种。电容器的电性能和应用场合在很大程度上取决于介质的种类。

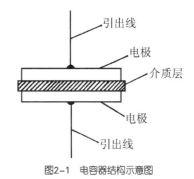

图2-1　电容器结构示意图

固定电容器

固定电容器是指容量不能人为改变的电容器，它可分为无极性固定电容器与有极性固定电容器两大类。电子爱好者常说的"电容器"，一般指的就是各种固定电容器。

（1）种类及特点

固定电容器的产品种类繁多，结构形态各异，图2-2所示给出了电子爱好者常用的几种固定电容器实物外形图，表2-1列出了它们的品种和主要特点。

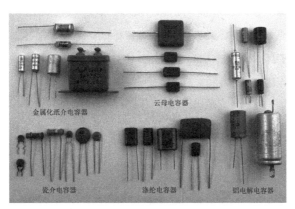

图2-2　常用固定电容器实物外形图

表2-1 常用固定电容器的品种和主要特点

类型	名称	主要特点
无极性	金属化纸介电容器（CJ型）	体积小，容量大，价格便宜，适合于低频电路和对稳定性要求不高的电路
	云母电容器（CY型）	损耗小，耐高压、耐高温，性能稳定，但容量小，尤其适用于高频振荡电路
	瓷介电容器（CC或CT型）	体积小，损耗小，耐高温，容量范围较宽，在高频和低频电路均有应用
	涤纶电容器（CL型）	体积小，容量大，但损耗大，稳定性较差，适合于旁路（和电阻器并联）等低频电路
	聚苯乙烯电容器（CB型）	漏电小，损耗小，性能稳定，电容量误差非常小，可用于高、低频电路中
	聚丙烯电容器（CBB）	电性能与聚苯乙烯电容器相似，但单位体积电容量较大，能耐+100℃以上高温，温度稳定性稍差
有极性	铝电解电容器（CD型）	电容量大，但漏电流也大，价格便宜，广泛用于直流和脉动电路中作滤波、旁路和低频耦合，也可作为储能电容器
	钽电解电容器（CA型）	体积较小，漏电流小，耐高温，寿命长，可靠性高，但价格较高，可替代铝电解电容器

（2）主要参数

电容器的主要技术参数有电容量、额定直流工作电压和电容量允许偏差等。

电容器的电容量是指它储存电荷能力的大小，这是由电容本身构造所决定的。电容器的极板面积越大、介质越薄、介电常数（由介质种类决定）越大，电容量就越大；反之，电容量就越小。

电容量的基本单位是法拉，用字母"F"表示。这个单位很大，通常用它的百万分之一做单位，称为微法（μF），更小的单位是皮法（pF），也叫微微法，它们之间的关系是：

$$1法拉（F）=10^6微法（μF）$$

$$1微法（μF）=10^6皮法（pF）$$

电容器的额定直流工作电压简称为"耐压"。电容器工作电压超过耐压值，就会击穿里面的绝缘介质，造成不可修复的损坏。电容器的耐压一般都标在它的外壳上。

电容器的允许偏差（常称"误差"）是指它容量的实际值和标称值之差与标称值的百分比数，通常分3个等级：Ⅰ级为±5%，Ⅱ级为±10%，Ⅲ级为±20%。普通铝电解电容器的允许偏差较大，甚至达-30%～100%。

（3）型号命名

国产电容器的型号命名一般由4部分组成，其格式和含义如图2-3所示。第1部分用字母"C"表示电容器的主称；第2部分用汉语拼音字母表示电容器的介质材料，如A为钽电解、B为聚苯乙烯、BB为聚丙烯、BF为聚四氟乙烯、C为高频瓷介、D为铝电解、E为其他材料电解、G为合金电解、H为纸膜复合、I为玻璃釉、J为金属化纸介、L为聚酯（涤纶）等极性有机薄膜、N为铌电解、O为玻璃膜、Q为漆膜、T为低频瓷介、V为云母纸、Y为云母、Z为纸介；第3部分用阿拉伯数字或汉语拼音字母表示电容器的分类，具体详见表2-2；第4部分用阿拉伯数字表示产品序号。

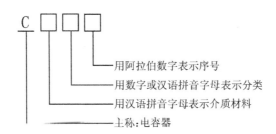

图2-3 国产电容器的命名规则

表2-2 电容器型号中（第3部分）分类代号的含义

代号	瓷介电容器	云母电容器	有机电容器	电解电容器
1	圆形	非密封	非密封	箔式
2	管形	非密封	非密封	箔式
3	叠片	密封	密封	非固体
4	独石	密封	密封	固体
5	穿心		穿心	
6	支柱等			
7				无极性
8	高压	高压	高压	
9			特殊	特殊
G	高功率			
J	金属化			
Y	高压			
W	微调	微调		小型

　　通过国产电容器的型号，一般可以获得构成对应电容器的介质材料、结构类型等信息。例如：型号CBB12表示这是非密封聚丙烯电容器，型号CT11表示这是圆形低频瓷介电容器，型号CD22表示这是铝电解电容器。

（4）标识方法

　　目前，大多数国产电容器都按照图2-4所示，把产品的标称容量、耐压、误差等级等直接标印在外壳上，称为"直接标志法"。有时还可将单位符号省略，其规定是：容量若用小数点表示，则省略的单位应该是微法（μF）；若是整数，则单位是皮法（pF）。而对于几到几千微法的大容量电容器，标印单位不允许省略。另外，若容量是零点零几，常把整数位的"0"省去，例如，某电容器标称容量为"0.01μF"，常标注为".01μF"。

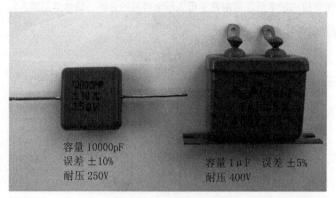

图2-4　电容器直接标志法

对于体积较小的电容器来讲，采用"直接标志法"显然有一定难度。实际上，国内外生产的电容器规格数值标志法还有许多种，其中使用最为普遍的是国际电工委员会推荐的"数字符号法"，其具体规则是：用2～4位数字和1个字母表示电容量。其中数字表示有效数值，字母表示数值的量级，即p表示皮法（10^{-12}F），n表示毫微法（10^{-9}F），μ表示微法（10^{-6}F），m表示毫法（10^{-3}F）。同时，字母还表示小数点的位置，例如，1p5表示1.5pF，4μ7表示4.7μF。电容量误差也用字母表示，它们的含义是：F=±1%，G=±2%，J=±5%，K=±10%，L=±15%，M=±20%，N=±30%等。图2-5给出了几种电容器的数字符号标志法实例，读者通过仔细对比，可尽快掌握规律要领，达到举一反三的效果。

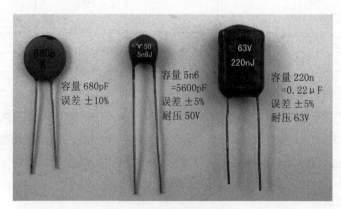

图2-5　电容器数字符号标志法

现在还有一种"数码标志法"，应用也很普遍，它的规则是：数码一般为3位数，从左算起，第1、2位数为有效数字，第3位数为倍乘位，表示有效数字后面跟的"0"的个数。数码标志法的容量单位为皮法（pF）。例如，某电容器标有104K字样，它表示电容量为0.1μF，误差±10%。千万不要把它当作是104kΩ的电阻器。图2-6是数码标志法的两个实例。需要另外说明的是，如果第3位数是"9"，则表示倍乘数为10-1，而不是109。例如："339"表示33×10-1 pF，即3.3 pF。可见，凡第3位数字为"9"的电容器，其容量必为1～9.9 pF。

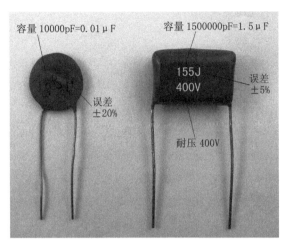

容量 10000pF=0.01μF　容量 1500000pF=1.5μF　155J 400V　误差 ±5%　误差 ±20%　耐压 400V

图2-6　电容器数码标志法

电解电容器作为一种有极性的固定电容器，其外壳除了标明容量和耐压等以外，还采用明显的箭头符号或文字说明来标识清楚引脚的正、负极性，详见图2-7。

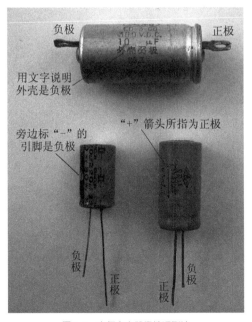

负极　正极　用文字说明外壳是负极　旁边标"-"的引脚是负极　"+"箭头所指为正极　负极　正极　负极　正极

图2-7　电解电容器极性识别法

可变电容器

可变电容器也叫可调电容器，它是指容量大小可以调节的电容器。这类型的电容器按使用场合和要求的不同，可划分成容量需要经常改变的可变电容器和容量一经调整好就固定下来不再经常改变的微调电容器两大类。

（1）可变电容器

可变电容器的电容量可以在一定的范围内匀滑地改变，多用于收音机的调谐回路中等，其外形如图2-8所示。可变电容器由多层定片和多层动片构成电容器的极板。定片与支架一起固定，动片与轴柄相联可自由转动，通过改变动片与定片的对应面积，可实现电容量的连续调节。常用可变电容器根据动片与定片之间所用介质的不同，可分为体积较大的空气可变电容器和体积较小的有机薄膜（多元乙烯薄膜）可变电容器两种；如果按动片组数来分，有单连、双连和多连电容器3种；按各连电容量是否相同来分，有等容和差容两种。在图2-8中，左边的空气可变电容器为双连差容式，右边的有机薄膜可变电容器为双连等容式。

图2-8　常用可变电容器实物外形图

可变电容器的动片全部旋入定片时容量最大，有270pF、360pF等几种；旋出时最小容量只有几皮法。可变电容器的容量变化范围常用分数法表示，分子表示最小容量，分母表示最大容量。常见的容量规格有：7/270pF、12/360pF等几种。如果是双连等容可变电容器，则容量值用最大容量乘以2表示，如270pF×2、360pF×2等。如果是双连差容可变电容器，两连最大容量值用分数表示，如60/127pF、250/290pF等。

国产半导体收音机中常用的有机薄膜介质可变电容器规格较多，其型号命名一般由6部分组成，格式和含义如图2-9所示。第1部分用字母"CBM"表示薄膜介质可变电容器；第2部分用阿拉伯数字表示产品的连数，如"1"表示单连、"2"表示双连……；第3部分用阿拉伯数字表示产品附加的微调电容器数量，不带微调电容器的产品用"0"表示；第4部分用阿拉伯数字表示产品的外形大小，具体用"1"代表产品边框尺寸为30mm×30mm，"2"代表产品边框尺寸为25mm×25mm，"3"代表产品边框尺寸为20mm×20mm，"4"代表产品边框尺寸为17.5mm×17.5mm，"5"代表产品边框尺寸为15mm×15mm；第5部分用汉语拼音字母表示产品最大电容量标称值，具体如表2-3所示；第6部分用阿拉伯数字区分产品电容量曲线的不同，一些产品无此代号。

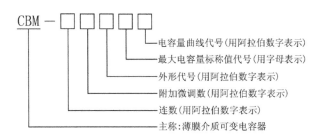

图2-9 国产薄膜介质可变电容器的命名规则

表2-3 薄膜介质可变电容器最大电容量标称值代号

字母代号	振荡连C1(pF)	天线连C2(pF)	说 明
A	340	340	等容双连，用于调幅收音机
B	270	270	
C	170	170	
D	130	130	
P	60	140	差容双连，用于调幅收音机
Q	60	130	
F	20	20	等容双连，用于调频收音机
注：调频调幅可变电容器可用A～Q调幅双连字母与F调频双连字母组合，而成为两个字母。如CBM-443DF型4连调频调幅可变电容器			

通过国产有机薄膜介质可变电容器的型号，一般可以获得构成对应可变电容器的连数、带不带微调电容器及微调电容器的数量、产品外形尺寸、最大标称电容量等信息。例如：型号CBM-202B1表示这是双连、不附加微调电容器、边框尺寸为25mm×25mm，最大电容量为270pF×2（等容）的有机薄膜介质可变电容器；型号CBM-223P表示这是双连、附加有2个微调电容器、边框尺寸为20mm×20mm，最大电容量为60pF/140pF（差容）的有机薄膜介质可变电容器，型号CBM-443DF表示这是4连、附加有4个微调电容器、边框尺寸为20mm×20mm，最大电容量为130pF×2/20pF×2（等容）的调频调幅有机薄膜介质可变电容器。

（2）微调电容器

微调电容器又叫半可变电容器，顾名思义，它是起微量调节作用的，常用于需要将电容量调整得很准确，同时在使用过程中又不再要求改变电容量的一些电路中。对微调电容器最重要的要求是保持既定电容量的可靠性。

　　微调电容器的种类很多。按介质材料可分为空气微调电容器、瓷介微调电容器、有机薄膜微调电容器和云母微调电容器等，还有单连、双连、多连之分。图2-10给出了两种最常见的微调电容器的实物外形图。其中，瓷介微调电容器由两块被银瓷片构成，下面一块是定片，上面的是动片，动片可随转轴旋转，因为两块瓷片上被银的部分面积不到半圆，所以转轴旋转时可以改变容量。有机薄膜微调电容器以聚脂薄膜作介质，用单层或多层磷铜片作定片和动片，体积比瓷介微调电容器要小。

图2-10　常用微调电容器实物外形图

　　微调电容器的容量变化范围也用分数法表示，其常见的容量规格有：3/10pF、5/20pF、7/25pF等几种。

电路符号

　　图2-11给出了几种电容器的电路符号，其图形符号形象地表示了电容器的结构：两条平行的粗线就好像是电容器的两片极板，两条细线代表引出线。电解电容器的图形符号中，还用"+"号表示电容器的正极片，由它引出的细线为正极引线，另一根引线则为负极引线。微调或可变电容器的图形符号画有带短线或箭头的长斜线，通常有短线或箭头一端的引线表示接电容器的定片，另一端的引线则接电容器的动片或接地端。对于双连（或多连）可变电容器，在按动、定片连数画出电容器图形符号后，还用虚线将各电容器图形符号的斜线尾端连接起来，表示各动片连动（即同时调节）。

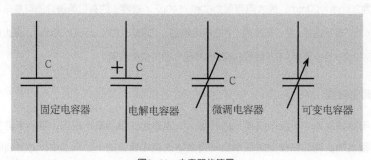

图2-11　电容器的符号

电容器的文字符号是C。一般在图形符号旁标出文字符号，并注明电容量数值和单位。习惯上，凡不带小数点的整数，若不标注单位，则是皮法（pF），例如，300pF电容在图上只标300就可以了。凡带小数点的数，若不标单位，则是指微法（μF），例如，标注3.3就是3.3μF，0.01就是0.01μF。这一单位符号省略规定，与电容器外壳上所采用的"直接标志法"是完全一致的。

在一般电子制作中，由于电源电压远低于常用无极性电容器的耐压值，所以电路图中通常不标注所用电容器的耐压值。电解电容器符号旁则经常注明所需耐压值，如33μF/16V字样等。

电容器种类繁多，各有特点。在电路中到底要选哪种电容器，从符号上是看不出来的，还需看有关的文字说明。如无说明，在简单电子制作中，只要容量和耐压满足要求，就可以用任何型号的电容器。

3 阻交流、通直流的电感器

电感器俗称为电感线圈或简称线圈，也是一种常用的电子元器件。但它在电路中的应用相对于电阻器和电容器来说要少得多。如收音机的磁性天线线圈、简单半导体收音机中的高频扼流圈、超外差式收音机中的振荡线圈等，都是电感器。

电感器是根据电磁感应原理制成的器件。实际上，凡是能够产生自感、互感作用的器件，均可称为电感器。电感器的用途极为广泛，在交流电路中电感器有阻碍交流通过的能力，在电路中常被用作阻流、变压、交流耦合及负载等；当电感器和电容器配合时，可用作调谐、滤波、选频、分频等。

结构和种类

电感器通常由骨架、线圈、屏蔽罩、磁芯等组成。骨架材料的好坏，对于电感器的质量以及工作稳定性等都有一定的影响。而线圈匝数的多少决定着电感量的大小，一般电感量越大，线圈的匝数就越多。屏蔽罩则是为了减小外界电磁场对线圈工作的干扰、并防止线圈产生的电磁场对外电路的影响而采取的一项措施。通常是将线圈放入一个闭合的具有良好接地的金属罩内来实现。线圈装有磁芯后会使它的电感量显著增大，或者说，与同样电感量的空芯线圈相比，带磁芯的线圈圈数可以减少，体积相应减小。有些电感器（如超外差式收音机中的振荡线圈和中周变压器）为了能在一定范围内调节电感量，常常采用调整磁芯在线圈中的位置的方法来实现。但实际应用中，根据使用场合的不同，有的电感器没有磁芯和屏蔽罩，自制的脱胎线圈则连骨架也不用。

电感器的种类很多，根据不同的结构特点，可分为单层线圈、多层线圈、蜂房线圈、带磁芯线圈及可变电感线圈等。图3-1所示是几种常用电感器的实物外形图。

单层线圈的绕制可采用密绕或间绕。间绕线圈各匝之间保持一定距离，它的稳定性高，电感量很小。密绕线圈所占尺寸小，所以体积也小，但稳定性稍差。

多层线圈在要求电感量较大时（例如大于300μH）时采用。由于多层线圈层与层之间电压相差较大，当线圈两端具有较高电压时，容易发生跳火、绝缘击穿等问题，因此大多采用分段绕制。

磁芯线圈体积小、损耗小、品质因数高，多数产品还通过调节磁芯在线圈中的位置来实现电感量在一定范围内的连续可调，主要用于收音机的天线线圈、振荡线圈等。

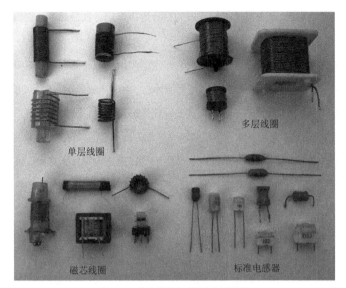

多层线圈

单层线圈

磁芯线圈

标准电感器

图3-1 几种常用电感器实物外形图

标准电感器是一种通用性强的系列产品，它按不同电感量的要求，将不同直径的铜线绕在磁芯上，再用塑料壳封装或环氧树脂包封而成。标准电感器的优点是体积小、重量轻、电感量稳定、结构牢固和使用方便。

特性及参数

电感器和电容器一样，都是储能元件。所不同的是电容器储存的是电荷，而电感器储存的是磁能。当电流通过电感器时，电感线圈的周围就产生了磁场，把电能转换成磁场能量储存在磁场中。电感器有一个重要特性，就是"通过电感的电流不能突变"，也就是说，它具有延缓电流变化的特性，对变化的电流呈现一种特殊的阻力，因而在电路中起着"阻交流、通直流"的作用。电感器的这一特性与电容器的"通交流、阻直流"特性正好相反。

电感器的储能特性用电感量来衡量。电感量的基本单位是亨利，用符号H表示。较小的单位是毫亨（mH）和微亨（μH），它们之间的换算关系是：

1亨利（H）=1000毫亨（mH）

1毫亨（mH）=1000微亨（μH）

电感量的大小主要取决于线圈的尺寸、线圈匝数及有无磁芯等。线圈的横截面积越大，其电感量也越大；线圈的圈数越多，绕制越集中，电感量越大；线圈内有磁芯的，电感量大；磁芯导磁率越大，电感量越大。电感线圈的用途不同，所需的电感量也不同。例如，在高频电路中，线圈的电感量一般为0.1~100μH；而在电源整流滤波中，线圈的电感量可达1~30H。

电感器在制造过程中实际电感量会偏离标称电感量，其限制的偏离范围叫作允许偏差

（也叫误差），常用最大允许差值与标称值的百分比来表示。很显然，允许偏差值越小，表示电感器的电感量精度越高。

由于电感线圈是由导线绕成的，总会具有一定的电阻。一般而言，直流电阻越小，电感线圈的性能越好。电感器的一个重要参数是品质因数，用字母Q表示，简称Q值。Q值越大，电感器自身的损耗越小，在用电感器和电容器组成谐振电路时，选择性越好。举例来说，收音机的磁性天线线圈大多采用多股漆包线绕制，就是为提高它的Q值，改善收音机的选择性。

另外，线圈的匝与匝间、层与层间以及使用中的线圈与电路金属底板、连接导线、其他元器件之间都存在着等效电容，称之为分布电容。一般情况下，线圈分布电容的数值是很小的，但它的存在会使Q值降低，稳定性变差。线圈的分布电容应越小越好。

型号命名

电感器的型号命名目前不够统一，各生产厂家有所不同。常用电感器的型号命名一般由4部分组成，其格式和含义如图3-2（a）所示。第1部分用字母表示电感器的主称，其中"L"为电感线圈，"ZL"为阻流圈（扼流圈）；第2部分用字母表示电感器的特征，如"G"为高频，"F"为低频；第3部分用字母或数字表示电感器的类型，如"X"表示小型，"DR"表示工字形磁芯，"1"表示卧式，"2"表示立式；第4部分用字母或数字表示区别代号，也可空缺。例如：型号LGX表示这是小型高频电感线圈；型号ZLG1表示这是卧式高频阻流圈。

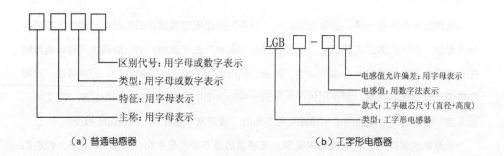

（a）普通电感器　　　　　　　　（b）工字形电感器

图3-2　国产电感器的命名规则

国产立式工字形电感器的型号命名比较特别，它包含了产品的磁芯尺寸、标称电感量及其允许误差等内容，具体格式和含义如图3-2（b）所示。第1部分用字母"LGB"表示工字形电感器；第2部分用阿拉伯数字表示工字形磁芯的尺寸，具体格式为"直径+高度"（单位为毫米），如"0608"表示磁芯直径6mm、高度8mm，"1016"表示磁芯直径10mm、高度16mm；第3部分用数字法表示电感量，如"3R9"代表3.9μH，"101"代表100μH，"472"代表4.7mH，"103"代表10mH；第4部分用字母表示标称电感值允许偏差，如"M"

代表±20%，"K"代表±10%，"J"代表±5%。例如：型号LGB0810-103K,表示这是磁芯尺寸为φ8mm×10mm、标称电感量是10mH、允许偏差为±10%的立式工字形电感器。

标志方法

成品电感器的标志方法常见的有直接标志法、数字符号标志法、数码标志法和颜色标志法（简称"色标法"）4种。标志内容主要是电感量和允许偏差，有的还标出型号和额定电流等。

①直接标志法。该方法将标称电感量直接用数字和文字符号印在电感器的外壳上，后面用一个英文字母表示其允许偏差（误差），如图3-3所示。各字母所代表的允许偏差见表3-1。例如，100μH K表示标称电感量为100μH，允许偏差为±10%；2.5mH J表示标称电感量为2.5mH，允许偏差为±5%；150μH M表示标称电感量为150μH，允许偏差为±20%。需要说明的是，一些国产电感器的允许偏差不采用英文字母表示，而是采用"Ⅰ、Ⅱ、Ⅲ"3个等级来表示，其中：Ⅰ级为±5%，Ⅱ级为±10%，Ⅲ级为±20%。这与一些国产电阻器、电容器的表示方法是完全一致的。

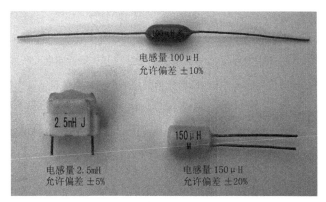

图3-3　电感器直接标志法

表3-1　电感器所标字母代表的允许偏差值

英文字母	允许偏差（%）	英文字母	允许偏差（%）
Y	±0.001	D	±0.5
X	±0.002	F	±1
E	±0.005	G	±2
L	±0.01	J	±5
P	±0.02	K	±10
W	±0.05	M	±20
B	±0.1	N	±30
C	±0.25		

②数字符号标志法。这种方法是将电感器的标称值和允许偏差值用数字和文字符号按一定的规律组合标志在电感器上。采用这种标志方法的通常是一些小功率电感器，其单位通常为nH（1μH=1000nH）或μH，分别用字母"N"或"R"表示。在遇有小数点时，还用该字母代表小数点。例如：在图3-4所示的实例中，47N表示电感量为47nH=0.047μH，4R7则代表电感量为4.7μH，6R8表示电感量为6.8μH。采用这种标志法的电感器通常还后缀一个英文字母表示允许偏差，各字母代表的允许偏差与直接标志法相同（见表3-1）。

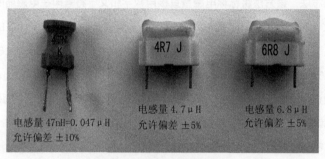

图3-4 电感器数字符号标志法

③数码标志法。该方法用3位数字来表示电感器的标称电感量，如图3-5所示。在3位数字中，从左至右的第1、第2位为有效数字，第3位数字表示有效数字后面所加"0"的个数。数码标示法的电感量单位为μH。电感量单位后面用一个英文字母表示其允许偏差，各字母代表的允许偏差见附表。例如：标示为"151K"的电感量为15×10=150μH，允许偏差为±10%；标示为"333J"的电感量为33×10³=33000μH=33 mH，允许偏差为±5%。需要注意的是，要将这种标志法与传统的直接标志法区别开来，如标示为"470K"的电感量为47μH，而不是470μH。

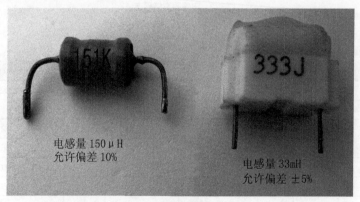

图3-5 电感器数码标志法

④颜色标志法。多采用图3-6（a）所示的4色环表示电感量和允许偏差，其电感量单位为μH。第1、2环表示两位有效数字，第3环表示倍乘数，第4环表示允许偏差。需要注意的是，紧靠电感体1端的色环为第1环，露着电感体本色较多的另1端为末环。这种色环标志法与色环电阻器标志法相似，各色环颜色的含义与色环电阻器相同，这里不再详细介绍。另外，还有在电感器外壳上通过色点标志电感量数值和允许误差的，其规则见图3-6（b）。例如：某电感器的色环（色点）颜色顺序是"棕、黑、金、金"，那么它的电感量为1μH，允许偏差为5%。颜色标志法常用于小型固定高频电感线圈，因采用色标法，常把这种电感器叫做色码电感器。这种方法也在电阻器和电容器中采用，区别在于器身的底色：碳膜电阻器底色为米黄色，金属膜电阻为天蓝色，电容器为粉红色，电感器为草绿色。

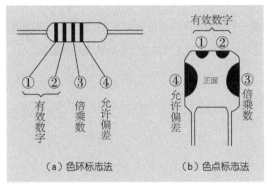

图3-6　电感器的颜色标志法

国产LG型小型固定电感器用色码表示电感量，并用字母来表示它的额定工作电流：A表示50mA，B表示150mA，C表示300mA，D表示700mA，E表示1600mA（1.6A）。额定电流是指电感器在正常工作时，所允许通过的最大电流。使用中，电感器的实际工作电流必须小于额定电流，否则电感线圈将会严重发热，甚至烧毁。

电路符号

电感器种类很多，不同类型的电感器在电路图中通常采用不同的图形符号来表示。图3-7是几种电感器的电路符号，它形象地表示了电感器的结构，连续的半圆线就好像是线圈的绕组，两端的直线代表引出线。如果线圈中间画出了直线，表示该线圈带有抽头；如果在连续的半圆线上方画出较粗的平行直线，表示该线圈是绕在铁芯上的；如果较粗的平行直线是断续的，则表示该线圈是绕在磁芯上。另外，如果在图中各电感器图形符号上画出带有箭头的斜线，则表示是一个电感量可调电感器。

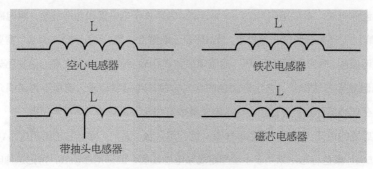

图3-7　几种电感器的符号

　　电感器的文字符号是L。一般在图形符号旁标出文字符号，并注明电感量数值和单位。若电路图中有多只同类元器件时，就在文字符号后面或右下角标上自然数，以示区别，如L1、L2等。

　　通常情况下，如果一个电感器在电路符号中或文字叙述中没有其他特别的说明，则可认为选择该电感器时对型号、种类以及工作电流大小等均无特殊要求。

第二章 半导体二极管

在半导体器件的大家族中，普通半导体二极管可以说是诞生最早的成员。由于绝大多数半导体是晶体，所以通常把半导体材料称为晶体。晶体二极管、晶体三极管的名称就是这样得来的。

晶体二极管是电子电路中使用最普遍的半导体器件。它包括普通晶体二极管（如整流二极管、检波二极管、开关二极管等）、稳压二极管、发光二极管、恒流二极管、变容二极管……晶体二极管不但种类繁多、而且功能、参数、用途各异。

4 用途广泛的晶体二极管

　　晶体二极管简称二极管，它和晶体三极管一样都是由半导体材料制成的。所谓半导体，是指导电性能介于导体和绝缘体之间的一类物质，常用的半导体材料有硅和锗。我们常听说的美国硅谷，就是因为起先那里有很多家半导体厂商。

　　半导体材料有两个显著特性：一是导电能力的大小受所含极其微量的杂质影响极大，如硅中只要掺入百万分之一的硼，导电能力就可以提高50万倍以上；二是导电能力受外界条件的影响很大，如温度、光照的变化，都会使它的电阻率明显改变。利用这些特性，可以制造出用途广泛、各具特点、功能不一的形形色色的半导体器件。

　　晶体二极管种类很多，常用的有普通二极管（用于整流、检波、开关等）和具有特殊性能的二极管（如稳压二极管、发光二极管、恒流二极管、变容二极管、光敏二极管等）。我们常说的二极管，一般是指普通晶体二极管。下面就让我们从认识使用最广泛的普通晶体二极管开始吧。

结构及特点

　　根据半导体材料所含特定的微量杂质不同，可以得到两种导电类型不同的半导体，即P型半导体和N型半导体。如果把一小块半导体材料一边做成P型，另一边做成N型，在它们的交界处就会形成一个具有特殊导电性能的薄层——PN结，如图4-1所示。简单地说，把一个带有引线的PN结封装在玻璃管、塑料体或金属的外壳里，就构成了二极管。

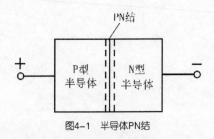

图4-1　半导体PN结

　　晶体二极管有两根电极引线，一根是正极（接内部P型半导体材料），另一根是负极（接内部N型半导体材料）。单向导电性是二极管的基本特性。我们把电池G、小灯泡H与二极管串联起来，连成图4-2所示的电路。在图4-2（a）中，电池正极接在二极管正极上，电池负极通过小灯泡接在二极管的负极上。这时二极管所加的称为正向电压，小灯泡发光。在图4-2

（b）中，二极管正、负极引线倒换过来，二极管所加的称为反向电压，小灯泡不能发光。二极管加上正向电压时，PN结电阻很小，能够良好导通，加上反向电压时，PN结电阻很大，接近开路截止。这就是它的单向导电性。这个特性也可以理解为：在电路中，二极管只准电流从其正极通过PN结流向负极，不能反向流通。

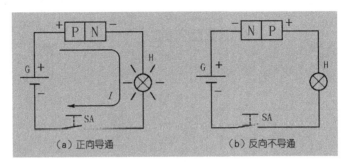

（a）正向导通　　　　　　　　　　（b）反向不导通

图4-2　二极管的单向导电性

利用晶体二极管在收音机中对无线电波进行检波，在电源变换电路中把交流电变换成为脉动直流电，在数字电路中充当无触点开关等，都是利用了它的单向导电特性。

外形和种类

图4-3所示是几种常见的普通二极管的实物外形图。

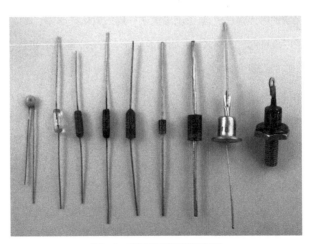

图4-3　普通二极管实物外形图

普通二极管按照所用的半导体材料不同，可分为锗二极管和硅二极管；按管芯结构不同，可分为图4-4所示的点接触型二极管、面接触型二极管和平面型二极管；根据管子用途不同，又可分为整流二极管、检波二极管、开关二极管等。

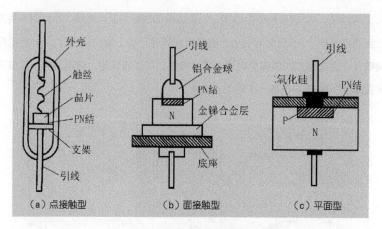

图4-4　普通二极管管芯结构

　　点接触型二极管是用一根很细的金属触丝压在光洁的半导体表面上，通以强脉冲电流，使触丝一端和半导体牢固地烧结在一起，构成PN结，如图4-4（a）所示。点接触型二极管因触丝与半导体接触面很小，只允许通过较小的电流（通常在几十毫安以下），但在高频下工作性能很好，适用于收音机中对高频信号的检波和微弱交流电的整流。国产锗二极管2AP系列、2AK系列，都是点接触型的。

　　面接触型二极管的PN结面积较大，并做成平面状，如图4-4（b）所示。它可以通过较大的电流，适用于对电网的交流电进行整流。国产大部分2CP系列和2CZ系列的二极管都是面接触型的。

　　硅平面型二极管的特点是在PN结表面覆盖了一层二氧化硅薄膜，可以避免PN结表面被水分子、气体分子以及其他离子等沾污，如图4-4（c）所示。这种二极管的特性比较稳定可靠，多用于开关、脉冲及超高频电路中。国产2CK系列二极管就属于这种类型。

主要参数

　　晶体二极管的参数很多，常用检波、整流二极管的主要参数有以下几项。

　　①最大整流电流（I_{FM}）。这是指二极管长期连续工作时，允许正向通过PN结的最大平均电流。最大整流电流也叫额定正向工作电流。使用中，实际工作电流应小于二极管的该参数，否则将会损坏二极管。例如，常用2AP9型锗检波二极管的最大整流电流为5mA，1N4001、1N4007型硅整流二极管的最大整流电流均为1A。

　　②最高反向工作电压（U_{RM}）。这是指加在二极管两端而不致引起PN结击穿的最大反向电压。使用中应选用U_{RM}大于实际工作电压2倍以上的二极管，如果实际工作电压的峰值超过该参数，二极管就有被击穿的危险。例如，常用2AP9型锗检波二极管的最高反向工作电压为15V，1N4001型硅整流二极管的最高反向工作电压为50V，1N4007型硅整流二极管的最高反向工作电压为1000V。

③正向电压降（U_F）。指二极管导通时正向电流在其两端产生的正向电压降，在规定的正向电流下二极管的正向电压降越小越好。例如，对于常用的小型锗二极管来说，这个电压≥0.2V，而硅管的正向电压降则≥0.65V。

④反向电流（I_R）。是指二极管在规定的温度和最高反向电压作用下，流过二极管的反向电流。反向电流越小，管子的单向导电性能越好。一般硅二极管的反向电流为10μA或更小，锗二极管的反向电流约为几百微安。

⑤最高工作频率（f_M）。由于PN结间存在着电容，使二极管所能应用的工作频率有一个上限，f_M是指二极管能正常工作的最高频率。在作检波或高频整流使用时，应选用f_M至少2倍于电路实际工作频率的二极管，否则不能正常工作。例如，常用2AP9型锗检波二极管的最高工作频率为100MHz，1N4000系列硅整流二极管的最高工作频率为3kHz。

型号命名

根据国家标准，国产晶体二极管的型号命名规定由5个部分组成（也有省掉第5部分的），格式和含义如图4-5所示。第1部分用阿拉伯数字"2"表示二极管；第2部分用汉语拼音字母表示管子的材料和极性，如A为锗N型、B为锗P型、C为硅N型、D为硅P型；第3部分用汉语拼音字母

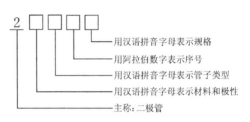

图4-5 国产晶体二极管的命名规则

表示管子的类型，如P为普通管（小信号管）、K为开关管、V为混频检波管、W为稳压管、Z为整流管、L为整流堆、S为隧道管、N为阻尼管、U为光敏管；第4部分（阿拉伯数字）、第5部分（汉语拼音字母）分别为产品序号和规格，主要用来区分最大整流电流、最高反向工作电压、最高工作频率等参数的差异，具体可查有关手册。例如：2AP9表示N型锗材料普通检波二极管，2CZ54F表示N型硅材料整流二极管，2CK20表示N型硅材料开关二极管等。

源于国外的常见晶体二极管的型号有1N4000系列，目前在各种电子装置中应用十分普遍，几乎取代了国标型号的产品。但实际上这些二极管并非全部是进口货，大多数为国产。

外壳标识

通常，晶体二极管外壳上只标注型号和极性，不会像电阻器、电容器、电感器那样标注出它的主要参数，要想了解二极管的有关参数，就得查阅有关手册等。表4-1列出了电子爱好者经常用到的晶体二极管的主要参数。

表4-1 常用普通晶体二极管的主要参数

参数\型号	最大整流电流 I_{FM}/mA	最高反向工作电压 U_{RM}/V	反向击穿电压 U_{BR}/V	正向电压降 U_F/V	反向电流 I_R/μA	最高工作频率 f_M/kHz	主要用途
2AP1	16	20	≥40				
2AP2		30	≥45				
2AP3	25						
2AP4	16	50	≥75			150×10^3	检波
2AP5		75	≥110				
2AP6	12	100	≥150				
2AP7							
2AP8	35	15	≥20				
2AP9	5	15			≤200	100×10^3	
2AP10	8	30	≥40				
1N60	30	40			≤200		检波
2CK9	30	10	15	≤1	≤1		高频开关
2CK10		20	30				
2CK11		30	45				
2CK12		40	60				
2CP10	100	25		≤1.5	≤5	50	整流
2CP18		400					
2CZ53A	300	25		≤1	<5		
2CZ54F	500	400			<10	3	整流
2CZ58G	10×10^3	500		≤1.3	<40		
2CZ58M		1000					
1N4148	450	60	100	≤1	<5		高频开关
1N4149							
1N4000	1000	25		≤1	<5	3	整流
1N4001		50					
1N4002		100					
1N4003		200					
1N4004		400					
1N4005		600					
1N4006		800					
1N4007		1000					
1N5400	3000	50		≤0.8	<10	3	整流
1N5401		100					
1N5402		200					
1N5403		300					
1N5404		400					
1N5405		500					
1N5406		600					
1N5407		800					
1N5408		1000					

　　根据晶体二极管的外壳标志或封装形状，可以区分出两个引脚的正、负极性来。常见普通二极管的引脚识别方法见图4-6。国产的二极管通常将电路符号（见图4-6）印在管壳上，直接标示出引脚极性；小型塑料封装的二极管通常在负极一端印上一道色环（常为银白色）作为负极标记；有的二极管两端形状不同，平头一端引脚为正极，圆头一端引脚为负极。熟练掌握这些标志引脚极性的方法，对于正确使用二极管很有必要。

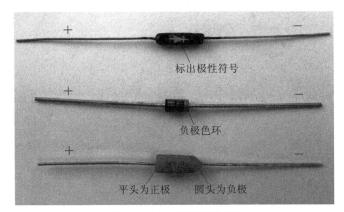

图4-6　普通二极管引脚的识别

电路符号

　　普通晶体二极管在电路图中的符号表示如图4-7所示。图形符号中的三角形象征着箭头，表示电流的方向，短直线象征半导体材料。我们知道二极管具有单向导电性，所以，与箭头相连的细线就表示二极管的正极引线，与短直线相连的则是负极引线。在电路中，电流只能从正极流进二极管，从负极流出二极管。二极管图形符号旁边的"＋""－"极性是为了便于说明问题加上去的，实际画电路图时一般不必加注。

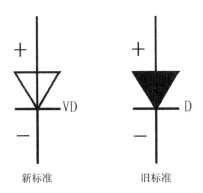

图4-7　晶体二极管的符号

　　在看电路图时，初学者往往对二极管的图形符号哪边是正极、哪边是负极弄不清楚，这时不妨采用类比法进行区分：可把二极管的图形符号看成是一个漏斗（口大下边小），水只能从漏斗大口入、从小口出，水流即电流，电流是由二极管的正极入、负极出的，这样就能很自然地记住图形符号的三角形一边是二极管的正极了。

　　晶体二极管的文字符号是VD（旧符号为D），在电路图中常写在图形符号旁边。若电路图中有多只同类元器件时，就在文字后面或右下角标上数字，以示区别，如VD1、VD2……文字符号的后面或下边，一般标出二极管的型号。

5 功能独特的稳压二极管

稳压二极管（又名齐纳二极管）简称稳压管，顾名思义，它是一种专门用来稳定电路工作电压的二极管。我们知道，当普通二极管外加的反向电压达到一定数值后，反向电流会急剧增大，造成管子损坏，这种现象叫作"击穿"。但是由于稳压二极管内部结构的特点，它却正适合在反向击穿状态下工作，只要限制电流的大小，这种击穿是非破坏性的。这时尽管通过稳压二极管的电流在很大范围内变化，但是稳压二极管两端的电压几乎不变，保持稳定。

稳压二极管在电路中的功能和用法完全不同于普通二极管，它是一种特殊的具有稳压功能的二极管，其最大特点是工作于反向击穿状态下具有稳定的端电压。

基本特性

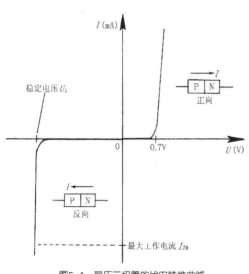

图5-1 稳压二极管的伏安特性曲线

稳压二极管是利用PN结反向击穿后，其端电压在一定范围内不随反向电流变化而改变的特性工作的。稳压二极管的基本特性可通过图5-1所示的伏安特性曲线加以说明：稳压二极管的正向特性与普通二极管完全一致，即给PN结加上正向电压（稳压二极管正极接正电压或高电压，负极接负电压或低电压）时，会产生较大的正向电流。加较低反向电压时则截止，只有很小的反向电流。当反向电压增大到一定程度（图中U_Z）时，通过PN结的反向电流突然增大，稳压二极管就进入了击穿区。这时即使反向电流在很大范围内变化，稳压二极管两端的反向电压却能保持基本不变。当反向电流大到一定数值（图中I_{ZM}）时，稳压二极管就会因过热而损坏。可见，只要适当控制反向电流的数值，稳压二极管是不会损坏的。

外形和种类

常见稳压二极管的实物外形如图5-2所示。由图可知，稳压二极管的外形与某些普通二极管几乎没有什么区别。稳压二极管的外壳材料有玻璃、塑料、金属3种，一般小功率稳压二极管采用玻璃或塑料封装，大功率稳压二极管采用散热良好的金属外壳封装。由于稳压二极管一般用硅半导体材料制成，所以也称为硅稳压二极管或硅稳压管。

主要参数

由于稳压二极管是工作在反向击穿状态下的，其主要用途又是稳压，所以它的主要技术参数与普通二极管的参数大相径庭。稳压二极管的主要技术参数有以下5项。

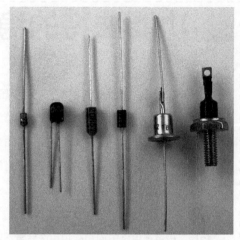

图5-2 常用稳压二极管实物外形图

①稳定电压（U_Z）。这是指稳压二极管在起稳压作用的范围内，其两端的反向电压值，通常简称"稳压值"。稳压二极管的稳定电压值随其工作电流和温度的变化而略有改变。不同型号的稳压二极管一般具有不同的稳定电压U_Z，即使是同一型号的稳压二极管，稳定电压值也不可能完全相同，使用时应根据需要选取。在要求较严的情况下，稳压二极管的具体稳定电压应由实测确定。

②工作电流（I_Z）。这是指稳压二极管正常工作时，通过管子的反向击穿电流。稳压二极管的工作电流偏小，稳压效果就会变差；而电流过大，则会使稳压二极管过热而损坏。一般在允许的工作电流范围内，电流大些，稳压效果相对更好些，只是稳压二极管要多消耗一部分电能。与普通二极管不同的是，稳压二极管的工作电流是从它的负极流向正极的。

③最大工作电流（I_{ZM}）。这是指稳压二极管长期正常工作时，所允许通过的最大反向电流值。例如，常用2CW51型稳压二极管的最大工作电流为71mA、1N4619硅稳压二极管的最大工作电流为85mA、1N4728型稳压二极管的最大工作电流为270mA。使用中应控制通过稳压二极管的工作电流，不允许超过最大工作电流I_{ZM}，否则会烧毁稳压二极管。

④最大耗散功率（P_M）。这是指当反向电流通过稳压二极管时，管子本身消耗功率的最大允许值，也称额定功耗。例如，常用2CW51、1N4619型稳压二极管的最大耗散功率为250mW，1N4728型稳压二极管的最大耗散功率为1W。实际使用时，不允许稳压二极管消耗的功率（稳定电压U_Z与工作电流I_Z的乘积）超过这个极限值，否则会使管子过热而损坏。

⑤动态电阻（R_Z）。稳压二极管工作时，我们希望在电流变化范围很大时，所稳定的电压变化尽量小些。为了准确反映这一性能，规定把电压变化量ΔU_Z与电流变化量ΔI_Z的比值，叫做稳压二极管的动态电阻，即：$R_Z = \Delta U_Z / \Delta I_Z$。可见，稳压二极管的动态电阻越小，稳压二极管的稳压性能越好。实践证明，同一稳压二极管的动态电阻随工作电流大小不同而改变，工作电流较大时，其动态电阻较小；工作电流偏小时，动态电阻会明显增大。

型号命名

稳压二极管的型号命名遵循了普通晶体二极管的命名规则，其格式参见前面的图4-5。具体规定也由5个部分组成（也有省掉第5部分的），如2DW1、2CW21B等。其中：第1部分用阿拉伯数字"2"表示二极管；第2部分用汉语拼音字母表示管子的材料和极性，如C为硅N型、D为硅P型；第3部分用汉语拼音字母W表示稳压管；第4部分（阿拉伯数字）、第5部分（汉语拼音字母）分别表示产品序号和规格，主要区别稳定电压、最大工作电流、最大允许耗散功率的差异，其中第5位的汉语拼音字母专门用于区分稳定电压的范围，具体可查有关手册。

跟普通晶体二极管一样，源于国外的1N4000系列稳压二极管，目前在各种电子装置中应用很普遍，几乎有取代国标型号产品的趋势。但实际上这些稳压二极管并非全都是进口货，大多数为国产。

外壳标识

常见稳压二极管大多在管体上标出型号和极性，如图5-3（a）所示；有的体积小的稳压二极管仅标出稳定电压（例如标出"4V7"表示该管的稳定电压值为4.7V）和极性，如图5-3（b）所示。要想进一步了解稳压二极管的有关参数，就得查阅有关手册等。

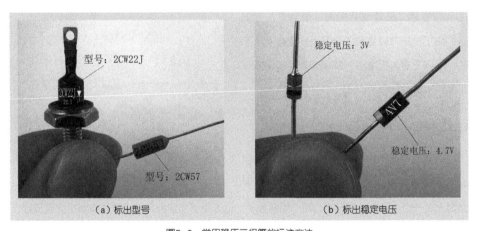

图5-3　常用稳压二极管的标注方法

表5-1列出了电子爱好者经常用到的几种稳压二极管的主要参数。需要说明的是，对于一个具体的稳压二极管，它的稳定电压是一个确定值。不同型号的稳压二极管，稳定电压一般是不同的。同一型号的稳压二极管，由于制作工艺上的离散性，每一只管子的稳定电压也不可能完全相同，而是分布在一个范围之内。另外，实际应用时稳压二极管的工作电流要取得稍大些（一般为最大工作电流I_{ZM}的1/5～1/2），这样才会有好的稳压效果。如果知道了某一稳压二极管的最大耗散功率P_M和稳定电压U_Z，可利用公式$I_{ZM}=P_M÷U_Z$计算出它的最大工作电流来。

表5-1　常用稳压二极管的主要参数

参数 型号	稳定电压 U_Z /V	动态电阻 R_Z /Ω	最大工作电流 I_{ZM} /mA	最大耗散功率 P_M /mW	可代换产品
2CW51	2.5～3.5	60	71	250	1N4618、1N4619、 1N4620、2CW10
2CW54	5.5～6.5	30	38	250	1N4627、2CW13
2CW60	11.5～12.5	40	19	250	1N4106、2CW19
2CW101	2.5～3.5	25	280	1000	1N4728、2CW21S
2CW104	5.5～6.5	15	150	1000	1N4734、1N4735、 2CW21B
2CW110	11.5～12.5	20	76	1000	1N4742、2CW21H
2DW230	5.8～6.6	≤25	30	200	2DW7A

根据稳压二极管的外壳标志或封装形状，可以区分出两引脚的正、负极性。图5-4所示是常见国产稳压二极管的引脚识别方法。由图可知，稳压二极管两引脚的正、负极识别方法，与普通二极管完全相同。但需要注意的是，由于稳压二极管是工作在反向击穿状态下的，所以在接入电路时，其负极需接高电压，正极应接低电压。

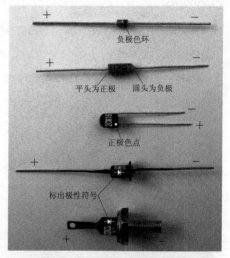

图5-4　常用稳压二极管管脚的识别

电路符号

稳压二极管的电路符号如图5-5所示，其图形符号是在普通二极管符号的短直线一端加上了一个小直角（旧标准为两个短斜线），以区别并表示稳压二极管在电路中需要反接，即稳压二极管的负极接电路中的高电位、正极接低电位，这样才能正常稳压。二极管图形符号旁边的"＋""－"极性（注意不是电路工作电压极性）是为便于说明问题加上去的，实际画电路图时不必加注。

稳压二极管的文字符号是VD（旧符号是DW），在电路图中常写在图形符号旁边。若电路图中有多只同类元器件时，就在文字后面或右下角标上数字，以示区别，如VD1、VD2……文字符号的后面或下边，一般标出稳压二极管的型号或稳定电压值。

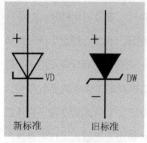

图5-5　稳压二极管的符号

6 色彩斑斓的发光二极管

发光二极管简称发光管（英文简称LED），它是采用特殊的磷化镓（GaP）或磷砷化镓（CaAsP）等半导体材料制成的，能够将电能直接转换成为光能的半导体器件。发光二极管虽然与普通二极管一样也是由PN结构成的，也具有单向导电性，但发光二极管不是应用它的单向导电性，而是让它发光作指示（显示）或用作照明器件。

当给发光二极管通过一定正向电流时，它就会发光。与带灯丝的普通小电珠相比，发光二极管具有体积小、多彩艳丽、耗电低、发光效率高、响应速度快、耐振动和使用寿命长等优点，可广泛应用于各种电子、电器装置及仪表设备中。

在晶体二极管的大家族中，发光二极管虽然是诞生比较晚的成员，但却后来者居上，无论性能、品种都不断更新换代、推陈出新，应用范围越来越广泛。下面分别对常见的几种发光二极管作一介绍。

单色发光二极管

（1）外形及特点

图6-1 普通发光二极管实物外形图

单色发光二极管实际上就是我们经常用到的普通发光二极管，它通电后只能发出单一颜色的亮光来。单色发光二极管的实物外形如图6-1所示，按其管壳形状可分为圆形、方形和异形3种，圆形尺寸主要有ϕ3mm、ϕ5mm、ϕ10mm，方形尺寸主要有2mm×5mm。按发光时的亮度来划分，有发光亮度一般的普通发光二极管和高亮度发光二极管。

普通发光二极管常用磷化镓、磷砷化镓等材料制成，由于制造材料以及掺入杂质的不同，其发光颜色有红、绿、黄、橙、蓝、白等几种。发光二极管的发光颜色一般和它本身的颜色相同，但近年来也出现了能发出红、黄、绿等色光的白色透明发光二极管。白色发光二极管是近年来才出现的新型产品，主要应用在手机背光灯、液晶显示器背光灯、照明等领域。

当给发光二极管加上合适的正向电压时，其内部PN结导通，有正向电流流过管芯，电能被直接转换成为光能，于是发光二极管就会发光。

（2）主要参数

表征普通发光二极管特性的参数包括电学和光学两类，主要参数有以下几项。

①发光强度（I_V）。它表示当发光二极管通过规定的正向电流时，在管芯垂直方向上单位立体角内所发出的光通量，一般以毫烛光（mcd）为单位，这是表示发光二极管亮度大小的参数，因而也是最重要的参数。

②最大工作电流（I_{FM}）。这是指发光二极管长期正常工作所允许通过的最大正向电流。使用中不能超过此值，否则将会烧毁发光二极管。例如，国产BT-104（绿色）、BT-204（红色）型发光二极管的最大工作电流均为30mA。

③正向电压降（U_F）。这是指让发光二极管通过规定的工作电流而正常发光时，管子两端所产生的电压降（也称工作电压）。发光二极管的正向电压降比普通二极管要高，一般在1.8～3.8V。不同颜色和不同制造工艺的发光二极管其工作电压也不同，如红色发光二极管的正向电压降约为1.8V，黄色发光二极管的正向电压降约为2V，绿色发光二极管的正向电压降约为2.3V，白色发光二极管的正向电压降通常高于2.4V，蓝色发光二极管的正向电压降通常高于3V……

④最大反向电压（U_{RM}）。这是指发光二极管在不被击穿的前提下，所能承受的最大反向电压（也称反向耐压）。发光二极管的最大反向电压一般在6V，最高不超过十几伏特，这是与普通二极管大不相同的地方。使用中不应使发光二极管承受超过5V的反向电压，否则发光二极管很可能被击穿。

发光二极管的参数还有发光波长、最大耗散功率等，业余使用时可不必考虑，只要选择自己喜欢的颜色和形状就可以了。

（3）引脚识别

发光二极管的外形很有特色，所以可方便地用眼睛进行极性识别。常见的普通发光二极管，较长的一条引脚线为其正极引线，较短的引脚线为其负极，如图6-2（a）所示，识别口诀是"长正短负"（这与电解电容器引脚极性判断法一致）。如果观察发光二极管内部，可以发现里面的两个电极一大一小，如图6-2（b）所示。一般来说，电极较小的一端是发光二极管的正极，电极较大的一端是它的负

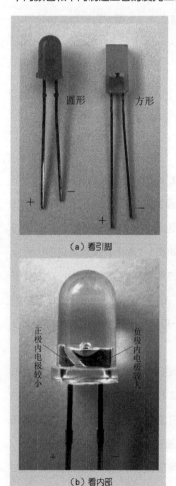

圆形　方形
+　　-
+　　-

（a）看引脚

正极内电极较小　　负极内电极较大
+　　-

（b）看内部

图6-2 普通发光二极管引脚的识别

极。但也有个别发光二极管（一般都是进口管芯）例外，其内部管芯小的一端是负极，大的一端是正极。所以在碰到进口发光二极管时，为了保险起见，还是借助万用表测量一下为好。

电压型发光二极管

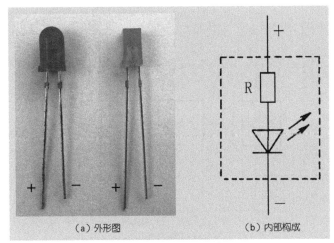

（a）外形图　　　（b）内部构成

图6-3　电压型发光二极管

电压型发光二极管的外形和内部构成如图6-3所示。从外观上看，它与普通单色发光二极管几乎没有两样，内部结构却与普通发光二极管有所区别。其内部由一只限流电阻器R和一个发光二极管管芯串联组成。R可将发光二极管的正向工作电流限定在允许值（一般为10mA或15mA）。使用时，只要在电压型发光二极管的正、负极两端加上额定工作电压，即可让其正常发光。可见，电压型发光二极管与普通发光二极管相比较，省去了外接限流电阻器的麻烦，使电路设计和安装更为简单。

国产电压型发光二极管的系列产品，常见的有6种标称电压，分别为5V、9V、12V、15V、18V和24V。其发光颜色为红色、黄色、绿色等。

闪烁发光二极管

闪烁发光二极管也叫自闪发光二极管，是一种由CMOS集成电路（互补对称金属氧化物半导体集成电路的英文缩写）和发光二极管组成的特殊发光器件，是光电技术与半导体集成工艺相结合的新产品。这种发光二极管可应用于各种信号指示（显示）装置、电子玩具等，具有电路简单、耗电量小、醒目美观等特点。

常用闪烁发光二极管的外形和内部功能方框图如图6-4所示。其外表与普通发光二极管完全一样，最大特点在于：内部封装有CMOS大规模集成电路，外加一定电压时，内部振荡器即产生一定频率的方波脉冲，经分频器变换为超低频脉冲，再通过驱动放大器推动发光二极管管芯闪烁发光。闪烁发光二极管的颜色主要有红色、橙色、黄色和绿色4种。

闪烁发光二极管的正、负极引脚识别与普通发光二极管完全相同。如果用眼睛来观察闪烁发光二极管内部，可以发现里面有一大一小的两个电极，并且小电极上面有一个小黑块——CMOS集成电路，参见图6-4（a）。一般来说，电极较小，并附有小黑块的一端是闪烁发光二极管的正极，电极较大的一端是它的负极。

闪烁发光二极管的参数除了正向工作电流、发光强度等以外，还有标称工作电压、反映闪光速度的闪烁频率和表示亮灭时间比的占空比等，表6-1给出了国产常用闪烁发光二极管的主要参数。

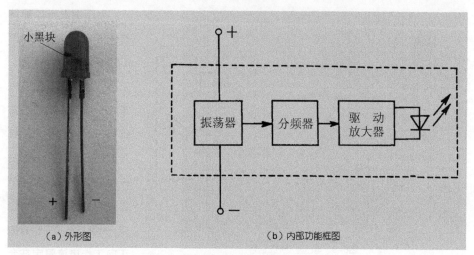

（a）外形图　　　　　　　　　　　（b）内部功能框图

图6-4　闪烁发光二极管

表6-1　几种闪烁发光二极管的主要参数

参数名称	工作电压	正向电流	闪烁频率	占空比	发光强度	发光峰值波长	颜色
符号	V_{CC}	I_F	f	D	I_V	λ_p	
单位	V	mA	HZ	%	mcd	nm	
测试条件	功能正常	$V_{CC}=5V$	$V_{CC}=5V$	$V_{CC}=5V$	$V_{CC}=5V$	$V_{CC}=5V$	
BTS314058					≥0.5	700	红色
BTS324058					≥1	630	橙色
BTS334058	4.75~5.25	7~40	1.3~5.2	33~67	≥1	585	黄色
BTS344058					≥1	565	绿色

变色发光二极管

变色发光二极管只用一只发光二极管就能变换发出几种颜色的光，因此在电子装置、电子玩具、仪器设备等产品上多作为不同状态指示或发出多种警告信号使用。

（1）外形及特点

变色发光二极管的外形和内部构成如图6-5所示，它的最大特点是在一只管壳中封装了两个发光二极管（通常为红、绿或红、黄两色）管芯，对外有3根引线脚和两根引线脚之分。

对外有3根引线脚的变色发光二极管，其内部构成如图6-5（b）所示。通常将红色和绿（黄）色发光管芯的正极分别引出，而将它们的负极连接在一起，通过一根公共负极线引出。当在红色发光二极管的正极与公共负极引脚之间加上2V左右的直流电压，使之通过合适的电流（3～10mA）时，管子发出红光；同样，当在绿（黄）色发光二极管的正极与公共负极间加上2V电压和同样电流时，管子发出绿光；当红、绿（黄）发光二极管的正、负极之间都通电时，即发出红光与绿（黄）光的混合光——橙（桔红）色光。当红光管芯通过较大电流（如10mA）、绿（黄）光管芯不通电时，然后逐渐减小红光管芯电流，同时加大绿（黄）光管芯电流，则管子发光颜色会连续地从红光经过一系列中间混合光向绿（黄）光转变，反之亦然，这就是所谓变色发光的含义。

对外只有两根引线脚的变色发光二极管的内部构成如图6-5（c）所示，管内红、绿（黄）发光二极管管芯的正、负极反向并联后，再通过两根引线脚引出。当给两根引线脚接上2V左右的直流电压（电流限制在3～10mA）时，其中一个管芯会处于正向导通状态，该管即通电发出红光或绿（黄）光；当调换电压极性后，另一个管芯会处于正向导通状态，使其通电发出截然不同的绿（黄）光或红光；当在两根引脚接上2V左右的交流电时，红、绿（黄）管芯分别在交流电的正、负半周时导通，人眼会看到红光与绿（黄）光的混合光——橙（桔红）色光。

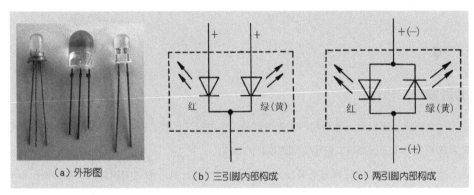

（a）外形图　　　　　（b）三引脚内部构成　　　　　（c）两引脚内部构成

图6-5　变色发光二极管

国产变色发光二极管的典型产品有2EF301（红+黄绿色＝浅橙）、2EF302（红+绿＝橙）、BT315（红+绿＝橙）、BT362057RG（红+绿＝橙）、BT362057RG（红+绿＝橙）、BT362057RY（红+黄＝桔红）、BT362057YG（黄+纯绿＝浅绿）、BT3621526RG（红+绿＝橙）。业余条件下使用时，可不必考虑型号和参数，一般只要选择所需要的颜色和形状就可以了。

（2）引脚识别

常用变色发光二极管的引脚识别如图6-6所示。对于有3根引线脚的变色发光二极管，如果引脚排布呈三角形，则将引脚对准自己，从管壳凸出块开始，按顺时针方向，依次为内部红色发光二极管管芯的正极引出脚、绿（黄）色管芯的正极引出脚、公共负极引出脚。如果引脚呈一字排列，其左右两边的引脚分别为内部红、绿（黄）发光二极管管芯的正极引出脚，并且引脚引线稍长的为红色管芯的正极引出脚，稍短的为绿（黄）色管芯的正极引出脚；中间的引脚为公共负极引出脚。有两根引线脚的变色发光二极管，虽然和普通发光二极管一样有长、短引线脚之分，但并不是表示正、负极性。一般稍长的引线脚表示内部红色发光二极管管芯的正极引出脚，稍短的引线表示绿（黄）色管芯的正极引出脚。

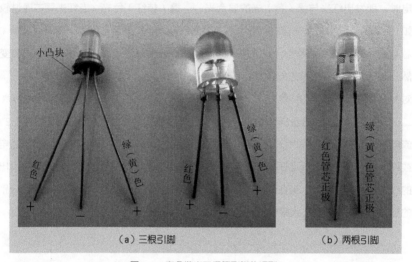

图6-6　变色发光二极管引脚的识别

七彩发光二极管

七彩发光二极管是一种新颖的高亮度自动变色发光二极管，目前已广泛应用于各种电子产品的装饰、电子玩具等，可起到增辉添彩的效果。

七彩发光二极管的外表与普通发光二极管完全一样，其外形和内部功能框图如图6-7所示。七彩发光二极管内部封装有大规模集成电路控制的红、绿、蓝"三基色"发光管芯；当外加3～4V直流电压时，内部振荡器便产生频率可自动变化（范围约为2～6Hz）的方波脉冲，经时序分配器和三路驱动放大器后，推动红、绿、蓝3个发光管芯按一定顺序搭配工作，从而对外发出不断循环变化的红、绿、蓝、黄、紫、青、白7种颜色的闪光来。

七彩发光二极管的正、负极引脚识别方法与普通发光二极管完全相同。如果用眼睛来观察七彩发光二极管的内部，可以发现里面有两个基本对称的电极，但其中一个电极的上面有一个小黑块——CMOS集成电路，参见图6-7（a）。一般来说，电极附有小黑块的引脚是七彩发光二极管的正极，电极无小黑块的引脚是它的负极。

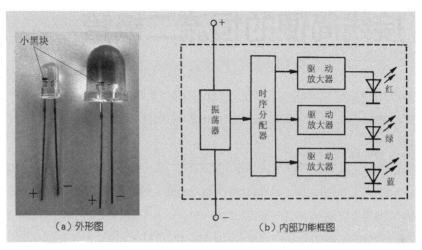

图6-7 七彩发光二极管

电路符号

发光二极管在电路图中的符号如图6-8所示，其图形符号是在普通二极管符号的基础上增加了两个箭头，以表示能够发光。图形符号旁边的"＋""－"极性是为便于说明问题加上去的，实际画电路图时一般不必加注。图中右边两个非标准图形符号，是专门用来表示变色发光二极管的，既形象又直观。如果电路图中采用左边的两个标准图形符号来表示变色发光二极管，则多配有相应的文字说明。一般从图形符号上区分不出电压型发光二极管、闪烁发光二极管、七彩发光二极管等特殊发光二极管，只能通过型号或相应的文字说明才能作出正确判断。

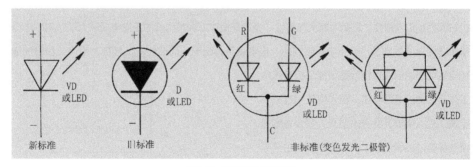

图6-8 发光二极管的符号

发光二极管的文字符号是VD（旧符号是D或LED），在电路图中常写在图形符号旁边。若电路图中有多只同类元器件时，就在文字后面或右下角标上数字，以示区别，如VD1、VD2……文字符号的后面或下边，一般标出发光二极管的型号或颜色，普通发光二极管有时什么也不标。

7 接线简便的恒流二极管

前面已经介绍过了功能独特的稳压二极管，有读者就会问，既然有稳压二极管，那么有没有"稳流二极管"呢？答案是肯定的。但通常不把这种器件叫"稳流二极管"，而是叫"恒流二极管"。

恒流二极管（英文缩写为CRD）简称"恒流管"，是一种能在很宽的电压变化范围内提供恒定电流的两端半导体器件，它具有直流等效电阻低、交流动态电阻高、温度系数小等特点。恒流二极管在电路中主要用于稳定和限制电流，当出现电源电压供应不稳定或是负载电阻变化很大的情况时，能确保电路工作电流的稳定不变。

恒流二极管以其体积小、造价低、恒流性能好、使用简便、可靠性高等优点，广泛用于各种电源设备、工业自动化控制装置、仪器仪表、音响设备、通信设备、LED照明灯等电路中。

基本特性

恒流二极管是庞大的半导体二极管家族中的一员，它是利用多数载流子的场效应原理制造而成，属于两端结型场效应管，工作原理类似于结型场效应管。换句话讲，其技术原理是利用半导体结构的沟道夹断方式控制并输出恒定电流的。

图7-1所示是恒流二极管的伏安特性曲线，纵坐标表示输出电流，横坐标表示输入电压。坐标右面为其正向特性，左面为其反向特性。当加在恒流二极管两端的正向电压不大于U_S时，电流基本随电压线性增长。一旦电压超过U_S，电流就不再随电压而增长。U_S被称为恒流二极管的饱和电压或起始电压，也就是恒流二极管正常工作所必需的最低电压。但当电压超过某一定值U_B后，电流又会开始增长，并会导致恒流二极管过热而损坏。U_B被称为正向击穿电压（简称"耐压"）。当正向电压在$U_S \sim U_B$内变化时，流过恒流二极管的电流I_H几乎不变，这就是恒流二极管的正常工作区域。如果给恒流二极管加上反向电压，即将管子的极性反接，则它的伏安特性曲线与普通硅二极管的正向特性大体一致。

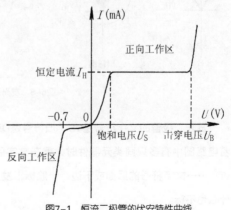

图7-1 恒流二极管的伏安特性曲线

恒流二极管作为一种两端恒流器件，在实际应用中只需将其按正向工作的极性串接在需要恒流的电路中。它不仅可以用于各种电子电路中的基准电流设定，而且还可直接驱动小功率负载工作。它能使以往较为复杂的恒流源电路大大简化，并改善恒流性能、缩小体积、提高工作可靠性。

外形和种类

常见恒流二极管按封装材料不同区分，有图7-2（a）所示的塑料封装、金属壳封装、玻璃壳封装3种形式。如果按安装方式不同区分，可分为图7-2（b）所示的插接式和贴片式两大类。如果按恒定电流不同区分，可分为图7-2（c）所示的小电流恒流二极管和大电流恒流二极管（多带散热片或采用金属壳封装）两大类。

近年来，LED照明灯作为节能降耗、长寿命的光源，得到了迅速开发和推广。恒流二极管作为LED驱动电路经常采用的一种恒流源器件，也得到了快速研发，呈现出向多规格、大电流方向发展的趋势。目前，单个大电流恒流二极管的恒定电流已突破100 mA，国内最新开发的产品已经达到300mA，以适应LED照明灯功率不断增加的需求。

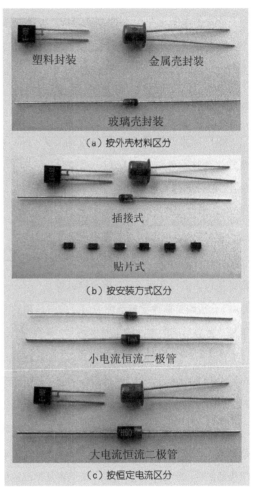

图7-2 常用恒流二极管的分类

主要参数

恒流二极管的主要参数与稳压二极管有着对偶关系，读者可以对比理解，以便加深记忆。初学者需要掌握的恒流二极管的主要参数介绍如下。

①恒定电流（I_H）。简称恒流值，这是指恒流二极管所能提供的恒定电流数值。不同型号的恒流二极管I_H值也不同，使用时可根据需要选择。目前常用的恒流二极管，I_H最小的有几十微安，最大的超过100mA。

②饱和电压（U_S）。也叫起始电压，这是指恒流二极管进入恒流工作区域所需的最低正

向电压。显然U_S越小越好，它是由工艺和材料决定的，一般在2～4V，优良的产品在1V以下。

③击穿电压（U_B）。简称耐压，这是指恒流二极管能维持恒流工作的最高电压。U_B越大，恒流范围也越大。当工作电压超过U_B过多时，恒流二极管就会因过热而损坏。常用恒流二极管的正向击穿电压为20～100V。

④动态电阻（R_H）。这是指恒流二极管工作电压变化量与恒定电流值变化量之比。显然，R_H越大，说明恒流二极管的恒流性能越好。对于I_H较小的恒流二极管，其R_H一般可达数兆欧；当I_H较大时，R_H则会降至数百千欧，甚至几千欧。

型号命名

国产恒流二极管的型号命名遵循了普通半导体器件的命名规则，其型号一般由5部分组成，格式和含义如图7-3所示。第1部分用阿拉伯数字"2"表示二极管，第2部分用汉语拼音字母表示管子的材料和极性，如"D"为硅P型材料。第3部分用汉语拼音字母"H"表示恒流管。

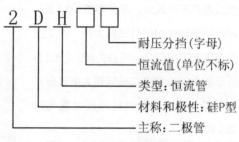

图7-3　国产恒流二极管的命名规则

第4部分用阿拉伯数字表示恒流值，单位是毫安（不标），并且数字前面有"0"，表示该数字是小数点后面的有效数字。例如，2DH01B、2DH10C恒流二极管的恒流值分别为0.1mA（100μA）和10mA。第5部分用汉语拼音字母表示产品击穿电压（耐压）的分挡，规定A≥20V、B≥30V、C≥40V、D≥50V……有些产品省略了该部分。表7-1给出了一些常用国产2DH××系列恒流二极管的型号及性能参数，仅供参考。

由于当今许多厂家（包括外资厂商）生产的恒流二极管，其型号命名规则多是自行制定或者参照了国外产品的命名方法，所以型号命名规律各不相同。表7-2给出了一些常用的恒流二极管的性能参数。一般来说，使用者从产品的型号上只能看出大致的恒流值，要获得具体的恒定电流、饱和电压、击穿电压等参数，只能通过查阅产品手册或厂家说明书。

表7-1　国产2DH××系列恒流二极管的性能参数

型　号	恒定电流I_H(mA)	饱和电压U_S(V)	动态电阻R_H(MΩ)	型号后缀字母所表示的击穿电压分挡(V)
2DH00	≤0.05	<0.5	≥8	A≥20 B≥30 C≥40 D≥50
2DH01	0.1±0.05	<0.8	≥8	
2DH02	0.2±0.05	<1.5	≥5	

续表

型 号	恒定电流I_H(mA)	饱和电压U_s(V)	动态电阻R_H(MΩ)	型号后缀字母所表示的击穿电压分挡(V)
2DH03	0.3±0.05	<1.5	≥5	
2DH04	0.4±0.05	<2	≥2.5	
2DH05	0.5±0.05	<2	≥2.5	
2DH06	0.6±0.05	<2	≥2.5	
2DH07	0.7±0.05	<2	≥1.5	
2DH08	0.8±0.05	<3	≥1.5	
2DH09	0.9±0.05	<3	≥1	
2DH1	1 +0.5 -0.05	<3	≥1	A≥20 B≥30 C≥40 D≥50
2DH2	2±0.5	<3	≥0.5	
2DH3	3±0.5	<3.5	≥0.4	
2DH4	4±0.5	<3.5	≥0.3	
2DH5	5±0.5	<4.5	≥0.25	
2DH6	6±0.5	<4.5	≥0.15	
2DH7	7±0.5	<5	≥0.15	

表7-2　常用恒流二极管的性能参数

型 号	恒定电流I_H(mA)	饱和电压U_s(V)	击穿电压U_B(V)	动态电阻R_H(kΩ)	说 明
S-101T	0.10	0.5	100		
S-301T	0.30	0.8	100		
S-102T	1.00	1.7	100		主要用于驱动0.5W以内的LED照明或指示灯,以及用于稳压源、放大器、电子仪器的保护电路等
S-152	1.50	2.0	100		
S-562T	5.60	4.5	100		
S-103T	10.0	3.5	50		
S-183T	18.0	4.6	40		
L-1822	20	3.9	30		主要用于大功率LED照明电路等
L-2227	25	4.0	30		
L-27-33	30	4.2	25		

续表

型 号	恒定电流 I_H(mA)	饱和电压 U_S(V)	击穿电压 U_B(V)	动态电阻 R_H(kΩ)	说 明
2DHL020	20~25	≤3.5	40	12	
2DHL025	26~33	≤3.5	40	12	
2DHL030	31~34	≤3.5	35	10	
2DHL035	35~38	≤3.5	35	10	
2HDL040	40~46	≤3.5	35	8	
2DHL050	50~56	≤3.5	35	8	专用于LED照明、LCD背光电路，也适用于便携式电子设备、数码产品、通信设备、仪器仪表等产品
2DHL060	60~67	≤3.5	25	6	
2DHL070	70~75	≤3.5	20	6	
2DHL080	80~85	≤3.5	20	5	
2DHL110	110~125	≤3.5		4	
2DHL130	130~160	≤3.5	20	4	
2DHL200	190~220	≤3.5	20	4	
2DHL300	270~350	≤3.5	20	4	

产品标识

恒流二极管作为一种两端结型场效应恒流器件，它只有一正一负两个引脚，其外形与普通小型晶体二极管完全相同。部分产品外壳封装则与小型晶体三极管一样，不同处在于它只有两个引脚。

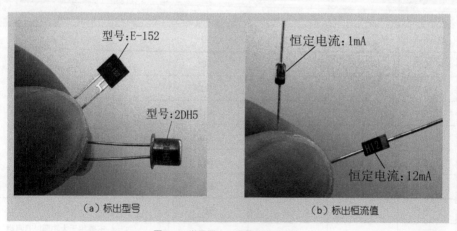

图7-4 常用恒流二极管的标注方法

由于恒流二极管的体积一般都很小，所以大多数情况下只在管体上标出型号或缩略的型号，如图7-4（a）所示；有的体积较小的恒流二极管仅标出恒流值（例如，标出"H12"，表示该管的恒流值为12mA），如图7-4（b）所示。要想进一步了解恒流二极管的有关参数，就得查看厂家的产品说明书。

需要说明的是，对于一个具体的恒流二极管，它的恒流值是一个确定值。不同型号的恒流二极管，恒流值一般是不同的。同一型号的恒流二极管，由于制造上的离散性，每一只管子的实际恒流值并不一定完全相同，而是分布在一个范围之内。例如，表7-1中国产2DH2～2DH7型恒流二极管的标称恒流值，允许误差为±0.5mA。

根据恒流二极管的外壳标志或封装形状，可以区分出两引脚的正、负极性来。图7-5所示是常用恒流二极管的引脚识别方法。由图可知，恒流二极管两引脚的正、负极识别方法，与普通晶体二极管完全相同。

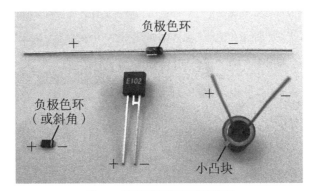

图7-5　常用恒流二极管引脚的识别

电路符号

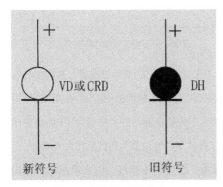

图7-6　恒流二极管的符号

恒流二极管的电路符号如图7-6所示，其图形符号旁边的"＋""－"极性，在实际电路图中一般都不标注出来。其文字符号许多书刊并不统一，除了用晶体二极管的通用符号"VD"或恒流二极管的英文缩写"CRD"来表示外，有的还用"VDH""VH"或"DH"等字母来表示。文字符号的旁边，一般会标出恒流二极管的型号或恒流值。当同一个电路图中出现多个恒流二极管或相同的文字符号时，可按习惯在文字符号后面加上数字编号，以示区别。

8 小巧长寿的变容二极管

变容二极管又称"可变电抗二极管"，它利用半导体PN结电容或金属—半导体接触势垒电容随外加反向偏压变化而变化的原理制成，是一种专门作为"压控可变电容器"的特殊晶体二极管。变容二极管通常可替代可变电容器，在现代通信设备及家用电器中做高频调谐、频率自动微调、扫描振荡及相位控制等使用。

变容二极管的主要特点是体积小、能防尘防潮、抗冲击振动、寿命长。例如，将变容二极管用于调频收音机的调谐器电路中，它不仅以崭新方式取代了使用普通可变电容器时所存在的动作最大、故障率最高的调谐机构，而且由此派生出许多如自动调谐、预选节目等新技术，使调频收音机无论从质量和使用方便性上都提高到一个新水平。下面就向初学者介绍常用变容二极管的识别与使用方法。

基本特性

变容二极管工作时的外加条件与稳压二极管类似，它必须工作在反向电压偏置区（稳压二极管工作在反向击穿状态下）。当变容二极管两端加上反向电压时，其内部的PN结变厚，如图8-1所示。反向电压越高，PN结越厚。由于PN结阻止电流通过，所以变容二极管工作时处于截止状态。这里PN结相当于普通电容器两个极板之间的绝缘介质，而P型半导体和N型半

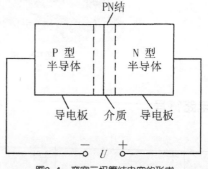

图8-1 变容二极管结电容的形成

导体分别相当于普通电容器的两个极板，也就是说处于截止状态下的变容二极管，其内部会形成等效于平行板电容器的结构，该"电容器"称为结电容。普通二极管的P型半导体和N型半导体都比较小，所形成的结电容很小，可以忽略；而变容二极管在制造时特意增大了P型半导体和N型半导体的面积，从而增大了结电容，使反向偏压条件下的容量及变容效果都大为增强。

变容二极管结电容的大小与反向电压的大小有关，反向电压越高，结容量越小；反向电压越低，结容量越大。结电容和反向电压的关系曲线如图8-2所示，它直观表示出变容二极管两端反向电压与结容量的变化规律。由图可见，结电容和反向电压的关系是非线性的。为了克服非线性，在实际使用时可采用校正网络、高偏压及多回路等措施。

变容二极管可以看成是一个小容量的可变电容器。把变容二极管接在调谐回路里，控制

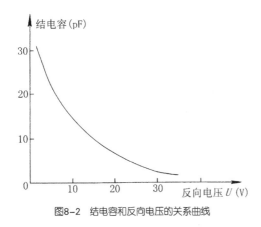

图8-2 结电容和反向电压的关系曲线

加在变容二极管上的反向电压，即可达到改变频率的目的。用变容二极管制成的电子调谐器，结构简单、接触可靠、制造方便，可以实现遥控和精密调谐的目的。目前，已广泛应用在彩色电视机、调频接收机和各种通信设备中。此外，还可用变容二极管实现调频、扫描振荡、频率自动微调及相位控制等多种用途。

外形和种类

常见变容二极管的实物外形如图8-3所示。由图可知，变容二极管的外形与小型普通晶体二极管几乎没有什么区别。变容二极管常见的外壳封装形式有陶瓷封装（实为环氧树脂密封的陶瓷基板）、玻璃封装、塑料封装3种，此外还有不常见的金属壳封装（大功率管）和无引线表面贴装等。变容二极管按制作所用半导体材料的不同，可分为硅变容二极管、锗变容二极管、砷化镓变容二极管等。

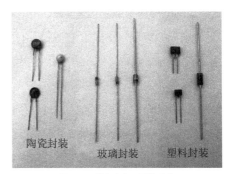

图8-3 常用变容二极管实物

主要参数

变容二极管的主要参数有结电容、结电容变化范围、最高反向工作电压、电容比和Q值等，其具体定义如下。

①结电容。这是指在某一特定的直流反向电压下，变容二极管内部PN结的电容量。例如，2CB12型变容二极管在3V反向电压下，其结电容为15～18pF,在30V反向电压下，其结电容为2.5～3.5pF。

②结电容变化范围。这是指变容二极管的直流反向电压从0V开始变化到某一电压值时，其结电容的变化范围。例如，2CC13A型变容二极管的结电容变化范围为30～70pF。

③最高反向工作电压。这是指变容二极管正常工作时两端所允许施加的最高直流反向电压值。使用时不允许超过该值，否则有可能会击穿管子。例如，2CC1B型变容二极管的最高反向工作电压为20V，而2CC1F型变容二极管的最高反向工作电压为60V。

④电容比。这是指结电容变化范围内的最大电容量与最小电容量之比，它反映出变容二极管电容量变化能力的大小。

⑤Q值。这是变容二极管的品质因数，它反映了管子接入电路时对回路能量的损耗。例如，2CC1B型变容二极管的Q值不小于2，而2CC17B型变容二极管的Q值不小于 100。Q值随频率和偏压而变化。在一定频率下，Q值越大，说明变容二极管的损耗越小，变容二极管的品质越好。

型号命名

国产变容二极管的型号命名遵循了半导体器件的统一命名规则，其型号一般由5个部分组成（也有省掉第5部分的），格式和含义如图8-4所示。第1部分用阿拉伯数字"2"表示二极管；第2部分用汉语拼音字母表示管子的材料和极

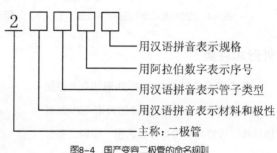

图8-4 国产变容二极管的命名规则

性，如A为锗N型、C为硅N型；第3部分用汉语拼音字母表示管子的类型，如"C"表示参量变容二极管，"B"表示电调谐变容二极管；第4部分（阿拉伯数字）、第5部分（汉语拼音字母）分别表示产品的序号和规格，其中第5部分多用汉语拼音字母区分同一型号产品的最高反向工作电压和结电容等参数的不同，具体可查看有关手册。例如：2AC1型表示锗变容二极管，2CC1A和2CC1F型均表示硅变容二极管，前者最高反向工作电压为20V，结电容变化范围为60～100pF，后者最高反向工作电压为60V，结电容变化范围为20～60pF。

还有一些国产变容二极管的型号命名采用了生产厂家自定的命名规则或直接参照了国外产品的型号命名，如303B、DB300、B910A、FV1043、KV1235Z型等。表8-1汇集了一些常用变容二极管的型号及性能参数，仅供参考。

表8-1 常用变容二极管的性能参数

型号	最高反向工作电压(V)	结电容(pF)		电容比	Q值	反向电流(μA)	说明
		最小值	最大值				
2AC1	30	2	25				
2CC1	25	3.6	2.7		250		
2CB14	30	3	20	5～7	250～300		Q值测试条件：4V、50MHz
DB300		6.8	18	1.8	110		

续表

型号	最高反向工作电压(V)	结电容(pF)		电容比	Q值	反向电流(μA)	说 明
		最小值	最大值				
2CC12A		2.5	10				
2CC12B	10	3	20±6				
2CC12C		3.5	30±6			≤20	
2CC12D	12	4	40±6				
2CC12E	15	5	45				
2CC12F	10	15					
2CC149	12	435	540		≥200	0.05	
2CC203A	15	74	125		≥100	0.5	
2CC203B	28	92	120				
303B	30	3~5	18~30	>6			工作频率1000MHz
B112		10	180	>16			工作频段：AM
1N5439	≥30	3.3		2.3~3.1		≤20	最小结电容测试条件：4V、1MHz
1N5443		10.0		2.6~3.1			
1N5447		20.0		2.6~3.1			
1N5449		56.0		2.6~3.3			
1N5456		100.0		2.7~3.3			
AM-109	10	30	460	15			工作频段：AM
ISV-149		30	540	18			
KV-1236		30	540	20			
KV-1310		43	93	2.3			工作频率>100MHz
MV-209	10	11	33	3			工作频段：UHF
MV2105		6	22	2.5			

产品标识

常见变容二极管由于体积都比较小，所以多数情况下只在管体上标出引脚的极性标识，如图8-5（a）所示；只有部分产品才在外壳上标出型号或简化了的型号，如图8-5（b）所示。要想了解变容二极管的具体特性和有关参数等，唯一的途径就是查看厂家提供的说明书或有关元器件参数手册。

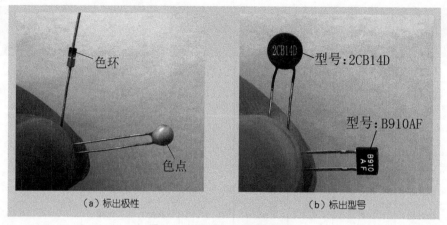

图8-5 常用变容二极管的标注方法

根据变容二极管的外壳标志或封装形状，可以区分出两引脚的正、负极性来。图8-6所示是常见变容二极管的引脚识别方法。由图可知，变容二极管两引脚正、负极的识别方法与普通晶体二极管完全相同。但需要注意的是，由于变容二极管是工作在反向电压状态下的，所以在接入电路时，其负极应接高电位，正极应接低电位。

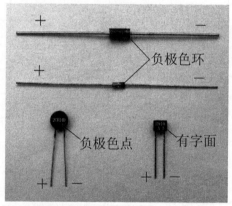

图8-6 常用变容二极管引脚的识别

电路符号

变容二极管的新标准电路符号如图8-7左边所示，其图形符号是在普通晶体二极管符号的旁边增加了一个电容器符号而成，形象地说明这是一个特殊的变容二极管。注意：变容二极管图形符号旁边的"＋"、"－"极性（为便于说明问题而加上去，实际画电路图时都不加注），并不是指管子在接入电路时所接反向工作电压的极性，而是指管子本身的极性。变容二极管在电路中一定要接上反向直流电压，即管子的负极接电路中的高电位、正极接低电位，才能保证其正常工作。

变容二极管的文字符号与普通晶体二极管完全一样，常用"VD"或"V"来表示。若电路图中有多只同类元器件时，可按习惯在其文字符号后面加上数字编号，以示区别，如VD1、VD2……

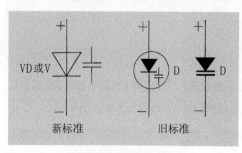

图8-7 变容二极管的符号

第三章 半导体三极管

　　晶体三极管（简称三极管）和场效应晶体管（简称场效应管）都是具有放大作用和开关特性的半导体三极管，是电子设备中的核心器件之一，应用十分广泛。晶体三极管和场效应晶体管虽然外形相同，但工作原理却截然不同，普通晶体三极管是电流控制型器件，而场效应晶体管是电压控制型器件。

　　单结晶体管（简称单结管）虽具有3个电极，但按其内部仅有一个PN结来区分，可划归为一种特殊的晶体二极管，它与普通晶体三极管的不同之处在于只有一个发射极和两个基极，却没有集电极，所以单结晶体管也称为双基极二极管。单结晶体管具有一个重要的电气性能——负阻特性，利用其可以方便地组成弛张振荡器、延时电路和触发电路等，而且电路非常简单。

9 神通广大的晶体三极管

晶体三极管简称晶体管或三极管，是一种具有两个PN结的半导体器件。晶体三极管的最大特点是具有电流放大及控制作用，它是在电子线路中被广泛使用的重要电流控制型器件。

利用晶体三极管的特性，可以组成放大、振荡、开关等各种功能的电子电路。从某种意义上讲，许多电子电路离开了晶体三极管将会"一事无成"，电路中的电阻器、电容器、电感器等许多元件都是为晶体三极管服务的。

种类和结构

常用晶体三极管的实物外形如图9-1所示。晶体三极管按制造材料不同，可分为硅管、锗管和化合物管；按PN结组合（即导电极性）不同，可分为PNP型和NPN型两大类；按特征频率不同，可分为超高频管（≥300MHz）、高频管（≥30MHz）、中频管（≥3MHz）和低频管（＜3MHz）；按功率大小划分，可分为小功率管（＜0.5W）、中功率管（0.5～1W）和大功率管（＞1W）；按封装材料不同，可分为塑料封装管、金属壳封装管、玻璃壳封装管和陶瓷环氧封装管等；按用途可分为低频放大管、高频放大管、开关管、低噪声管、高反压管、复合管等。

图9-1　常见晶体三极管的实物外形图

虽然晶体三极管的种类和型号很多，但它们的内部构造基本相同。晶体三极管的内部结构示意图和各部分名称见图9-2。每一只晶体三极管都有3条引脚，分别叫作发射极、基极和集电极，依次用字母e、b、c表示。晶体三极管内部管芯是两个靠得极近的PN结，管子具有两种类型：如果把一小块半导体中间制成很薄的N型区，两边制成P型区，就做成了PNP型三极管；如果中间制成很薄的P型区，两边制成N型区，就做成了NPN型三极管。无论哪一种类型，构成晶体三极管的两个PN结均分别称为集电结（c、b极之间）和发射结（b、e极之间）。

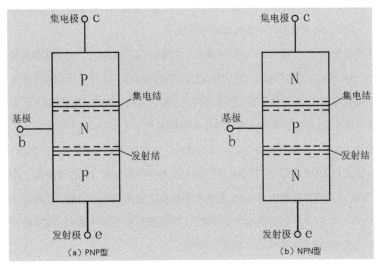

图9-2　晶体三极管的内部结构示意图

基本特性

晶体三极管在电路中的工作情况，可以通过实验来说明，实验电路如图9-3所示。这里我们使用的是一只NPN型三极管，若用PNP型管，除电源极性要调换外，其他情况与实验结果都基本相同。为了说明方便，电路中我们画出了晶体三极管的内部结构。

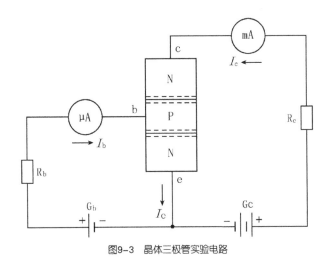

图9-3　晶体三极管实验电路

图9-3中，晶体三极管基极b与发射极e之间接入电池G_b，基极接电池的正极，发射极接

电池的负极。这时b、e之间（发射结）加的是正向电压。从基极电路中串联的电流表可以读出电流的大小，这个电流叫做基极电流I_b。如果我们把电池G_b的正、负极对换一下，发射结上就加了反向电压。从PN结原理可知，这时电流是不能通过的，也就是说没有基极电流，即$I_b=0$。可见，晶体三极管的发射结具有单向导电性。

我们再来看发射极e与集电极c之间的情况：电路中加了电池Gc，电池正极接集电极，负极接发射极。这个电压叫集电极c与发射极e之间的反向电压。同样，用串联在集电极上的电流表测量集电极电流I_c，我们会发现：当基极电流I_b等于零时，集电极电流I_c极小，甚至几乎等于零。一旦基极电流I_b产生，集电极电流会立即迅速增大。

基极电流的有无，可以控制集电极电流的通断——这是晶体三极管的一个重要特性。

我们继续进行实验：将电路中的基极电阻R_b改用一个电位器。通过调节R_b，使基极电流I_b大小发生变化，可以发现集电极电流I_c的大小也会随之发生变化。但是，比较两个电流表读数，不难发现，当I_b在几十微安范围内变动时，I_c的变动范围达到几毫安。实验和理论分析都证明，晶体三极管对电流的变化有"放大"作用。

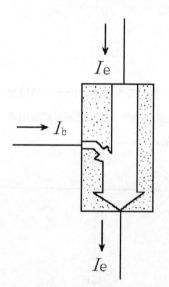

图9-4 晶体三极管内部电流分配关系

晶体三极管基极电流的微小变化，会使集电极电流发生很大变化——这是晶体三极管的另一个重要特性——放大特性。

晶体三极管工作时，除去基极b和集电极c外，发射极e也有电流通过。图9-4形象地表示了晶体三极管内部的电流分配关系。我们可以大致这样来理解：以NPN型管为例，在发射结正向电压作用下，发射极"发射"电子，电子经过基区时，一小部分形成基极电流，而大部分继续飞向集电极，形成集电极电流。由于规定电流的方向是与电子运动方向相反的，所以图中代表电流方向的箭头分别由集电极和基极指向发射极。我们把通过发射极的电流叫做发射极电流I_e。晶体三极管中，总有$I_e=I_c+I_b$这个关系。又由于I_b比I_c要小得多，所以在一般情况下也可以近似地认为$I_e=I_c$。

主要参数

晶体三极管的参数分为两类，一类是应用参数，表明管子的各种性能；另一类是极限参数，表明了管子的安全使用范围。在业余制作和使用中，必须了解以下几项参数。

①电流放大系数（$\bar\beta$和β）——这是晶体三极管的主要电参数之一。晶体三极管的集电极

电流I_c和基极电流I_b的比值，叫做静态电流放大系数，或直流电流放大系数，用$\bar{\beta}$或h_{FE}表示，即：

$$\bar{\beta}=集电极直流电流I_c / 基极直流电流I_b$$

晶体三极管集电极电流的变化量ΔI_c，与基极电流的变化量ΔI_b的比值，叫作动态电流放大系数，或交流电流放大系数，用β表示，即：

$$\beta =集电极电流变化量 \Delta I_c / 基极电流变化量 \Delta I_b$$

上面公式中，希腊字母β读作"贝塔"，Δ读作"得尔塔"。

电流放大系数的大小，表示晶体三极管的放大能力强弱。粗略估算时，可以认为β等于$\bar{\beta}$。常用小功率三极管的β值大约在20～200。

②特征频率（f_T）——这是晶体三极管的另一主要电参数。三极管的电流放大系数β与工作频率有关，工作频率超过一定值时，β值开始下降；当β值下降为1时，所对应的频率即为特征频率。这时三极管已完全没有了电流放大能力。一般应使三极管工作于5％f_T以下。

③集电极反向电流（I_{cbo}）——它是指在发射极开路的情况下，在基极与集电极之间加上规定的反向电压，流过集电结的反向截止电流，用I_{cbo}表示（脚注"o"代表发射极引出端开路）。此电流只跟温度有关，跟所加反向电压的大小基本无关系，所以又称为"反向饱和电流"。该参数能够反映出集电结的温度稳定性和热噪声，良好的晶体三极管其I_{cbo}值应该是很小。在室温下，小功率锗管的I_{cbo}为1～10μA，小功率硅管的I_{cbo}则在1μA以下。显然，锗管的I_{cbo}比硅管的要大得多，这也是锗管的稳定性比硅管要差许多的主要原因之一。

④穿透电流（I_{ceo}）——这是指晶体三极管的基极开路（不与电路中其他点连接）时，集电极与发射极之间加上反向电压后出现的集电极电流，用I_{ceo}表示。一般情况下，小功率锗管的穿透电流在几百微安以下。硅管在几微安以下，都是很小的值。穿透电流大的三极管电流损耗大，受环境温度影响严重，工作不够稳定。穿透电流是衡量三极管热稳定性的重要参数，它的数值越小，管子的热稳定性也越好。

⑤集电极—发射极击穿电压（$V_{(BR)ceo}$）——这是晶体三极管的一项极限参数。$V_{(BR)ceo}$是指基极开路时，所允许加在集电极与发射极之间的最大电压。工作电压超过$V_{(BR)ceo}$，三极管将可能被击穿。有的晶体管手册中将$V_{(BR)ceo}$用BU_{ceo}表示，两者是完全一样的。

⑥集电极最大允许电流（I_{CM}）——这也是晶体三极管的一项极限参数。晶体三极管工作时，若集电极电流过大会引起β值下降。一般规定，β下降到额定值的1/2或2/3时的集电极电流为集电极最大允许电流，常用I_{CM}表示。实际应用时，集电极电流超过I_{CM}值，三极管不一定会损坏，但放大能力将会下降。

⑦集电极最大耗散功率（P_{CM}）——也叫集电极最大允许功耗，是晶体三极管的又一项极限参数。晶体三极管工作时，集电极要耗散功率。当耗散功率超出一定限度时，三极管会因集电结温度过高而烧坏。三极管的集电极最大耗散功率大小是由管子的设计和制造工艺所决

定的，用P_{CM}表示，其数值大小可从器件性能手册中查到。实际使用时，三极管的集电极实际耗散功率必须小于这个极限值，即"集电极与发射极之间的实际工作电压U_{ce}×集电极工作电流$I_c < P_{CM}$"，否则，哪怕是短时间的超出，也会损坏三极管。小功率三极管的P_{CM}值在几十到几百毫瓦之间，大功率管在1W以上。

晶体三极管还有许多其他参数，若使用条件比较特殊（如高温、高频、高压）时，应注意参照选择。

型号命名

（1）国产晶体三极管

国产晶体三极管的型号命名方法与晶体二极管一致，也由5个部分组成（也有省掉第5部分的），如图9-5所示。其中：第1部分用阿拉伯数字"3"表示电极数；第2部分用汉语拼音字母表示管子的材料和极性，如A为PNP型锗管、B为NPN型锗管、C为PNP型硅管、D为NPN型硅管；第3部分用汉语拼音字母表示管子的类型，它主要是按用途来分类的，如X为低频小功率管、G为高频小功率管、D为低频大功率管、A为高频大功率管、K为开关管、U为光敏管等；第4部分（阿拉伯数字）、第5部分（汉语拼音字母）分别为产品序号和规格号，表示有关参数的差异，具体可查有关手册。

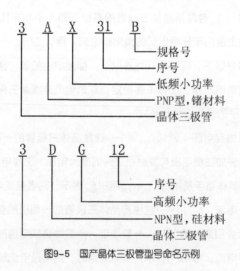

图9-5 国产晶体三极管型号命名示例

这里要说明的是，虽然国产晶体管的型号中，字母的含义是用汉语拼音定义的，但读字母时习惯上都读英文字母的发音。

掌握了晶体三极管型号的命名方法，就能从管子的型号中大体上知道它的性能和应用场合了。例如，当我们看到电路图中某处标注使用国产3DG101型三极管时，就能知道这是一只NPN型小功率高频管，在一般场合，就可以用同类的"3DG"型三极管代换使用。

（2）国外晶体三极管

现在，国内合资企业生产的不少晶体三极管都采用了同类国外产品的型号，应用十分普遍。电子爱好者手中也常有一些从电子产品上拆换下来的国外型号的晶体三极管，在电子制作中可以利用它们。可见，掌握国外晶体三极管型号的命名规则，对于电子爱好者很有必要。

日本生产的晶体三极管型号都是以"2S"开头的，如图9-6（a）所示。其中"2"表示具有两个PN结的晶体管，"S"表示属日本电子工业协会（JEIA）注册登记的产品。接在后面的一个字母可以判断管子材料极性和类型，如A为PNP高频管、B为PNP低频管、C为NPN高频管、D为NPN低频管等。字母后面两位以上的数字表示注册登记的顺序号。一般，数字越大，越是近期产品，但并不反映三极管的性能特征。顺序号相邻的两种管子，在特性上可能相差很远。顺序号后若跟有A、B、C字母，表示对原型号的改进产品。可见，日本型号能反映出管子的PNP型或NPN型、高频管或低频管，但不能反映管子的材料是硅还是锗、以及管子的性能等参数。

型号以"2N"开头（军用品前面加有字母"JAN"或"J"）的晶体三极管是美国产品或其他国家按美国型号生产的产品，如图9-6（b）所示。其中"2"也表示两个PN结，"N"表示美国电子工业协会（EIA）注册标志。后面标出的数字是器件的登记号，没有其他含义，也不表明什么特性。由此可见，美国型号比日本型号简单，从型号中不能反映出管子的材料是硅还是锗、极性是PNP还是NPN、是高频管还是低频管等信息，只能从"2N"开头的型号上识别出是美国型号的晶体三极管。但美国不同厂家的性能基本一致的半导体器件都使用同一个登记号，有时为了区分某些参数的差异，在登记号后缀有字母。

欧洲许多国家命名晶体三极管型号的方法都差不多，特别是参加欧洲共同市场的国家大都使用国际电子联合会的标准半导体分立器件型号命名方法。这种型号命名如图9-6（c）所示，其特点是直接用字母A、B开头，A表示锗管，B表示硅管。第2部分字母中，用C表示小功率低频三极管，D表示大功率低频三极管，F表示小功率高频三极管，L表示大功率高频三极管，S表示小功率开关三极管，U表示大功率开关三极管。第3部分用3位数字表示登记序号。第4部分用字母表示同一型号的管子按某一参数进行分挡的标志。可见，欧洲型号的晶体三极管无法反映出管子属PNP型或NPN型。

俄罗斯生产的晶体三极管型号用两个俄文字母或一个数字、一个俄文字母开头。常用的硅三极管型号开头为"КТ"或"2Т"，而常用锗三极管用"ГТ"或"1Т"开头。型号中的数字在一定范围内有其特定含义，例如，三极管的序列号若在101～199范围内，它就是小功率低频管。其他器件序号的具体意义可查阅相关手册。

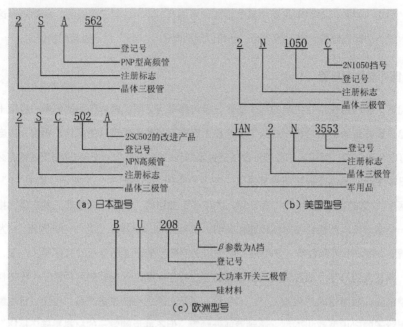

图9-6 国外晶体三极管型号命名示例

（3）9000系列晶体三极管

近来许多业余电子制作及大量电子产品均采用了价廉、性能好的9000系列塑封晶体三极管，因此有必要在这里专门对该系列晶体三极管作一介绍。9000系列塑封晶体三极管国内外许多公司都生产，区别在于前冠字母不同，如TEC9012为日本东芝公司产品，SS9012则是韩国三星公司产品等。国内一些厂家也在生产塑封9000系列管，其前冠字母五花八门。

以前常用的国产3DG6、3DG12、3CG2等晶体三极管，都可用9000系列管来代换。由于9000系列管的各项参数都要比前者优越，所以代换后不但不影响原电路性能，而且还有所提高。不同公司的同型号（仅前冠字母不同）管子在特性上可能有一些差异，使用中应注意。表9-1列出了9000系列晶体三极管的主要性能参数等，仅供参考。

表9-1 9000系列晶体三极管的特性

型号	极性	集电极最大允许电流 I_{CM}（mA）	集电极最大耗散功率 P_{CM}（mW）	集电极-发射极击穿电压 $V_{(BR)CBO}$（V）	特征频率 f_T（MHz）	用途	可替换型号
9011	NPN	30	200	30	100	高放	3DG6、3DG8、3DG201

续表

型号	极性	集电极最大允许电流 I_{CM}（mA）	集电极最大耗散功率 P_{CM}（mW）	集电极-发射极击穿电压 $V_{(BR)CEO}$（V）	特征频率 f_T（MHz）	用途	可替换型号
9012	PNP	500	625	30	300	功放	3CG2、3CG23
9013	NPN	500	625	30	300	功放	3DG12、3DG130
9014	NPN	100	310	45	200	低放	3DG8
9015	PNP	100	310	45	200	低放	3CG21
9016	NPN	25	200	30	620	超高频	3DG6、3DG8
9018	NPN	50	200	30	800	超高频	3DG80、3DG304、3DG112D

外壳标识

在国产晶体三极管的管壳上，除了打印它的型号外，有时还可看到印有带颜色的漆点（通常称之为"色点"），这是厂家用色点表示管子 h_{FE}（即 $\bar{\beta}$）值的挡次标志。工厂在生产晶体三极管的过程中，由于工艺上的原因，较难生产出一批有着相同 h_{FE} 值的管子。因此必须对晶体三极管检测后进行分类，最方便的办法就是在晶体三极管的管顶上用色点来表示该管的电流放大系数 h_{FE} 值的挡次，各颜色具体含义见表9-2，识别实例如图9-7所示。

表9-2　国产小功率晶体三极管色标颜色与 h_{FE} 值的对应关系

色标	棕	红	橙	黄	绿	蓝	紫	灰	白	黑	黑橙
h_{FE}（$\bar{\beta}$）	5~15	15~25	25~40	40~55	55~80	80~120	120~180	180~270	270~400	400~600	600~1000

图9-7　用色标法表示 h_{FE} 值实例

有些包括9000系列晶体三极管在内的国外晶体三极管，在管子型号后边用一个英文字母来表示h_{FE}值的分挡，其含义见表9-3，识别实例如图9-8所示。

表9-3　常用国外晶体三极管型号后缀字母与h_{FE}值的对应关系

型号 \ h_{FE} 字母标志	A	B	C	D	E	F	G	H	I	J
9011 9016 9018				28~45	39~60	54~80	72~108	97~146	132~198	180~270
9012 9013				64~91	78~112	96~135	118~166	144~202	198~300	
9014 9015	60~150	100~300	200~600	400~1000						
8050 8550		85~160	120~200	160~300						
5551 5401	82~160	150~240	200~395							
BU406	30~45	35~85	75~125	115~200						
2SC2500	140~240	200~330	300~450	420~600						
BC546 ~BC548 BC556 ~BC558	110~220	200~450	420~800							
2SC1674 2SC1730							40~80	60~120	90~180	
SC458		100~180	180~250	250~500						

型号：S9013

S9013
H 331

字母H
$h_{FE}=144\sim202$

型号：C9014

字母C
$h_{FE}=200\sim600$

图9-8　用后缀字母表示h_{FE}值实例

另外，一些小功率晶体三极管的封装管面较小，厂家为了打印型号方便，往往将型号中的共用字符进行了省略。例如：日本产的2SA562、2SD820A等型塑料封装管，就将"2S"

省略，在管壳上只打印出简化型号A562、D820A，实际应用时一定要注意这一特点。

引脚识别

晶体三极管在使用时，各引脚的极性绝对不能认错，否则必然导致制作的失败，甚至损毁元器件。图9-9标出了几种常见三极管的各极引脚位置。对于常用的国产金属外壳封装的小功率晶体三极管（图中左边的两个管子），其引脚识别方法为：将引脚朝上，等腰三角形底边（距离较宽的一边）对自己，三角形顶点朝外，则左边引脚是发射极e，右边引脚是集电极c，中间引脚是基极b（口诀是：引脚朝上头朝下，缺口对自己，左"发"、右"集"、中间"基"）。

国产塑封小功率晶体三极管（图中中间的管子），其3个引线脚呈"一字形"排列，面对标有型号的一面，从左到右分别是发射极e、基极b和集电极c。塑封且带散热片的中、大功率晶体三极管（图中右二管子）有所不同，从左到右分别是基极b、集电极c和发射极e，并且中间的集电极c与散热片是相通的。

一些金属封装的大功率晶体三极管只有两根引脚（图中最右边的管子），它的外壳就是第3根引脚——集电极c。还有的金属外壳的高频晶体三极管有4根引出脚，除了基极b、集电极c和发射极e以外，第4个引出脚是接"地"脚，它仅跟管子的金属外壳相通，使用时应将其接在电路的"地"端，以避免产生高频自激。

遇到其他我们不熟悉的封装和引脚形式时，要查阅有关资料或用万用表检测辨认后再接入电路。比如，我们经常使用的9000系列晶体三极管，其引脚排列方式除了如图9-9所示的从左到右按"e、b、c"顺序排列外，还有个别厂家按照"e、c、b"的顺序排列。因此我们在使用晶体三极管时一定要先测一下引脚排列，避免装错返工。

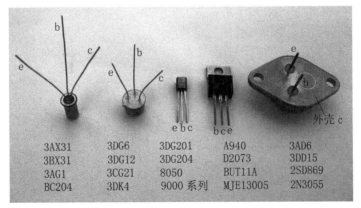

图9-9　常用晶体三极管引脚识别法

日本产的塑料小功率晶体三极管，如果型号后面标有字母"R"，说明其引脚排列与普通管子正好相反。另外，有些常用集成电路仅有3个引脚，例如固定三端集成稳压器78L05、LM7812等，它们的封装外形与晶体三极管是一样的，不要误认为是国外生产的晶体三极管。

电路符号

图9-10给出了晶体三极管的电路符号，有PNP型和NPN型两种，其图形符号中发射极的箭头方向有所不同，各自代表了发射极的电流方向。以前旧图形符号用圆圈表示晶体三极管的外壳，现已废弃不再画出圆圈。

晶体三极管的文字符号是VT（旧符号为BG），在电路图中常写在图形符号旁边。若电路图中有多只同类元器件，就在文字后面或右下角标上数字，以示区别，如VT1、VT2……文字符号的下边，一般标出晶体三极管的型号。

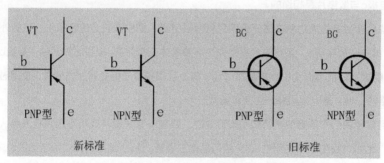

图9-10　晶体三极管的符号

10 性能优良的场效应晶体管

场效应晶体管（英文缩写FET）简称场效应管，顾名思义，它是利用电场的效应来控制电流的。场效应晶体管是在普通晶体三极管制造工艺的基础上开发出来的新一代放大器件，它有3个电极——栅极、漏极和源极，其特点是栅极的内阻极高，采用二氧化硅材料的可达到上千兆欧，通过栅极电压可控制漏极电流，属于电压控制型半导体器件。由于晶体三极管内部参加导电的载流子为空穴和电子两种，所以晶体三极管又称为双极型晶体管。而场效应晶体管内部参加导电的载流子只有空穴或只有电子一种，因此场效应晶体管又称为单极型晶体管。

场效应晶体管具有输入电阻高（10～1000MΩ）、噪声小、功耗低、动态范围大、易于集成、没有二次击穿现象、安全工作区域宽、热稳定性好等优点，其一些特性与电子管相似，现已成为双极型晶体管（尤其是功率晶体管）的强大竞争者。

外形和种类

常见场效应晶体管的实物外形如图10-1所示。由图可见，场效应晶体管的外形与普通三极管别无两样，其封装形式主要有金属壳封装和塑料封装两大类，引脚一般有3根，特殊的有4根（双栅极场效应管）和6根（一个管壳内封装两只场效应管）。

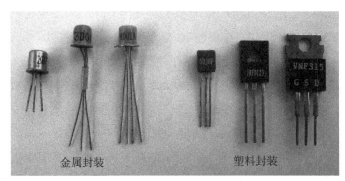

金属封装　　　　　塑料封装

图10-1　场效应晶体管的实物外形图

根据结构和制造工艺，场效应晶体管可分为结型场效应管（JFET）和绝缘栅场效应管（JGFET）两大类。如果按导电沟道（即电流通路）材料的不同划分，结型和绝缘栅型场效应管各有N沟道和P沟道两种。按工作方式划分，结型场效应管均为耗尽型（栅偏压为零时已存在沟道），而绝缘栅型场效应管既有耗尽型，也有增强型（栅偏压达到一定值时才会出现沟道）。场效应晶体管的一般分类如下。

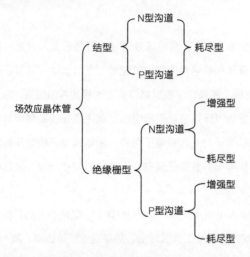

目前，在绝缘栅场效应晶体管中，应用最为广泛的是"MOS场效应晶体管"（即：金属-氧化物-半导体场效应管），它是由金属、氧化物和半导体所组成的，简称"MOS管"。常用的场效应晶体管中还有双栅极场效应晶体管、绝缘栅双极型场效应晶体管（IGBT），以及用途广泛的各种类型的功率场效应晶体管等。

结构及特性

结型场效应晶体管或绝缘栅场效应晶体管中，不同沟道的管子，其工作方式是一样的，它们内部的区别在于制造时所选用的硅材料类型正好相反，而外部的区别在于管子的工作电压极性正好相反，这如同双极型三极管有PNP型和NPN型一样。下面以N沟道结型场效应晶体管和N沟道绝缘栅场效应晶体管为例，简单介绍它们的结构和基本特性。

N沟道结型场效应晶体管（JFET）的结构如图10-2虚线框内所示，它是在N型硅材料的两端引出漏极D和源极S两个电极，又在硅材料的两侧各附一小片P型材料，在内部用导线把两个P区连接在一起，并引出一个电极称为栅极G。这样，在N型硅材料和栅极G的交界处就形成了两个PN结，因其中的载流子已经耗尽，故这两个PN结基本上是不导电的，形成了所谓的耗尽层；而夹在耗尽层中间的N型硅材料，由于呈现一定的电阻，且能够导电，被形象地称为"沟道"。如果按图所示在漏极D、源极S之间加上正向电压U_{DS}，就会有漏极电流I_D从漏极D通过沟道流向源极S，且随着电压U_{DS}的增加而增大。当给栅极G加上负栅压U_{GS}时，就相当于给PN结加上了反向电压，从而使得两个耗尽层变厚，沟道变窄，沟道电阻加大，漏极电流I_D减小。当负栅压继续增加时，耗尽层就会越来越厚，甚至使两边耗尽层在沟道中间相合，导电沟道消失，漏极电流$I_D=0$，这种现象称为夹断，这时所加的栅极电压就叫夹断电压U_P。可见，结型场效应晶体管是利用导电沟道之间耗尽层的大小来控制漏极电流的，与普通晶体管的最大不同之处在于：它在工作时，栅、源极之间存在的PN结被反向偏置，因而输入电阻极大，一般在$10^7\Omega$以上，这使得场效应晶体管成为电压控制器件，即漏极电流I_D受控于栅极电压U_{GS}；而普通晶体三极管却是由一个反偏的集电结和一个正偏的发射结结合而成的，是电流控制器件，即在一定条件下，集电极电流I_c受控于基极电流I_b。

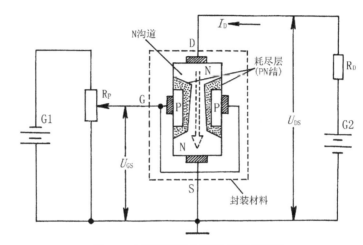

图10-2　N沟道结型场效应晶体管工作示意图

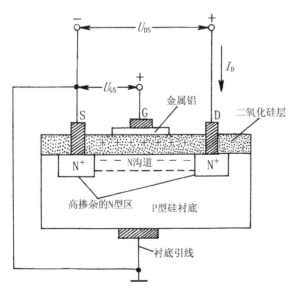

图10-3　N沟道绝缘栅场效应晶体管工作示意图

　　N沟道绝缘栅场效应管（JGFET）的结构如图10-3所示。用一块杂质浓度比较低的P型薄硅片作为衬底，在它上面扩散两个高掺杂的N型区（N^+区），分别作为源极S和漏极D。在硅片表面覆盖一层绝缘物，然后再用金属铝引出一个电极作为栅极G。由于栅极G与其他电极之间隔着二氧化硅绝缘层，所以绝缘栅场效应管因此得名。在制造管子时，通过工艺使绝缘层中出现大量正离子，故在交界面的另一侧（P型硅）能感应出较多的负电荷，这些负电荷把两个N$^+$区接通，就形成了导电沟道（增强型管在栅极G加上一定电压后才会形成），即使在栅极电压$U_{GS}=0$时，也会有较大的漏极电流I_D。当栅极电压U_{GS}改变时，沟道内被感应的电荷量也改变，导电沟道的宽窄随之而变，因而使漏极电流I_D随着栅极电压的变化而变化。由此可见，绝缘栅场效应管是利用绝缘栅在外加电压下所产生的感应电荷来控制导电沟道的宽窄，从而实现对漏极电流I_D的控制，这和结型场效应管是不同的，它的输入电阻更是高达$10^9\Omega$以上。

绝缘栅场效应管有增强型和耗尽型之分。当栅极G和源极S之间的电压$U_{GS}=0$时，漏、源极之间就存在导电沟道，并能形成较大漏极电流的，称为耗尽型场效应管；如果必须在$|U_{GS}|>0$的情况下才存在导电沟道，才会形成漏极电流的，则称为增强型场效应管。对于耗尽型场效应管来说，只要漏极D与源极S上加上电压，即使栅极电压U_{GS}为零，在沟道中也会有漏极电流I_D产生。如果在栅极上加正电压，导电沟道就会变宽，漏极电流I_D会增大；反之，如果在栅极上加负电压，导电沟道就会变窄，漏极电流便会减小。这跟N沟道结型场效应管基本相同，不同之处在于结型管仅能够加负栅压（P沟道结型管仅能够加正栅压）。对于增强型的管子，当栅极电压U_{GS}为零时，即使在漏极D和源极S之间还加着正向电压U_{DS},沟道中也不会有电流通过。如果给栅极G加上正电压，情况就会发生变化，沟道中就会有电流流过。一般使管子导通并开始产生漏极电流I_D时的栅、源极间电压U_{GS}，就叫开启电压U_T。

主要参数

场效应晶体管的参数很多，包括直流参数、交流参数和极限参数，但一般使用时只需要关注以下几项主要参数。

①夹断电压（U_P）。这是指在规定的漏极电压U_{DS}下，使漏极电流I_D（即沟道电流）为零或者小于某一小电流值（例如1μA、10μA）时，加在栅极上的电压U_{GS}，它是结型或耗尽型绝缘栅场效应晶体管的重要参数。

②开启电压（U_T）。这是指当漏极电压U_{DS}为某一规定值时，使导电沟道（即漏、源极之间）刚开始导通时的栅极电压U_{GS}，它是增强型场效应晶体管的重要参数。当栅极电压U_{GS}小于开启电压U_P的绝对值时，场效应晶体管不能导通。

③饱和漏电流（I_{DSS}）。这是指当栅、源极短路（$U_{GS}=0$）时，一定的漏极电压U_{DS}（大于夹断电压）所引起的漏极电流I_D。饱和漏电流反映了零栅压时原始沟道的导电能力，是耗尽型场效应晶体管的重要参数。

④低频跨导（g_m）。在漏极电压U_{DS}为规定值时，漏极电流变化量$\triangle I_D$与引起这个变化的栅压变化量$\triangle U_{GS}$的比值，叫跨导（或互导），即$g_m=\triangle I_D/\triangle U_{GS}$。$g_m$的常用单位是mS（毫西

门子）。g_m是衡量场效应晶体管栅极电压对漏极电流控制能力强弱的一个参数，也是衡量放大作用的重要参数，与晶体三极管的交流电流放大系数β相似。g_m与管子的工作区域有关，漏极电流I_D越大，管子的跨导g_m也越大。

⑤漏源击穿电压（BU_{DS}）。这是指栅极电压U_{GS}一定时，场效应晶体管正常工作所能承受的最大漏极电压，它相当于普通晶体三极管的集电极—发射极击穿电压$V_{(BR)ceo}$（即BU_{ceo}）。这是一项极限参数，使用时加在场效应晶体管上的工作电压必须小于BU_{DS}。

⑥最大漏源电流（I_{DSM}）。这是指场效应晶体管正常工作时，漏、源极之间所允许通过的最大电流，它相当于普通晶体三极管的I_{CM}。场效应晶体管的工作电流不应超过这一极限参数。

⑦最大耗散功率（P_{DQM}）。这是指场效应晶体管性能不变坏时，所允许的最大漏极耗散功率，它相当于普通三极管的P_{CM}。使用时，场效应晶体管的实际功耗（$P_D = U_{DS} \times I_D$）应小于这一极限参数，并留有一定余量。

型号命名

国产小功率场效应晶体管的型号一般由4个部分组成，如图10-4所示。第1部分是数字"3"或"4"，分别表示有3个电极或4个电极（双栅极场效应管）；第2部分是字母"D"或"C"，分别表示N型沟道或P型沟道；第3部分是字母"J"或"O"，分别表

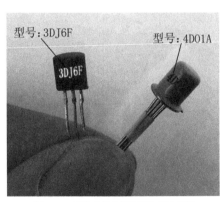

型号：3DJ6F

型号：4D01A

3DJ6F

图10-4 场效应晶体管的型号标注实例

示是结型管还是绝缘栅型管；第4部分是阿拉伯数字（多后缀参数分挡字母A～J），表示器件序号和某些特性参数的分类等。例如：3DJ6F表示N沟道结型场效应管，3C01表示P沟道绝缘栅（增强型）场效应管，4D01A表示N沟道绝缘栅（耗尽型）双栅场效应管。还有些绝缘栅场效应晶体管，生产厂家在型号后面加有字母"B"（如3D01D-B），表示管内对栅极加了保护措施。功率型场效应晶体管的型号命名多借用国外型号命名法，还有些是生产厂家自己命名的。部分国产小功率场效应晶体管的型号和主要参数见表10-1。

国外生产的常见场效应晶体管型号有2SK11、3N128、BFW11、MFE3004、IRFD120、BS170……其型号命名规则与同类晶体三极管一致，这里不再详细介绍。

表10-1 部分国产场效应晶体管的型号和主要参数

型号	类型	饱和漏电流 I_{DSS}(mA)	夹断电压 U_P(V)	开启电压 U_T(V)	共源低频跨导 g_m(ms)	栅源绝缘电阻 R_{GS}(Ω)	漏源击穿电压 BU_{DS}(V)	最大漏源电流 I_{DSM}(mA)	最大耗散功率 P_{DSM}(mW)
3DJ6D	N沟道结型管	<0.35			300	≥10^7	>20	15	100
3DJ6E		0.3~1.2			500				
3DJ6F		1~3.5	<|-9|						
3DJ6G		3~6.5			1000				
3DJ6H		6~10							
3D01D	N沟道耗尽型MOS管	<0.35	<|-4|		>1000	≥10^9	>20	15	100
3D01E		0.3~1.2							
3D01F		1~3.5							
3D01G		3~6.5	<|-9|						
3D01H		6~10							
3D06A	N沟道增强型MOS开关管	≤10		2.5~5	>2000	≥10^9	>20		100
3D06B				<3					
3C01	P沟道增强型MOS管	≤10		|-2|~|-6|	>500	10^8~10^{11}	>15	15	100
4D01A	N沟道耗尽型双栅MOS管	5~35			>10000	≥10^8	≥18	30	100
4D01B		≤10	<|-5|						
4D01C		9~20			>7000				
4D01D		19~35							

引脚识别

图10-5给出了国产小功率场效应晶体管各引脚的排列位序。对于图10-5（a）所示的金属管帽封装的三引脚圆柱状场效应管，其管帽下有一个小凸口，把引脚对着自己，从凸口开始沿顺时针方向数，如果是结型场效应管，依次为源极S、漏极D和栅极G；如果是绝缘栅型场效应管，则依次为D、G和S脚。对于塑料封装的半圆柱状结型场效应管，其3个引线脚呈"一字形"排列，面对标有型号的一面，从左到右依次为S、D、G脚。对于图10-5（b）所示的金属管帽封装的四引脚绝缘栅型场效应管，其增加的第4引脚有两种可能：如果是普通增强型MOS场效应管，则该脚为"衬底"引脚；如果是双栅MOS管，则该脚为第二栅极引脚。

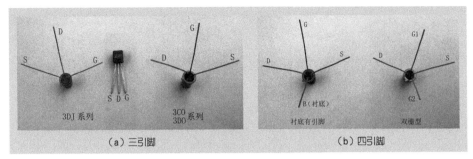

图10-5 常用场效应晶体管的引脚识别

对于有4个引脚的结型场效应晶体管，其增加的第4脚一般是屏蔽极（使用中接地）。对于大功率场效应晶体管，将管子有字面朝自己，引脚朝下，从左至右其引脚排列顺序基本上都是"G、D、S"，并且散热片接通D极。当遇到型号、封装和引脚排列不熟悉的场效应晶体管时，就要查阅有关资料或用万用表检测辨认后再接入电路。

电路符号

场效应晶体管的电路符号如图10-6所示。其中结型场效应管的图形符号中，竖直线表示能导电的沟道，竖直线顶部的一条直角线表示漏极D，竖直线底部的一条直角线表示源极S，竖直线左面带箭头的直线表示栅极G。同普通晶体三极管一样，箭头指向表示从P型指向N型材料，从箭头指向就可以知道是哪种沟道的结型场效应管。很显然，图形符号中箭头指向"沟道"，表示是N型沟道结型场效应管；箭头背离"沟道"，表示是P型沟道结型场效应管。由于结型管的源极S和漏极D在制造工艺上是对称的，所以图形符号画法也很对称，表示在实际应用中这两个电极可以对换使用。在绝缘栅型场效应管的图形符号中，栅极G都不带箭头，不与"沟道"竖直线接触，表示管中栅极G与漏极D、源极S是绝缘的，以区别于结型场效应管。将表示沟道结型的"箭头"改画在"沟道"中间表示"衬底"的水平线上，即箭头指向"沟道"，表示是N型沟道绝缘栅型场效应管；箭头背离"沟道"，表示是P型沟道绝缘栅型场效应管。另外，箭头线画得短，表示衬底无引出线；箭头线画得稍长，表示衬底有引出线；箭头线与源极S相连，表示衬底在管子内部已经与源极S连接。对于增强型的管子，还将"沟道"线画成3截，表示在零栅压下这种管子是没有导电沟道的，以区别于耗尽型MOS管和结型场效应管。可见，掌握了场效应晶体管的这些图形符号，就等于掌握了场效应晶体管的种类，这对分析电路和正确运用场效应晶体管都很重要。

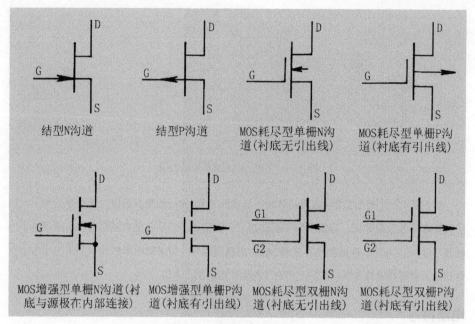

图10-6 场效应晶体管的符号

　　跟普通晶体三极管一样，以前场效应晶体管的旧图形符号均用圆圈表示外壳，现已废弃不再画出圆圈。不过我们翻阅以前的电路图或图书时，会看到带有圆圈的场效应晶体管图形符号。

　　场效应晶体管的文字符号与普通晶体三极管的文字符号相同，常用VT（旧符号为BG）或V表示，在电路图中常写在图形符号旁边。若电路图中有多只同类元器件时，按常规就在文字后面或右下角标上数字，以示区别，如VT1、VT2……文字符号的下边，一般标出场效应晶体管的型号。

11 与众不同的单结晶体管

　　单结晶体管（UJT）是一种特殊的电流控制型负阻半导体器件，它和普通晶体二极管一样，只有一个PN结，但却具有3个电极——一个发射极、两个基极。因为它具有两个基极，所以也称为"双基极二极管"；又因为它虽然有3个电极，外形跟晶体三极管完全一样，但内部仅有一个PN结，所以称它为单结晶体管（简称"单结管"）。

　　单结晶体管具有一种非常重要的电气性能——负阻特性，利用这一特性可组成张弛振荡电路、阶梯波发生电路、定时电路、触发电路等，其特点是电路简单、调整方便，被广泛应用于各种自动化电子或电气控制装置中。

外形和结构

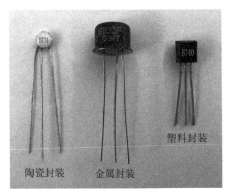

图11-1　单结晶体管的实物外形图

　　常见单结晶体管的实物外形如图11-1所示。由图可见，单结晶体管的外形与普通三极管别无两样，其封装形式主要有3种——陶瓷封装的半球状（ET型）、金属管帽封装的圆柱状（B型，管底上有一个用于判断引脚的小凸口）和塑料封装的半圆柱状（TO-92型）。

　　单结晶体管的内部结构示意图和各部分名称见图11-2（a）。在一块电阻率比较高的N型硅片的两头制作有两个欧姆接触电极（指接触电阻非常小的纯电阻接触电极），分别叫第一基极b1和第二基极b2。在靠近第二基极b2的一侧中间，有一个P型半导体与N型硅片相结合，形成了一个PN结，在P型半导体上引出的电极就叫做发射极e。

　　为了便于理解和分析单结晶体管的工作特性，我们可以将单结晶体管的内部等效成为图11-2（b）所示的电路。其PN结的作用相当于一个晶体二极管VD，两个基极b1和b2之间的N型区域可等效成为一个纯电阻R_{bb}，称为基极间电阻。而R_{bb}又可看成是由两个电阻串联组成的，其中R_{b1}表示发射极e与第一基极b1之间的电阻，它的阻值可随着外加发射极电流I_e而变化，好像是一个可变电阻；R_{b2}表示发射极e与第二基极b2之间的电阻，它的数值与发射极电流I_e无关。

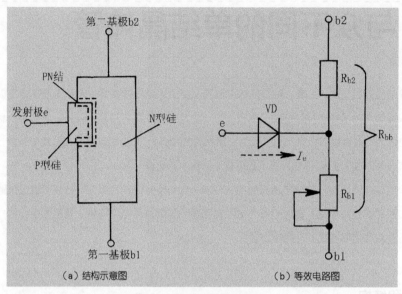

图11-2　单结晶体管的内部结构

　　需要说明的是，单结晶体管按制造材料的不同，可分为N型基极单结晶体管和P型基极单结晶体管两大类。但我们常用的单结晶体管几乎全部是N型基极单结晶体管，很少见到P型基极单结晶体管。

基本特性

　　单结晶体管的基极b1、b2之间不加电压时，发射极e与两个基极间如同一般的晶体二极管，具有单向导电性。若按照图11-3（a）所示的实验电路，在基极b2和b1之间接上正向电源G_{bb}，在发射极e与第一基极b1之间接上正向电源G_e，它将表现出独特的性能。首先，电源G_{bb}在硅片的等效电阻R_{b2}、R_{b1}上会产生电压降，这会在A点与第一基极b1之间形成一个电压U_A，它由等效电阻R_{b2}和R_{b1}对G_{bb}的分压所决定。这时如果想让发射极e、第一基极b1间导通，所加电压U_e必须超过U_A电压0.7V（硅二极管开始导通的正向电压）才行。当U_e低于U_A时，发射极e、第一基极b1之间呈现截止状态，发射极电流I_e很小；当$U_e \geq U_A+0.7V$时，e、b1之间立即导通，大量的空穴进入N型硅片，降低了A点到第一基极b1之间的电阻R_{b1}。因此，在基极间电阻R_{b2}和R_{b1}上的电压分布也改变了，结果U_A降低，PN结进一步被正向偏置，有更多的空穴进入N区，形成正反馈。于是I_e迅速增加，并且由于R_{b1}阻值的迅速减小，e、b1之间的电压U_e也会迅速下降，其特性曲线如图11-3（b）所示。因为随着I_e的增加使管压降U_A反而减小的现象与一般电阻的性质（工作电流与电压成正比关系）刚好相反，所以我们就称这一现象为负阻特性，称单结晶体管是一种电流控制型负阻器件。这种负阻特性是单结晶体管与普通晶体二极管的根本区别所在。

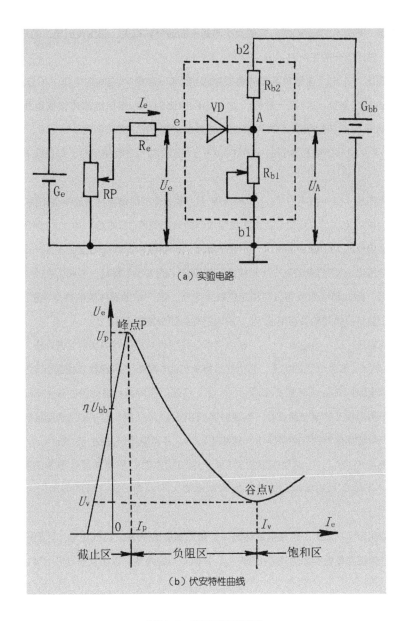

（a）实验电路

（b）伏安特性曲线

图11-3　单结晶体管的特性

主要参数

　　单结晶体管的参数较多，但最重要的直流参数是分压比 η（读"艾塔"）和基极间电阻 R_{bb}，其次还有耗散功率 P_{b2m} 这一极限参数等。

　　①基极间电阻（R_{bb}）。这是指在单结晶体管发射极e开路的条件下，两个基极b1、b2之

间的纯电阻（即$R_{bb}=R_{b1}+R_{b2}$）。它的大小与管子制造材料有关，跟测试时电流的方向和大小基本无关，国产管一般在$2 \sim 12k\Omega$。

②分压比（η）。这是单结晶体管发射极e到第一基极b1之间的电压（不包括PN结管压降），占第二基极b2到第一基极b1之间电压的比例。η是单结晶体管很重要的参数，是一个由管子内部结构所决定的常数，它与基极间电阻R_{bb}的关系为：$\eta = R_{b1}/R_{bb}=R_{b1}/(R_{b1}+R_{b2})$。国产单结晶体管的$\eta$值在$0.3 \sim 0.9$范围内，一般使用时，以选取$\eta$高的管子为好。

③峰点电压（U_p）与电流（I_p）。峰点电压U_p是指单结晶体管刚开始导通时的发射极e与第一基极b1间的电压，其所对应的发射极电流叫做峰点电流I_p，如图11-3（b）所示。单结晶体管发射极电压U_e大于峰点电压U_p，是管子导通的必要条件。峰点电压U_p不是一个常数，而是取决于分压比η和外加电压U_{bb}（基极间工作电压）的大小，即$U_p = \eta \cdot U_{bb}+0.7V$。$U_p$和$U_{bb}$成线性关系，因此单结晶体管具有稳定的触发电压。国产单结晶体管的峰点电流I_p一般小于2mA。一个单结晶体管的峰点电流I_p小，说明它需要的触发功率小。

④谷点电压（U_v）与电流（I_v）。谷点电压U_v是指单结晶体管由负阻区开始进入饱和区时的发射极e与第一基极b1间的电压，它也是维持单结晶体管处于导通状态的最小电压，其所对应的发射极电流叫做谷点电流I_v，如图11-3（b）所示。不同单结晶体管的谷点电压是有所不同的，处于负阻状态的单结晶体管，当发射极e的电压$U_e<U_v$时，管子即从负阻区跳变为截止状态。国产单结晶体管的谷点电压Uv一般小于3.5V，谷点电流I_v一般小于1.5mA。

⑤调制电流（I_{b2}）。这是指发射极e处于饱和状态时，从单结晶体管第二基极b2 流过的电流。不同型号的单结晶体管，其调制电流大不相同，国产管的调制电流I_{b2}一般在$3 \sim 40mA$。

⑥耗散功率（P_{b2m}）。这是指单结晶体管第二基极b2的最大耗散功率。这是一项极限参数，使用中单结晶体管实际功耗应小于P_{b2m}，并留有一定余量，以防管子过热而损坏。

型号命名

国产单结晶体管的型号命名比较特殊，它仅由两大部分组成，如图11-4所示。第1部分是字母"BT"，表示"半导体特殊器件——硅平面单结晶体管"；第2部分是阿拉伯数字（多后缀参数分挡字母A～F），表示器件特性参数的分类和序号等。常用单结晶体管的型号有BT31（陶瓷

图11-4 单结晶体管的型号标注实例

封装）和BT32~BT37（金属或塑料封装）、BT40（塑料封装）等。也有一些早期国产的单结晶体管是生产厂家自己命名的，如5S1、5S2等。部分国产单结晶体管的型号和主要参数见表11-1。

国外生产的常见单结晶体管型号有2N6027、2N6028、N13T1、NT101……其型号命名规则与同类晶体三极管一致，这里不再详细介绍。

表11-1 部分国产单结晶体管的型号和主要参数

型号	分压比 η	基极间电阻 R_{bb}(kΩ)	调制电流 I_{b2}(mA)	峰点电流 I_p(mA)	谷点电压 U_v(V)	谷点电流 I_v(mA)	耗散功率 P_{b2m}(mW)
BT32A	0.3~0.55	3~6	8~35				
BT32B		5~12					
BT32C	0.45~0.75	3~6	≤35	≤2	≤3.5	≥1.5	250
BT32D		5~12					
BT32E	0.65~0.9	3~6					
BT32F		5~12					
BT33A	0.3~0.55	3~6	8~40				
BT33B		5~12					
BT33C	0.45~0.75	3~6	≤40	≤2	≤3.5	≥1.5	400
BT33D		5~12					
BT33E	0.65~0.9	3~6					
BT33F		5~12					
测试条件	U_{bb}=20V	U_{bb}=20V I_e=0	U_{bb}=10V	U_{bb}=20V	U_{bb}=20V	U_{bb}=20V	

引脚识别

图11-5给出了常用单结晶体管各引脚的排列位序。对于陶瓷封装的半球状管子（图左）来说，将标有型号的平面对着自己，引脚向下，从左到右，依次为e、b2、b1脚。对于金属管帽封装的圆柱状管子（图中），将引脚朝上，引脚根部等腰三角形底边（距离较宽的一边）对着自己，从左边小凸口开始，顺时针方向数，依次为e、b1、b2脚。对于塑料封装的半圆柱状管子（图右），其3个引线脚呈"一字形"排列，面对标有型号的一面，从左到右依次为e、b2、b1脚。

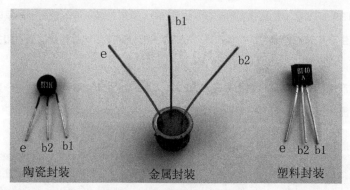

图11-5 常用单结晶体管引脚识别法

当遇到型号、封装和引脚排列不熟悉的单结晶体管时，就要查阅有关资料或用万用表检测辨认后再接入电路。

电路符号

单结晶体管的电路符号如图11-6所示。其图形符号中带箭头的斜线表示发射极e，箭头所指（或离开）方向对应的基极为第一基极b1，另一个极为第二基极b2。跟普通晶体三极管一样，以前单结晶体管的旧图形符号用圆圈表示外壳，现已废弃不再画出圆圈。

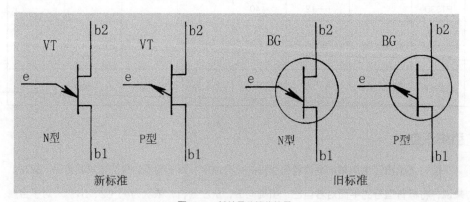

图11-6 单结晶体管的符号

单结晶体管的文字符号一般借用晶体三极管的文字符号，常用VT（旧符号为BG）或V表示，在电路图中常写在图形符号旁边。若电路图中有多只同类元器件时，按常规就在文字后面或右下角标上数字，以示区别，如VT1、VT2……文字符号的下边，一般标出单结晶体管的型号。

第四章 集成电路

    集成电路是把晶体二极管、晶体三极管、电阻器、电容器等元器件，或者一个单元电路、功能电路制作在一块硅单晶片上，经封装后构成不可分割的完整的电子器件。它有重量轻、耗电省、可靠性高、寿命长等优点。

    集成电路种类很多，用途非常广泛，而且随着科技的不断发展，新型号的集成电路在不断地涌现。本篇根据初学者实际情况，仅介绍3种最常用的集成电路。其中，音源集成电路是制作各种音响器、告知器、报警器、玩具等常用的核心器件；555时基集成电路是制作各种控制电路、检测电路的核心器件；三端集成稳压器是各种电源变换电路中最常用的稳压器件。

12 软封装的音源集成电路

音源集成电路是音乐、模拟声和语音集成电路的统称，它是电子爱好者使用最普遍的集成电路。音源集成电路能够产生各种各样的声响信号，是制作各种会唱歌、会发出模拟声、会说话电子小装置首选的音源器件。

常见音源集成电路均采用软封装形式，通过一定的功率放大器和电声器件，它们有的能模仿发出各种乐曲音响，有的能发出动物叫声，有的能发出车辆鸣声和自然界各种声响，有的能发出人类语言等，其共同特点是体积小巧、价格低廉和使用方便。

种类和特点

常见音源集成电路的外形实物如图12-1所示。按其所储存音源内容的不同，可划分为音乐集成电路、模拟声集成电路和语音集成电路3大类。

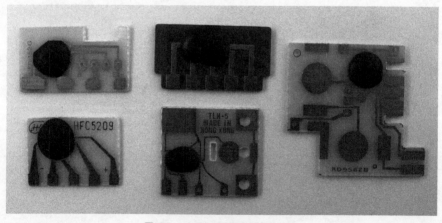

图12-1　音源集成电路的实物外形图

（1）音乐集成电路

音乐集成电路有较多种类，包括单曲音乐集成电路、多曲音乐集成电路、带功放音乐集成电路、光控音乐集成电路、声控音乐集成电路和闪光音乐集成电路等。除了采用软封装方式——将硅芯片用黑膏直接封装在一块被称作基板的小印制电路板上，个别音乐集成电路还采用了塑料双列直插式和单列直插式硬封装，但在实际应用中不常遇到。还有个别的音乐集成电路，采用了外形如同塑封三极管的所谓"音乐三极管封装"形式。

尽管音乐集成电路型号众多，封装形式各不相同，但其内部电路结构原理却大同小异。典型的音乐集成电路内部构成方框图如图12-2所示，它由时钟振荡器、只读存储器（ROM）、节拍发生器、音阶发生器、音色发生器、控制器、调制器和电压放大器等电路组成。只读存储器中固化有代表音乐乐曲的音调、节拍

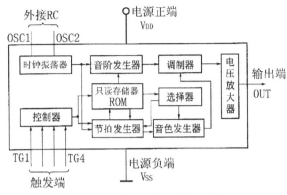

图12-2 音乐集成电路内部构成方框图

等信息。节拍发生器、音阶发生器和音色发生器分别产生乐曲的节拍、基音信号和包络信号，它们在控制电路控制下工作，并由调制器合成乐曲信号，经电压放大器放大后输出音乐电信号。

单曲音乐集成电路内储一首音乐乐曲，每触发一次便播放一遍。触发方式一般直接取用电源正端V_{DD}的高电平（或电源负端V_{SS}的低电平）信号进行触发，参见图12-2。多曲单触发音乐集成电路内储多首音乐乐曲，触发一次播放第一首，再触发一次则播放第二首，依此类推，循环播放。带功放音乐集成电路内部含有功率放大器，可直接驱动扬声器发声。

光控音乐集成电路受光信号控制，外接光敏元件即可由光信号触发播放。声控音乐集成电路由特定频率的声音信号触发播放，一般使用时外接压电陶瓷片或驻极体话筒。闪光音乐集成电路在被触发播放声音的同时，还可驱动发光二极管按一定规律闪烁发光。

音乐集成电路的可贵之处是工作电压低（直流1.5～5V），耗电极省（不发声时工作电流只有1μA左右），实际使用时，一般只要外接一只振荡电阻器（有的还需要一只电容器，有的则不需要外接电阻器和电容器），并接上合适的电源、触发开关、功率放大晶体三极管和扬声器等，即可播放出内储的乐曲声来。读者在熟悉了它的触发方式后，可以自己改进和创新，利用光控、磁控、温控、触摸等不同方式触发音乐集成电路，制成各种用途的电子小作品，真是妙趣横生，引人入胜。

（2）模拟声集成电路

模拟声集成电路的集成度一般要比普通音乐集成电路高些，其内部由控制逻辑电路、时钟振荡器、地址计数器、模拟声只读存储器（ROM）、数字化量/模拟量转换器（D/A）、音频输出电路等几部分构成。也有些模拟声集成电路的集成度较低，其内部采用和音乐集成电路同样方式的音阶发生器来产生模拟声信号。

模拟声集成电路按其输出功能有单纯音响型和闪光型两种，前者只能发出各种模拟声响，如各种动物叫声、枪声、炸弹声、交通工具响声及各种自然界声音；后者则能在发出模

拟声响的同时，还能驱动一个及数个发光二极管以某一固定频率闪烁或随声响同步闪光。模拟声集成电路除了大部分采用黑膏软封装形式外，尚有个别品种采用了塑料硬封装。模拟声集成电路可广泛用于各种儿童玩具、工艺品及报警装置等成品中。

（3）语音集成电路

语音集成电路是音源集成电路的主要品种，其集成度较高，内电路由控制逻辑电路、时钟振荡器、地址计数器、语音信号只读存储器（ROM）、数字化量/模拟量转换器（D/A）、音频输出电路等几部分组成。由于其输出的语音信号是由D/A转换电路产生的模拟信号，不像音乐集成电路和部分模拟声集成电路那样输出的是数字信号，所以前者输出的电信号经一只普通晶体三极管放大后，就能推动扬声器发出响亮的声音，而语音集成电路输出的电信号往往达不到这样的效果，在采用一只晶体三极管放大语音电信号时，普遍现象是音量较小。如要足够音量输出，一般都需要另加功放电路。针对这一不足，目前有些厂家生产的语音集成电路，已在内部集成了低电压的功放电路，使用时只要直接外接上普通的扬声器，就可以发出响亮的语音来。

国内市场上流行的语音集成电路，一般多采用MSS系列标准语音芯片压制而成，封装形式几乎全是片状黑膏软封装。只要接上少量外围元件就能产生人类语言声（中文或英文等）。语音集成电路使越来越多的电子产品不再保持"沉默"，成为能够"说话"的具有"人情味"的智能装置。正因为如此，语音集成电路（包括更高级的语音录放集成电路、语音识别集成电路）已经成为集成电路家族中的一个重大分支，目前已广泛用于玩具、工艺品、保安、仪器仪表及自动化等各个领域。

主要参数

音源集成电路的参数有工作电压、输出电流、静态电流、工作电流、触发电压、触发电流、工作环境温度等，通常应用时只要关注前3项就可以了。

①工作电压（V_{DD}）。这是指允许加在音源集成电路电源端与地之间、可维持电路正常工作的直流电压，一般给出最小值、典型值和最大值。使用时，工作电压不得超过限定值。

②输出电流（I_o）。这是指音源集成电路输出端所能够输出的最大平均电流，它在一定程度上反映了输出驱动能力。

③静态电流（I_{SD}）。这是指音源集成电路在未受到触发时，内部电路处于待工作状态下的总电流。当测量静态电流为零或者远大于它的参数值时，说明音源集成电路内部很可能发生了故障。

型号命名

国产音源集成电路目前尚无统一的型号命名标准，各生产厂家一般都是自行命名的，随意性很大，读者是无法通过型号获取任何关于产品参数的相关信息。笔者通过对手头大量音源集成电路型号进行对比分析，得出的结论是：各厂家的型号一般都是以"1~3个字母（多为厂家名称拼音字母的字头缩写）+多位数字（生产年份或产品区分序号）"进行命名的。例如：KD-9300系康德电子有限公司的产品，G2000系2000年开发生产的产品。

表12-1列出了常用音源集成电路的主要参数，仅供参考。

表12-1 常用音源集成电路主要参数

类别	型号	储存内容	工作电压（V）	输出电流（mA）	静态电流（μA）	工作温度（℃）
音乐集成电路	CW9301~CW9331	《可爱的家庭》《祝你生日快乐》《圣诞树》等31种世界名曲	1.3~5	≥2	0.5	-10~60
	KD-150系列	《军港之夜》《天仙配》《亚洲雄风》《兰花草》等名曲	1.3~5	≥2	1	-10~60
	HFC1500系列	《世上只有妈妈好》《十五的月亮》《东方红》《渴望》等多种名曲	1.3~3.6（典型3V）	≥2	1	0~70
	HFC9300系列	《可爱的家庭》《祝你生日快乐》《圣诞树》等世界名曲	1.3~1.7（典型1.5V）	≥2	1	0~70
	KD-482	12首乐曲	1.3~3.3（典型3V）	≥0.2	≤2	0~60
模拟声集成电路	CW9561	4种模拟声（机枪、警车、救护车、消防车）	1.5~5（典型3V）	2	1	-10~60
	KD-5601~KD-5633系列	爆竹声、军号声、各种动物叫声、马蹄声、火车声等30余种	3V	≥2	1	-10~60
	HFC3000系列	10多种模拟声	2~4.5	≥1	≤5	0~70
语音集成电路	HL-169A系列	"叮咚，您好！请开门""欢迎光临""请让路！谢谢""有电危险，请勿靠近"等汉语声	2.4~5V（典型4.5V）	3~6	1	-10~60
	HL-169B系列	"抓贼呀""请注意，近视！快坐正""恭喜发财！心想事成"等汉语声	2.4~4（典型3V）	3~6	1	-10~60
	HFC5200系列（需外接振荡电容器）	"抓贼呀""嘀嘀，注意""左转弯！右转弯"等汉语声	2.4~3.6（典型3V）	≥3	1	-10~60
	HFC5200系列（不需外接电容器）	"请随手关门""倒车，请注意""恭喜发财！好运常来"等汉语声	2.4~5（典型4.5V）	≥1	1	-10~60

引脚识别

与其他集成电路相比较，音源集成电路有一个显著的特点，就是厂家根据客户（指需要一定批量的整机生产厂家）要求定制的非标准产品所占的比例相当大。如软封装基板的形状和大小、触发方式、输出类型、触发键的个数、是否要中断键、是否要重触发功能等，甚至音源内容也可以根据客户提供的音源（录音带）录入。由于定制语音集成电路的报价并不高，而且定制生产周期又短，因此极大方便了客户对各种音源电路的需求，同时也为音源集成电路走向各技术领域敞开了大门，使它的应用面日益宽广。正因为这样，我们接触的各种音源集成电路，大多数都是非标封装产品，其型号的命名、引脚的识别都无规律可循，只能

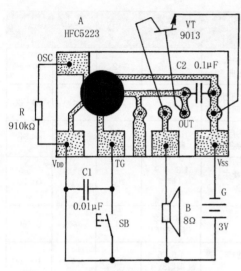

凭厂家提供的典型接线图（包括主要参数）等分辨，这一点应始终牢记。在购买音源集成电路时，不要忘记索取该产品的基本接线图，它是你识别引脚功能的重要依据。

图12-3所示为HFC5223型门铃专用语音集成电路（内储"叮咚，您好！请开门"语音）的基本接线图，通过该图可清楚获得产品各引脚的功能。图中：V_{DD}、V_{SS}分别为集成电路的电源正端和负端，OSC为外接振荡电阻器R的接入端，OUT为语音电信号输出端，TG为高电平触发端。显然，通过厂家提供的典型接线图，可区分出音源集成电路各接线脚的功能。

图12-3　HFC5223型语音集成电路的基本接线图

电路符号

音源集成电路的符号如图12-4所示。其图形符号一般用带有引出线的方形边框来表示，框旁或框内标出文字符号A（包括型号），并在各引线根部标出功能字母。图形符号中引线根数按照实际接线端数确定，引线位置可以不按实际排列形式或顺序，以求电路图的清晰、整齐。

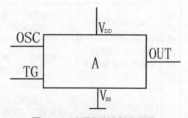

图12-4　音源集成电路的符号

音源集成电路的文字符号除了用A外，也可用英文"Integrated Circuits"（集成电路）的字头缩写"IC"来表示。若电路图中有多只同类器件时，就在文字后面或右下角标上数字，以示区别，如A1、A2……或IC1、IC2……

13 经典通用的时基集成电路

时基集成电路是一种将模拟电路和数字电路巧妙地结合在一起、能够产生时间基准和完成各种定时或延迟功能的非线性集成电路。由于各厂家生产的单时基集成电路型号中几乎都包含有反映内部3个阻值为5kΩ分压电阻器（参见图13-2中R1～R3）这一特征的"555"数字，所以通常又称普通时基集成电路为"555时基电路"。

时基集成电路作为一种经典的通用型集成电路，在家用电器、电子系统、电子玩具和一些电工设备中都得到了广泛的应用。有人将时基集成电路称为"万用"集成电路，也是不无道理的。

种类和特点

常用时基集成电路的实物外形如图13-1所示。根据制造工艺和材料的不同，可分为双极型（TTL）时基集成电路和互补金属氧化物半导体型（CMOS）时基集成电路两类。双极型时基集成电路输出电流大，驱动能力强，可直接驱动200mA以内的负载。CMOS型时基集成电路功耗低，输入阻抗高，更适合作长延时电路。

根据封装形式的不同，可分为常

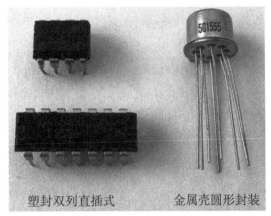

塑封双列直插式　　　金属壳圆形封装

图13-1　时基集成电路的实物外形图

见的塑封双列直插式和不常见的金属壳圆形封装两种，早期还有采用陶瓷双列封装形式的。

根据封装中所包含时基单元的数量，可分为单时基集成电路和双时基集成电路。显然，一个封装中只有一个时基单元时，称为单时基集成电路，如CB555、CB7555等；一个封装中包含两个时基单元时，称为双时基集成电路，如CB556、CB7556等。双时基集成电路的两个时基单元互相独立，但共用正电源和地线（负电源）两个引出脚。

时基集成电路的最大特点是，只要配置少量的外围元件，它就能够产生稳定可靠的时间基准信号，所以被称之为"时基电路"。时基集成电路不仅能够为电子系统提供准确可靠的时间基准信号，还可以轻而易举地实现时间或时序上的控制，广泛应用在定时、延时、信号发生、脉冲检测、波形处理、电平转换和自动控制等领域。

基本原理

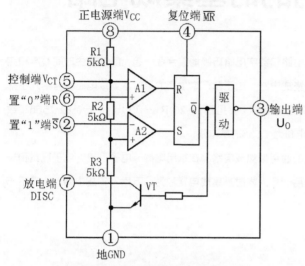

图13-2 时基集成电路内部构成框图

时基集成电路内部构成框图如图13-2所示（以TTL型为例说明），它巧妙地将模拟电路与数字电路结合在一起，从而可实现多种用途。电阻R1～R3组成分压网络，为A1、A2两个电压比较器提供2/3V_{CC}和1/3V_{CC}两个基准电压。两个电压比较器的输出分别作为R-S触发器的置"0"信号和置"1"信号。输出驱动极和放电管VT受R-S触发器控制。由于分压网络的3个电阻R1～R3均为5kΩ，所以该集成电路又被称为"555时基电路"。

时基集成电路的基本工作原理是：当置"0"输入端R电压$U_R \geqslant 2/3V_{CC}$时（$U_{\overline{S}} \geqslant 1/3V_{CC}$），上限比较器A1输出为"1"，使R-S触发器置"0"，电路输出U_o为"0"，放电管VT导通，放电端DISC为"0"；当置"1"输入端电压$U_{\overline{S}} \leqslant 1/3V_{CC}$时（$U_R \leqslant 2/3V_{CC}$），下限比较器A2输出为"1"，使R-S触发器置"1"，电路输出U_o为"1"，放电管VT截止，放电端DISC为"1"；当强制复位端 为"0"时，U_o为"0"，DISC为"0"。电路逻辑真值表见表13-1。

表13-1 时基集成电路真值表

输入信号			输出状态	
置"1"端$\overline{S}$电压	置"0"端R电压	复位端$\overline{MR}$	输出端U_o	放电端DISC
任意	任意	0	0	0
$\leqslant 1/3V_{CC}$	$\leqslant 2/3V_{CC}$	1	1	1
$\geqslant 1/3V_{CC}$	$\geqslant 2/3V_{CC}$	1	0	0
$\leqslant 1/3V_{CC}$	$\geqslant 2/3V_{CC}$	1	不允许	

根据以上基本原理，只要给时基集成电路配置上接法不一的外围阻容元件等，便可构成多谐振荡器、单稳态触发器、双稳态触发器和施密特触发器等各种各样的应用电路。

主要参数

时基集成电路的参数比较多，通常应用时除了记住其置"0"输入端R的阈值电压V_{TH}始终等于电源电压的2/3、置"1"输入端S的触发电压V_{TR}始终等于电源电压的1/3外，还需要关注的参数主要有以下5项。

①电源电压（V_{CC}或V_{DD}）。这是指时基集成电路正常工作时所需的直流工作电压。CMOS型时基集成电路具有较宽的电源电压范围。

②最大输出电流（I_{OM}）。这是指时基集成电路输出端所能提供的最大直流电流。双极型时基集成电路具有较大的输出电流。

③放电电流（I_C或I_D）。这是指时基集成电路放电端所能通过的最大电流。

④额定功耗（P_{CM}）。这是指时基集成电路长期正常工作时，所能承受的最大功耗。双极型时基集成电路具有较大的额定功耗。

⑤最高振荡频率（f_{max}）。这是指时基集成电路工作于无稳态模式时所能达到的最大振荡频率。CMOS型时基集成电路具有较高的最高振荡频率。

型号命名

国产或进口的时基集成电路，其型号命名一般具有相同的规律，均以1~3个字母反映出生产厂家的不同，然后以数字"555"表示"双极型时基集成电路"，以数字"7555"表示"CMOS型时基集成电路"，其格式分别为"XX555"和"XX7555"。对于一个封装中包含两个时基单元的双时基集成电路，其格式分别为"XX556"（双极型）和"XX7556"（CMOS型）。显然，通过型号来识别时基集成电路是很方便的。

表13-2列出了国产CBXXX系列时基集成电路的主要参数及可直接互换的国内外同类产品型号，仅供参考。

表13-2 国产时基集成电路的主要参数及互换型号

类别	型号	电源电压V_{CC}或V_{DD}(V)	静态电流I_{CC}或I_{DD}(mA)	最大输出电流I_{OM}(mA)	放电电流I_C或I_D(mA)	额定功耗P_{CM}(mW)	最高振荡频率f_{max}(kHz)	可直接互换的型号
双极型	CB555（单时基）	4.5~16	3~10	≥200	200	600	≤300	5G1555、FD555、FX555、NE555、LM555、CA555、SE555、MC555、LC555、HA555
	CB556（双时基）	4.5~16	6~20	≥200	200	1200	≤300	5G1556、FD556、FX556、NE556、LM556、CA556、SE556、SL556

续表

类别	型号	电源电压V_{CC}或V_{DD}(V)	静态电流I_{CC}或I_{DD}(mA)	最大输出电流I_{OM}(mA)	放电电流I_o或I_D(mA)	额定功耗P_{CM}(mW)	最高振荡频率f_{max}(kHz)	可直接互换的型号
CMOS型	CB7555（单时基）	3~18	0.06~0.12	1~20	1~50	200	≥500	5G7555、CH7555、ICM7555、μPD5555
	CB7556（双时基）	3~18	0.03~0.24	1~20	1~50	400	≥500	5G7556、CH7556、ICM7556、μPD5556

产品标识

时基集成电路的外壳上均标出型号，如图13-3（a）所示，通过查看型号，可分辨出产品的类型。通常，型号中包含"555"者，为普通双极型时基集成电路；型号中包含"7555"者，为CMOS型时基集成电路；型号中包含"556"者，为双极型双时基集成电路；型号中包含"7556"者，为CMOS型双时基集成电路。但需要说明的是，并不是所有带有"555"数字序号的产品都属于时基集成电路，例如进口集成电路中，MM555是模拟门开关电路，AD555是DAC用的四电压开关电路，NE5555是电源用集成电路，AHD555（1）是宽频带放大器。产品虽然少，但在使用中应该注意区分。

时基集成电路引脚的排序符合集成电路引脚排序标准，如图13-3（b）所示，不论何种封装形式，一般都有一个标记用于确定第1脚的位置，常见的标记有小圆点、半圆缺口、小凸块（注意：金属外壳封装的产品，其小凸块正对着的是第8脚），找到第1脚后，从集成电路顶面观察（塑封产品为有字面朝向读者），逆时针依次为引脚2、3、4……如果翻转过来从背面看（如在印制电路板的焊接面上看），则为顺时针读取引脚数。其中，第8脚（或14脚），始终为电源正端V_{CC}或V_{DD}；第1脚（或7脚）始终为公共地端GND或电源负端V_{SS}。时基集成电路各引脚的功能参见图13-4。

（a）看型号

（b）识引脚

图13-3 时基集成电路的识别方法

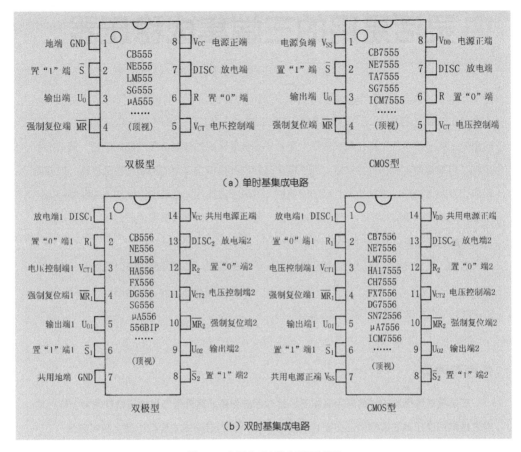

图13-4 时基集成电路的引脚功能图

电路符号

时基集成电路的符号如图13-5所示。其图形符号一般用带有引出线的方形边框来表示，框旁或框内标出文字符号A（包括型号），并在各引线根部标出引脚序号。图形符号中引线总根数有8根（普通单时基集成电路）和14根（双时基集成电路）两种，引线位置可以不按实际排列形式或顺序，以求电路图的清晰、整齐。双时基集成电路的图形符号可根据实际情况，有时用两个单时基集成电路的图形符号在电路图中分开表示，以使电路图保持整齐、明了。

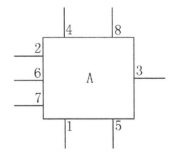

图13-5 时基集成电路的符号

时基集成电路的文字符号除了用A外，也可用英文"Integrated Circuits"（集成电路）的字头缩写"IC"来表示。若电路图中有多只同类元器件时，就在文字后面或右下角标上数字，以示区别，如A1、A2……或IC_1、IC_2……

14 灵活易用的三端集成稳压器

三端集成稳压器是一种能够将不稳定的直流电压变为稳定的直流电压的串联调整式三引脚集成电路。顾名思义，三端集成稳压器只有3个引线脚——即不稳定电压输入端、稳定电压输出端（接负载）和公共接地端。用分立元器件构成的串联调整式稳压电路，具有组装麻烦、可靠性差、体积大等缺点。而三端集成稳压器是将稳压用的功率调整三极管、取样电阻器以及基准稳压、误差放大、启动和保护（过热、过流保护）等电路全部集成在单片晶体上制作而成的，具有体积小、性能稳定可靠、使用方便和价格低廉等优点，所以得到广泛应用，并成为推动电子设备中稳压器向通用化、标准化方向发展的先行兵。

目前，在各种中、小功率的稳压电源中，要数三端集成稳压器应用最为普遍。业余电子制作中将220V交流电变换成各种低压直流电，要获得满意的性能、完善的保护电路、简洁的安装效果，同样离不开三端集成稳压器。

外形和种类

三端集成稳压器的封装采用晶体三极管的标准封装，其外形与晶体三极管完全一样。常用三端集成稳压器的实物外形如图14-1所示。其外形封装形式主要有小型全塑料封装（TO-92或S-1）、带散热片的塑料封装（TO-220或TO-202、S-7）、金属壳封装（TO-3或F-2）3大类，引出脚均为3根。塑料封装的三端集成稳压器具有安装容易、价格低廉等优点，因此在常见电路中应用最普遍。

全塑料封装　　带散热片塑料封装　　金属壳封装

图14-1　常用三端集成稳压器的实物外形图

三端集成稳压器按输出电压极性的不同，可分为正电压输出稳压器和负电压输出稳压器两类；按输出电压是否可调分类，有固定输出稳压器和可调输出稳压器两种。固定输出稳压器的输出电压取决于内部取样电阻的数值，使用时不能再调节，故有时显得不方便；可调输出稳压器可通过外接电阻器，在较大范围内调节输出电压，其特点是稳压精度高，输出纹波小，整体性能优于固定式，被称为第二代三端集成稳压器。

构成及特点

常用串联调整式稳压电路的特点是调整管与负载串联并工作在线性区域，其电压调整率高、负载能力和纹波抑制能力强、电路结构简单。因此，包括三端集成稳压器在内的许多集成稳压器都是在串联调整式稳压电路的基础上开发生产而成的。

固定式三端集成稳压器的内部电路方框图如图14-2（a）所示，它与一般分立件组成的串联调整式稳压电源十分相似，不同之处在于增加了起动电路、恒流源以及保护电路。为了使稳压器能在比较大的电压变化范围内正常工作，在基准电压形成和误差放大部分设置了恒流源电路，启动电路的作用就是为恒流源建立工作点。R_S是过流保护取样电阻；R_1、R_2组成电压取样电路，实际上它们由一个电阻网络构成，在输出电压不同的稳压器中，采用不同的串、并联接法，以形成不同的分压比。取样电压通过误差放大之后，去控制调整管的工作状态，以形成和稳定一系列预定的输出电压。

可调式三端集成稳压器的内部电路方框图如图14-2（b）虚线框内所示。与固定式稳压器相比，可调式稳压器把内部的误差放大器、保护电路等的公共端改接到了输出端，所以它不再有接地端；同时，不内设电压取样电路，增加了专门用于外接取样电路的输出电压调整端ADJ，将内部基准电压（一般为1.25V）加在误差放大器的同相输入端和电压调整端ADJ之间，并由一个超级恒流源（一般为50μA）供电。实际使用时，调整端ADJ采用悬浮式，即通过外接的取样分压电阻器R1、R2来设定输出电压。输出电压大小可用公式U_o=1.25（1+$R2/R1$）来计算。显然，如果将调整端ADJ直接接地，则输出端U_o会输出稳定的1.25V电压。

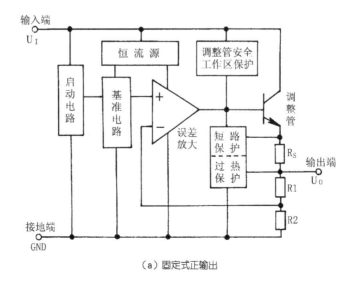

（a）固定式正输出

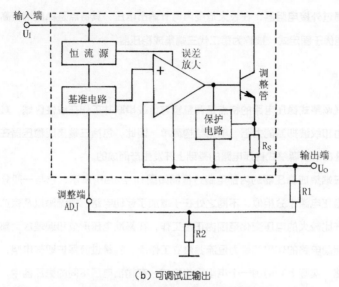

（b）可调试正输出

图14-2 三端集成稳压器内部电路方框图

需要说明的是，图14-2所示的是正电压输出三端集成稳压器内部电路的方框图。对于相应的负电压输出三端集成稳压器，其内部构成和工作原理与正电压输出三端集成稳压器基本相同，所不同的是调整管被接成了集电极输出型。

主要参数

三端集成稳压器的参数包括极限参数和工作参数两方面，由于各生产厂家的定义不完全一致，所以比较杂乱。通常在一般应用时，只要关注下面的几项主要参数即可。

①输出电压（U_O）。这是指三端集成稳压器标称的直流输出电压值。对于固定输出的稳压器，它是偏差一般不超过±5 %的某一常数；对于可调输出的稳压器，它是指某一电压范围。

②输出电压偏差。对于固定输出的稳压器，实际输出的电压值和规定的标称输出电压U_O之间往往有一定的偏差。这个偏差值一般用百分比表示，也可用电压值来表示。

③最小输入输出电压差（$U_{Imin}-U_O$）。这是指保证三端集成稳压器正常工作时，所必须的最小输入电压U_{Imin}与输出电压U_O的差值。当三端集成稳压器的输入输出电压差低于该值时，输出波纹变大、稳压性能变差，甚至可能导致稳压器不能工作。此参数与输出电压之和，就等于最小输入电压U_{Imin}。

④最大输出电流（I_{Omax}）。这是指三端集成稳压器在安全工作的条件下，所能够输出的最大电流值。实际应用时，要选用I_{Omax}大于（至少等于）电路最大工作电流的三端集成稳压器，并按要求采取良好的散热措施。

⑤最大耗散功率（P_{Omax}或P_M）。这是指三端集成稳压器内部电路所能承受的最

大功耗，它与使用环境温度、外加散热片（器）的尺寸大小等有关。例如，对于最大输出电流是1.5A的TO-220封装的稳压管，在不加散热片时最大耗散功率为2W，加上200mm×200mm×4mm散热片后，最大耗散功率可达到15W。稳压器实际输出功率为其输出电流乘以稳压器自身的电压降，要求不得超过P_{Omax}这一极限值，以免造成稳压器自动保护停止工作或损坏。一种直观的检查方法是，稳压器在稳定工作时，其外壳不应烫手。

型号命名

国内外各厂家生产的普通固定式三端集成稳压器，基本上都被命名为78XX系列（正电压输出）和79XX系列（负电压输出），其实物如图14-3（a）所示。其中"XX"用数字直接表示三端集成稳压器的输出电压数值，单位为V。例如：7806表示输出电压为+6V；7924表示输出电压为-24V。此外，在78XX或79XX的前面和后面还有一些英文字母，如CW78XXC、TA78XXAP、MC79XX等。前面的字母称为"前缀"，通常为生产国家或厂家（公司）的代号，如"CW"表示中国制造的稳压器，"TA"表示日本东芝公司的产品，"AN"是日本松下公司的产品，"MC"是美国摩托罗拉公司的产品。后面的字母称为"后缀"，用来表示输出电压容差和封装形式等。通常不同生产厂家（公司）对三端集成稳压器型号后缀所用字母的含义和定义各不相同。不过，这对我们实际使用影响不大。

78XX系列正输出三端集成稳压器的输出电压有11种，依次为：5V、6V、7V、8V、9V、10V、12V、15V、18V、20V、24V。79XX系列负输出三端集成稳压器的输出电压同样有11种，依次为：-5V、-6V、-7V、-8V、-9V、-10V、-12V、-15V、-18V、-20V、-24V。这两种系列的产品，按其最大输出电流又可分为100mA、500mA、1.5A、3A、5A共5挡，其标志方法是在型号中表示电压数字的"XX"前面加上相应的字母，即L=100mA、M=500mA、T=3A、H=5A，不加字母表示1.5A。例如：78L05三端集成稳压器的最大输出电流为100mA，79M12的最大输出电流为500mA，7824的最大输出电流为1.5A。

（a）输出固定式　　　　　　　（b）输出可调式

图14-3　常用三端集成稳压器的型号标注

不同厂家生产的输出可调式三端集成稳压器，型号命名方法无明显规律，封装也各异。电子制作中经常用的正电压输出可调式三端集成稳压器型号有LM117、LM217、LM317、CW317系列等，与之相对应的负电压输出可调式三端集成稳压器型号是LM137、LM237、LM337和CW337系列，其实物如图14-3（b）所示。

一般情况下，我们从产品型号上所能够获得的参数信息是有限的。如果需要知道其他详细的参数，就需要到产品说明书或集成电路手册中去查找。表14-1给出了电子制作中经常用到的几种三端集成稳压器的型号和主要参数，仅供参考。

表14-1　常用三端集成稳压器的型号和主要参数

类别	型号	输出电压 U_O(V)	最大输出电流 I_{Omax}(A)	最大输入电压 U_{Imax}(V)	最小输入输出电压差 $U_{Imin}-U_O$(V)	最大输入、输出电压差 $U_{Imax}-U_O$(V)	电压调整率 S_V(%/V或mV)	电流调整率 S_i(%或mV)	最大耗散功率 P_{Omax}(W)
固定式集成稳压器	LM7805	5±0.2	1.5	35	2.0	30	50mV		15
	LM7812	12±0.5	1.5	35	2.0	23	120mV		15
	LM7815	15±0.6	1.5	35	2.0	20	150mV		15
	LM7905	5±0.2	1.5	-35	-1.1	-30	15mV		15
	LM7912	-12±0.5	1.5	-40	-1.1	-28	5mV		15
	LM7915	-15±0.6	1.5	-40	-1.1	-25	5mV		15
	CW78L05C	5±0.25	0.1	30	2.0	25	10mV	5mV	0.7
	CW78M09C	9±0.45	0.5	35	2.0	26	40mV	80mV	7.5
	CW7812C	12±0.60	1.5	35	2.0	23	60mV	120mV	15
	CW7912C	12±0.60	1.5	-35	-1.1	-23	5mV	120mV	15
可调式集成稳压器	LM117/217	1.25~37	1.5		3	40	0.01mV	0.3mV	15
	LM317L	1.25~37	0.1		3	40	0.01mV	0.3mV	0.7
	LM317M	1.25~37	0.5		3	40	0.01mV	0.3mV	7.5
	LM317T	1.25~37	1.5		3	40	0.01mV	0.5mV	15
	LM137/237	-1.25~-37	1.5		-3	-40	0.01mV	0.3mV	15
	LM337T	-1.25~-37	1.5		-3	-40	0.01mV	0.3mV	15
	CW317M	1.2~37	0.5	40	3		0.04％/V	0.5%	7.5
	CW317T	1.2~37	1.5	40	3		0.04％/V	0.5%	15
	CW337M	-1.2~-37		-40	-3		0.04％/V	0.5%	7.5
	CW337T	-1.2~-37	1.5	-40	-3		0.04％/V	1%	15

引脚识别

常用三端集成稳压器的引脚排列位序如图14-4所示。笔者通过测试发现：78XX系列（正电压输出）稳压器的散热片或金属外壳，均与它的接地端相通；79XX系列（负电压输出）稳压器的散热片或金属外壳，均与它的输入端相通。而LMX17、CWX17系列（正电压输出）稳压器的散热片均与它的输出端相通；LMX37、CWX37系列（负电压输出）稳压器的散热片均与它的输入端相通。对于全塑料封装的三端集成稳压器，其中间引脚的名称可对比相应系列的带散热片的塑料封装管确定出来。掌握了这些基本规律，可给快速识别三端集成稳压器的各引脚带来方便。

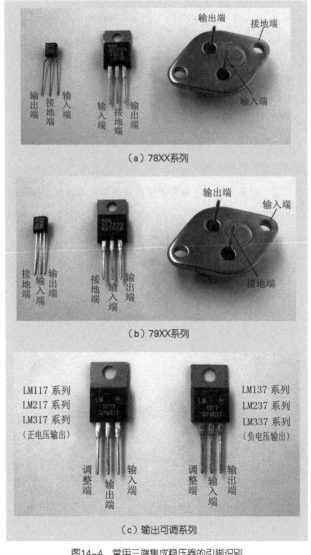

（a）78XX系列

（b）79XX系列

（c）输出可调系列

图14-4 常用三端集成稳压器的引脚识别

　　当遇到型号、封装和引脚排列不熟悉的三端集成稳压器时，就要查阅厂家说明书或有关资料，辨清引脚名称后，再接入电路。

电路符号

　　三端集成稳压器的电路符号如图14-5所示。其图形符号用方框表示稳压器本身，3条直线代表稳压器的3根引脚，各直线根部用数字标明引脚顺序号或直接标出功能字母。通常输入端用U_I（或U_{IN}）、输出端用U_O（或U_{OUT}）、接地端用GND、调整端用ADJ来表示。

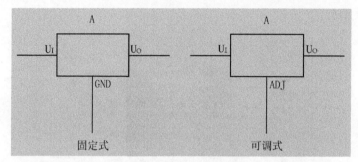

图14-5　三端集成稳压器的符号

　　三端集成稳压器的文字符号采用字母"A"，也可用英文"Integrated Circuits"（集成电路）的字头缩写"IC"来表示。若电路图中有多只同类元器件时，按常规就在字母后面或右下角标出数字，以示区别，如A1、A2……文字符号可标在图形符号的方框内，并在其下边标出三端集成稳压器的型号。

第五章　耦合与显示元器件

变压器和光电耦合器是最常用的耦合元器件。变压器根据电磁感应原理制成，在"耦合"过程中除了具有传输交流、隔离直流的基本特性外，还可轻而易举地实现交流电压变换、交流阻抗变换和相位变换等，应用非常广泛；光电耦合器以"光"为媒介实现电信号的"耦合"，其最大特点是输入端和输出端之间既能传输直流或交流电信号，又具有良好地电隔离性能。

显示器件能够显示字符和符号，在各种电子、电气设备中的应用日益广泛。LED数码管作为一种应用最普遍的显示器件，它将若干发光二极管按一定图形组织并封装成一体，具有发光亮度高、响应时间快、高频特性好、驱动电路简单等特点。

15 形态各异的变压器

变压器是利用线圈互感原理制成的一种用途广泛的元器件。变压器在电路中具有很重要的功能，它可以对交流电（或信号）进行电压变换、电流变换、阻抗变换或相位变换，并起传递信号、隔断直流等作用。

变压器种类繁多，大小形状千差万别，在电力、电工和电子领域都有广泛的应用。这里，仅向读者介绍电子制作中经常用到的各种小型变压器。

结构及原理

变压器的基本结构可通过图15-1来说明：一般变压器由铁芯（磁芯）和线圈（又叫线包）两部分组成。线圈有两个或更多的绕组，接输入信号（或者电源）的绕组叫初级线圈（或称原线圈），其余的绕组叫次级线圈（或称副线圈）。线圈各绕组之间，以及线圈和铁芯之间都相互绝缘，初、次级绕组之间没有电的连接，从而较好地把初、次级分隔成两个回路。变压器是利用电磁感应原理从它的初级线圈向次级线圈传输电能量的。将初、次级线圈绕在同一个铁芯上的目的，主要是显著增大线圈的电感量，并大大加强线圈间的互感作用，使初、次级线圈之间能够实现能量的有效传递。当在初级线圈两端加上交流电压U_1时，交流电流I_1流过初级线圈，在铁芯中产生很强的交变磁场（其磁力线可形成良好回路），在次级线圈两端即可获得交流感应电压U_2。由于稳定的直流电压不会产生交变磁场，所以次级线圈亦不会产生感应电压。可见，变压器具有"传交流、隔直流"的功能。

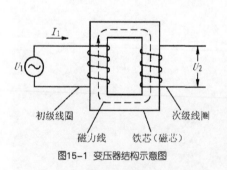

图15-1 变压器结构示意图

变压器初、次级线圈之间最重要的关系是初级线圈与次级线圈之间的电压关系。在理想状态下，初级线圈与次级线圈两端的电压之比等于线圈的匝数之比，即：$U_1/U_2=N_1/N_2=n$。式中：U_1代表初级线圈两端电压，U_2代表次级线圈两端电压，N_1是初级线圈匝数，N_2是次级线圈匝数，n称为变压器的变比。如果$n>1$，说明$U_1>U_2$，这个变压器就是降压变压器；如果$n<1$，说明$U_2>U_1$，这个变压器就是升压变压器。

通过改变变压器初、次级线圈的匝数比，可以实现阻抗变换。假设变压器初、次级线圈匝数比等于n，那么在初级线圈两端接入一个阻值为R的电阻，它"反射"到次级时阻值将变为R′，它们之间的关系是$R'=(1/n^2)\times R$。如果在次级线圈接入阻值为R′的电阻，反射到初级时阻值将变为R，它们之间的关系是$R=n^2\times R'$。可见，变压器不仅能变换电压大小，而且还是很好的阻抗变换器。

此外，通过改变变压器线圈的头、尾接法，可以很方便地将输出信号电压倒相，即实现相位变换。

外形和种类

电子制作中使用的变压器种类很多，按工作频率可分为高频变压器、中频变压器和低频变压器，如图15-2所示。按铁芯（磁芯）形状可分为"E"形变压器（或"EI"形变压器）、"C"形变压器和环形变压器等。高频变压器常见的有电视机中的天线阻抗变换器、收音机中的天线线圈等；中频变压器在收音机、电视机中都有应用；低频变压器主要有音响放大电路中使用的音频输入和输出变压器、各种电子装置中普遍使用的电源变压器等。

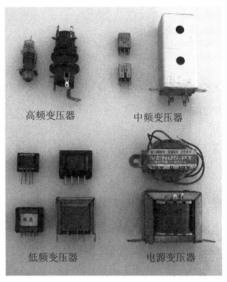

图15-2 几种常用变压器实物外形图

（1）高频变压器

根据用途的不同，高频变压器可分为天线线圈、高放线圈和高频振荡线圈等3种。天线线圈主要用于各种无线电发射或接收机，其作用是将无线电发射信号有效耦合给天线，或者将天线传来的无线电信号耦合给接收机的高频或变频放大电路等；高放线圈是将已经经过高频放大的信号耦合给后级调谐回路等；高频振荡线圈常用于各种无线电发射或接收机的高频振荡电路。超外差式收音机中使用的磁性天线，以及本机振荡部分使用的振荡线圈等，都属于高频变压器。

高频变压器一般采用高频磁芯或直接在绝缘筒体上绕制线圈制作而成。

（2）中频变压器

中频变压器过去称中周变压器（简称"中周"），它是用于超外差通信电路中的一种特殊变压器。制作超外差收音机、电视机、对讲机等时，都会用到这类变压器。中频变压器的主要功能是与电容器配合组成调谐选频回路，良好地传递某一个选定频率的信号，同时实现前后级放大器之间的阻抗匹配。中频变压器的工作频率比较高，一般都在几百千赫兹到几十兆赫兹，并且它工作于固定频率，如一般超外差收音机为465千赫（kHz）。

图15-3 收音机用中频变压器的构造

收音机中常用中频变压器的构造如图15-3所示。最外部是金属屏蔽罩，避免周围其他高频信号的干扰。中心是几组线圈，共同绕制在高频磁芯上。线圈外面有一个可以上下调节的磁帽，可在小范围内改变线圈的电感量和线圈之间的互感量。

注意中频变压器的"中频"两字，并不是指频率介于高频与低频之间，而是中间过渡频率的意思。这样我们就能理解为什么电视机的中频信号要比收音机的高频信号还要高得多。

（3）音频变压器

音频变压器主要用于处理音频信号，如用于音频放大器之间的信号耦合、变换阻抗及实现信号倒相等。根据功能的不同，音频变压器常分为输入变压器和输出变压器。输入变压器主要实现放大器之间的信号传递，输出变压器实现放大器与扬声器之间的阻抗匹配。它们的共同目的是，利用变压器使电路两端的阻抗得到良好匹配，以获得最大限度的传送交流信号功率；同时，它们都还起着"隔直流"的作用。

音频变压器的体积较小，一般使用小型的"E"形铁芯。

（4）电源变压器

电源变压器的作用是将民用电力网上220V、50Hz的交流电降压（或升压），达到我们所需的电压值。在电子设备中，通常是利用电源变压器将220V交流电变换成所需的低压交流电（1.5~36V），再送到整流、滤波、稳压电路变换成直流电压，作为电路的供电电源。

电源变压器的功率一般都在几十瓦以上，所以使用的铁芯较大，其体积也较大。电源变压器的铁芯一般是"E"形，在要求较高的场合采用"C"形铁芯。

主要参数

由于不同用途的变压器具有不同的特性，所以反映其特性的参数也不完全一样。常用变压器的主要参数及其含义如下。

（1）电源变压器

电源变压器的主要参数是额定功率（有时也称容量）、额定电压、额定电流和效率等。

①额定功率。这是指变压器在规定的频率和电压下长期工作，而不超过规定温升时次级所能输出的最大功率。变压器的额定功率与铁芯截面积的平方成正比，如图15-4所示，铁芯截面积越大，变压器功率越大。额定功率一般用文字直接标注在变压器上。

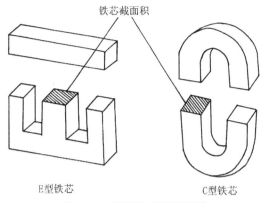

图15-4　变压器铁芯的截面示意图

②额定电压。包括初级线圈输入电压和次级线圈输出电压。电源变压器的初级电压一般为220V，也有交流380V的。次级电压有各种规格。有多个次级绕组的电源变压器，可以有多种次级电压，使用时应根据需要选用符合要求的次级电压的变压器。

③额定电流。一般是指次级绕组所能提供的最大输出电流。选用变压器时，其次级电流必须大于电路实际电流需要值。次级电压和电流一般均直接标注在变压器次级输出端。

④效率。用来表示变压器在工作时对电能的损耗程度。变压器在工作时不可避免地存在着各种形式的损耗，如铜损（当电流通过构成线圈的铜漆包线时，部分电能在线圈电阻的作用下转变成热能而损耗掉了）和铁损（包括变压器铁芯的磁滞损耗和涡流损耗，两者均会使铁芯发热）等。效率用％表示，它的定义是：效率（η）＝（输出功率÷输入功率）×100％。显然，损耗越小，变压器的效率越高，变压器的质量也越好。变压器的效率还与它的功率等级有密切关系，通常功率越大，损耗就越小，效率也就越高；反之，功率越小，效率也就越低。常用普通小功率变压器的效率见表15-1。

表15-1　常用小功率变压器的效率

功率（W）	<10	10～30	30～50	50～100	100～200	>200
效率（%）	60～70	70～80	80～85	85～90	90～95	>95

电源变压器的参数还有电压比、工作频率、空载电流、空载损耗、绝缘电阻和防潮性能等，选购成品变压器时一般可不必考虑。

（2）音频变压器

音频变压器的主要参数是阻抗比、频率响应和额定功率等。

①阻抗比。这是指音频变压器初级与次级之间的阻抗比值。音频变压器在电路中的一个主要作用就是完成阻抗变换，使电路实现阻抗匹配。阻抗比能够直观地反映出音频变压器初、次级的阻抗变换情况，它是衡量音频变压器性能的一项重要参数。例如，我们把接在收音机

晶体管推挽功率放大电路输出端的音频变压器叫做推挽输出变压器，它的初级接放大电路，次级接扬声器，其初、次级阻抗比一般在600：8至120：8之间，主要作用是把常用8Ω扬声器较低的阻抗变换成放大器需要的最佳负载阻抗（600～120Ω），以达到阻抗匹配的目的。

②频率响应。这是音频变压器的一项重要质量指标。由于初级绕组电感量不够大和漏感（指磁场的泄漏）的影响，使变压器的变压比、效率及其他性能随输入信号频率的变化而变化。一般说来，在音频范围（20～20000Hz）的低频端和高频端，变压比都要下降，只有在中间一段频率范围内维持定值。频率响应就是描述音频变压器次级输出电压随工作频率而变化的特性。一般规定，若音频变压器在中间频率的输出电压为u，则输出电压（输入电压值恒定）不小于$u/\sqrt{2}\approx0.707u$的工作频率范围，叫作它的频带宽度。通常变压器初级绕组的电感量（主要影响低频端）越大，漏感（主要影响高频端）越少，则它的频带越宽，性能也就越好。在高保真音响中，音频变压器的频率响应是一项很重要的指标。

③额定功率。这是指音频变压器正常工作时所能承受的最大功率。一般在晶体管收音机中可不必考虑，在电子管扩音机（胆机）和有线广播系统中，则必须注意音频变压器的额定功率。

音频变压器的参数还有非线性失真、磁屏蔽和静电屏蔽、效率等。目前市售各种类型的音频变压器的这些性能参数均能满足一般业余制作者的要求，可直接选购使用。

（3）高、中频变压器

高频变压器和中频变压器的主要参数有阻抗比、谐振频率（配以指定电容器）、通频带、Q值和电压传输系数等。这些参数初学者在一般制作时可不必考虑，只要选购型号符合要求的成品变压器即可。

产品标识

变压器参数的标志方法通常采用型号法或直标法，由于各种用途变压器标注的具体内容不尽相同，所以没有统一的格式，下面仅举几例加以说明。

①型号法适用于一般普通变压器，其型号命名由"主称（字母）-功率（数字）-序号（数字）"3部分组成，各部分含义见表15-2。例如，图15-5（a）中，某电源变压器上标注出"DB-15-2型"字样，其中"DB"表示电源变压器，"15"表示额定功率为15VA，"2"则表示产品的序号。

表15-2　通用变压器型号各部分符号含义

第一部分：主称		第二部分：功率		第三部分：序号	
符号	含义	符号	含义	符号	含义
DB CB RB GB	电源变压器 音频输出变压器 音频输入变压器 高频变压器	1 2 ……	计量单位用VA或W标志，但RB型除外	1 2 ……	表示产品序号

续表

第一部分：主称		第二部分：功率		第三部分：序号	
符号	含义	符号	含义	符号	含义
HB SB或ZB SB或EB	灯丝变压器 音频（定阻式）输送变压器 音频（定压式）输送变压器	1 2 ……	计量单位用VA或W标志，但RB型除外	1 2 ……	表示产品序号

②中频变压器（及相关的振荡线圈）的型号单独有命名的方法，由"主称（字母）-尺寸（数字）-级数（ 数字）"3部分组成，各部分含义见表15-3。例如，在图15-5（b）中，某中频变压器上标注出"TTF-2-2"，其中："TTF"表示调幅收音机用的磁性瓷芯式中频变压器，前一个数字"2"表示该中频变压器的外形尺寸是10mm×10mm×14mm，后面的"2"表示第二中频变压器。另外，还在磁帽上涂颜色表示产品的结构和用途。常用的TTF型单调谐中频变压器，用白色表示第1级（第一中频变压器），用红色表示第2级，用绿色表示第3级，而不涂颜色（黑色）则表示为相配套的振荡线圈。

③有的电源变压器如图15-5（c）所示，在外壳上标出变压器的电路符号（各线圈的结构），然后在各线圈符号旁边标出电压数值，说明各线圈的输入或输出电压。

表15-3　中频变压器（及相关振荡线圈）各部分含义

第1部分：主称（名称、用途）		第2部分：尺寸/mm		第3部分：级数	
符号	含义	符号	含义	符号	含义
T L T F S	中频变压器 振荡线圈或线圈 磁性瓷芯式 调幅收音机用 短波收音机用	1 2 3 4	7×7×12 10×10×14 12×12×16 20×25×36	1 2 3	第1级 第2级 第3级

④用于阻抗变换的音频变压器，往往还将初、次级线圈的阻抗直接标在相应的线圈接线端。例如，在图15-5（d）中，某音频输出变压器次级线圈引脚处标出"8Ω"，说明这一变压器的次级线圈负载阻抗应为8Ω，即只能接阻抗为8Ω的扬声器或其他负载。

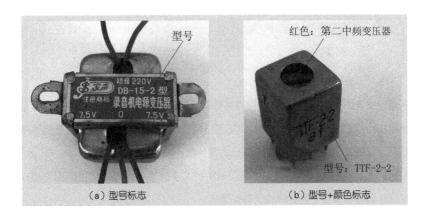

（a）型号标志　　　　　　　　　　（b）型号+颜色标志

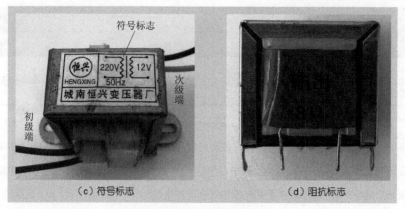

（c）符号标志　　　　　　　　　　（d）阻抗标志

图15-5　常见变压器的标志方法

电路符号

变压器种类很多，不同类型的变压器在电路图中通常采用不同的图形符号来表示。图15-6是几种变压器的电路符号，其图形符号形象地表示出了变压器的结构。根据需要，所有图形符号中还可用黑点表示出变压器线圈的同名端（即瞬时电压极性相同端）来。

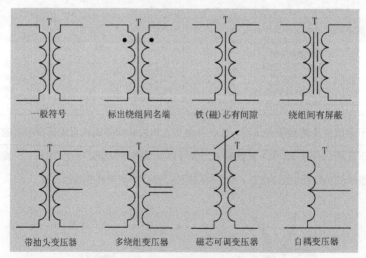

图15-6　几种变压器的符号

变压器的文字符号是T。一般在图形符号旁边除了标出文字符号外，还在相应位置注明输入、输出电压（或阻抗、电流），电源变压器还经常标出它的额定功率等。若电路图中有多只变压器时，就在文字符号后面或右下角标上自然数，以示区别，如T1、T2……

通常情况下，如果一个变压器在电路符号中或文字叙述中没有其他特别的说明，则可认为选择该变压器时对型号、种类等均无特殊要求。

16 以"光"为媒介的光电耦合器

　　光电耦合器（简称光耦）是一种以光作为媒介、把输入端的电信号耦合到输出端去的新型半导体"电—光—电"转换器件。换句话讲，它具有把电子信号转换成为相应变化规律的光学信号，然后又重新转换成变化规律相同的电信号的单向传输功能，并且能够有效地隔离噪声和抑制干扰，实现输入与输出之间的电绝缘。这种信号传递方式是所有采用变压器和电磁继电器作隔离来进行信号传递的一般解决方案所不能相比的。

　　光电耦合器的优点是单向传输信号、输入端与输出端在电气上完全隔离、输出信号对输入端无影响、抗干扰能力强、工作稳定、无触点、体积小、使用寿命长、传输效率高等，因而在隔离电路、开关电路、数模转换、逻辑电路、过流保护、长线传输、高压控制及电平匹配等电路中得到了越来越广泛的应用。目前，光电耦合器已发展成为种类最多、用途最广的光电器件之一。

结构及特点

　　光电耦合器由组装在同一密闭壳体内的半导体发光源和光接收器两部分组成，其结构如图16-1（a）所示。发光源多为发光二极管，光接收器可以是光敏晶体管，也可以是光敏场效应管、光敏晶闸管和光敏集成电路等。发光源和光接收器彼此相对，并用透明绝缘材料隔离，发光源引出的引脚为输入端，光接收器引出的引脚为输出端。当按照图16-1（b）所示，在输入端加上电信号时，发光二极管发光，与之相对应的光接收器由于光敏效应而产生光电流，并由输出端输出，从而实现了以"光"为媒介的电信号单向传输，而器件的输入和输出两端在电气上是完全保持绝缘的。

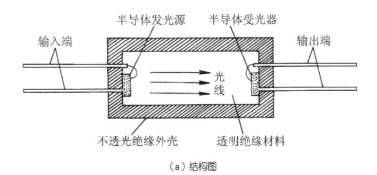

（a）结构图

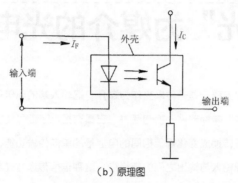

（b）原理图

图16-1　光电耦合器构成图

光电耦合器的主要特点是：输入和输出端之间绝缘，其绝缘电阻一般都大于$10^{10}\Omega$，耐压一般可超过1.5kV，有的甚至可以达到10kV以上；由于"光"传输的单向性，所以信号从光源传输到光接收器时不会出现反馈现象，其输出信号也不会影响输入端。此外，光电耦合器能够很好地抑制干扰并消除噪声，其响应速度快（时间常数通常在微秒甚至毫微秒级）、无触点、寿命长、体积小、耐冲击、容易和逻辑电路配合，这使得它的应用很广泛。例如，在计算机数位通信及即时控制中作为信号隔离的接口器件，可以大大增加其工作的可靠性；在单片开关电源中，利用线性光电耦合器可构成光耦回馈电路，通过调节控制端电流来改变占空比，达到精密稳压的目的。

外形和种类

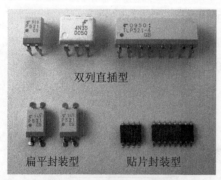

图16-2　光电耦合器实物外形图

光电耦合器的封装形式可分为同轴型、双列直插型、TO封装型、扁平封装型、贴片封装型、光纤传输型等。但电子爱好者在制作或维修时经常用到的封装形式几乎全部都是塑料双列直插型、扁平封装型和贴片封装型3大类，引脚有4、6、8、12、16、24脚等多种，图16-2所示是它们的实物外形图。

光电耦合器的种类较多，如果按照输出形式不同来划分，主要有光敏二极管型、通用型（即光敏三极管型，又分无基极引线和有基极引线两种）、达林顿（复合三极管）型、双向对称型、高速型、光敏电阻型、光电池型、光敏场效应管型、光敏晶闸管型（又分单向晶闸管和双向晶闸管两种）、光集成电路型等，其内部电路构成如图16-3所示。另外，图16-3所示的光电耦合器输入端全部为直流输入型，如果在原有发光二极管两端再反向并联一个相同的发光二极管的话，则可使输入端变成为交流输入型。可见，把不同的发光器件和各种光接收器组合起来，便可构成品种多样的系列光电耦合器。

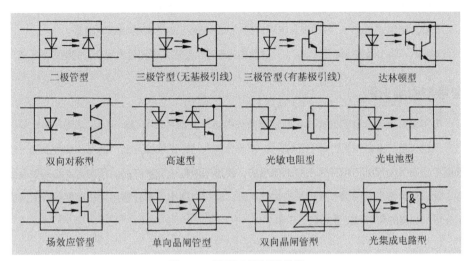

图16-3　常用光电耦合器的种类

光电耦合器按传输信号不同，可分为非线性（数字型）光电耦合器和线性（模拟型）光电耦合器两大类。按传输信号的速度不同，可分为低速光电耦合器（光敏三极管、光电池等输出型）和高速光电耦合器（光敏二极管带信号处理电路或者光敏集成电路输出型）。按隔离特性不同，可分为普通隔离光电耦合器（一般光学绝缘胶灌封低于5kV，空气封低于2kV）和高压隔离光电耦合器（可分为10kV、20kV、30kV等）。按传输信号通道数不同，可分为单通道、双通道和多通道光电耦合器。

主要参数

光电耦合器的输入特性就是内部发光器（多为发光二极管）的特性，输出特性取决于内部光接收器。除此之外，还有表征整体性能的电流传输比CTR、输入与输出之间的绝缘电阻R_{ISO}等参数。在传输数字信号时，还有脉冲上升时间、下降时间、延迟时间等参数；在传输交流信号时，还必须考虑频率特性等参数。

①电流传输比（CTR）。这是指加在光电耦合器输出端的工作电压为规定值时，输出电流和输入端发光器件正向工作电流之比，常用百分比来表示。电流传输比CTR大，则在同样的输入电流下，输出电流也大，驱动负载的能力也强。也就是说，利用较小的输入端工作电流可获得较大的输出电流。

②脉冲上升时间（t_r）。这是指光电耦合器在规定的工作条件下，在输入端输入规定的脉冲电流，输出端所输出的相应脉冲波从前沿幅度的10%上升到90%时，所需用的时间。

③脉冲下降时间（t_f）。这是指光电耦合器在规定的工作条件下，在输入端输入规定的脉冲电流，输出端所输出的相应脉冲波从后沿幅度的90%下降到10%时，所需用的时间。

④隔离电容（C_{ISO}）。这是指光电耦合器输入端和输出端之间所存在的电容值。

⑤隔离电阻（R_{ISO}）。这是指光电耦合器输入端和输出端之间的绝缘电阻值。

⑥输入、输出间绝缘电压（U_{ISO}）。这是指光电耦合器输入端和输出端之间的绝缘耐压值。

型号与引脚识别

电子爱好者经常碰到的光电耦合器尽管外形基本上都是双列4脚、6脚、8脚……塑料封装，但由于各厂家对型号的命名不统一，可谓五花八门，无规律可循，而且从型号上面一般是看不出有关内部结构和具体参数等信息的。要想知道某一型号产品的结构特点和有关参数等，就只能查看厂家说明书或相关的参数手册。表16-1列出了部分常用六引脚塑料双列直插型光电耦合器的型号和主要参数，仅供参考。

表16-1　常用光电耦合器的型号和主要参数

型 号	结构	输入端正向压降U_F(V)	输出端反向击穿电压U_{BR}(V)	输出端饱和压降U_{CE}(V)	电流传输比CTR(%)	上升、下降时间t_r、t_f(μs)	输入、输出间绝缘电压U_{ISO}(V)	外形
TIL112		1.5	20	0.5	2.0	2.0	1500	
TIL114		1.4	30	0.4	8.0	5.0	2500	
TIL124		1.4	30	0.4	10	2.0	5000	
TIL116	光敏三极管输出（有基极引脚）	1.5	30	0.4	20	5.0	2500	
TIL117		1.4	30	0.4	50	5.0	2500	
4N27		1.5	30	0.5	10	2.0	1500	
4N26		1.5	30	0.5	20	0.8	1500	
4N35		1.5	30	0.3	100	4.0	3500	6脚DIP封装
TIL118	光敏三极管输出（无基极引脚）	1.5	20	0.5	10	2.0	1500	
TIL113		1.5	30	1.0	300	300	1500	
TIL127		1.5	30	1.0	300	300	5000	
TIL156	达林顿管输出（有基极引脚）	1.5	30	1.0	300	300	3535	
4N31		1.5	30	1.0	50	2.0	1500	
4N30		1.5	30	1.0	100	2.0	1500	
4N33		1.5	30	1.0	500	2.0	1500	

续表

型 号	结构	输入端正向压降U_F(V)	输出端反向击穿电压U_{BR}(V)	输出端饱和压降U_{CE}(V)	电流传输比CTR(%)	上升、下降时间t_r、t_f(μs)	输入、输出间绝缘电压U_{ISO}(V)	外形
TIL119	达林顿管输出（无基极引脚）	1.5	30	1.0	300	300	1500	6脚DIP封装
TIL128		1.5	30	1.0	300	300	5000	
TIL157		1.5	30	1.0	300	300	3535	
H11AA1	交流输入、光敏三极管输出	1.5	30	0.4	20		2500	
H11AA2		1.5	30	0.4	10		2500	
MOC633A	双向晶闸管输出	1.2	400				7500	
MOC634A		1.2	400				7500	

常用光电耦合器的引脚排序规则如图16-4所示。这跟普通集成电路完全相同，即：将产品的引脚面背向自己，从顶面（有字面）的半圆凹槽、小圆凹口（色点）或斜边标记处的引脚开始，按逆时针（即图中箭头）方向计数，依次为1脚、2脚、3脚、4脚……如果翻转过来从背面看（比如在印制电路板的焊接面上看），即引脚面正对着自己，则应按顺时针方向计数。表16-2给出了笔者归纳整理出的不同型号光电耦合器的引脚排列图，希望能够给读者的应用提供简便、快捷的帮助。

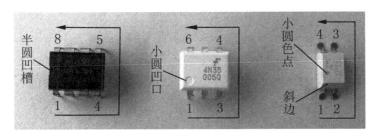

图16-4 光电耦合器引脚排序规则

表16-2 常用光电耦合器的型号和引脚排列

型 号	引脚排列（顶视）
PC111 PC510 PC617 PC713 PC817 PC818 PC810 PC812 PC502 PC601 LTV017 LTV817 TLP121 TLP124 TLP321 TLP521-1 TLP621-1 TLP624 ON3111 ON3131 OC617 PS2401-1 GIC5102	
PC120 TLP500 LE523	

型　号	引脚排列（顶视）
TLP120　TLP126　TLP620　TLP626	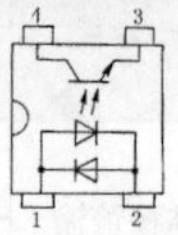
TLP332　TLP509　TLP519　TLP532　TLP632　TLP632 TLP634　TLP723　TLP732　PC017　PC504　PC614 PC714　PS208B　PS2009B　PS2018　PS2019　CNV17F CNX82A　FX0012CE	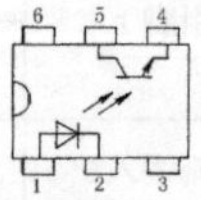
TLP503　TLP508　TLP531　PC112　PC613　4N25 4N26　4N27　4N28　4N35　4N36　4N37　TIL111　TIL112 TIL114　TIL115　TIL116　TIL117　TLP631　TLP535	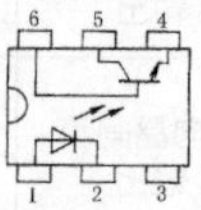
TLP120　TLP126　TLP620　TLP626	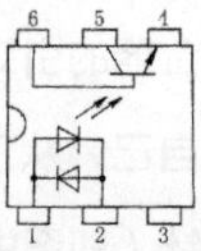
TLP321-2　TLP521-2　TLP621-2　TLP624-2	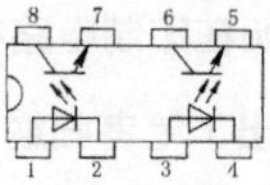
TLP551　TLP651　TLP751　PC618 PS2006B　6N135　6N136	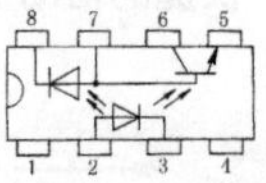
TLP321-3　TLP521-3　TLP621-3　TLP624-3	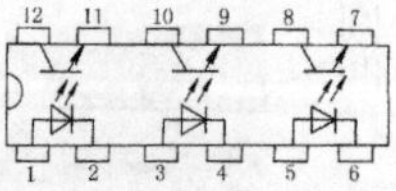
TLP321-4　TLP521-4　TLP621-4　TLP624-4	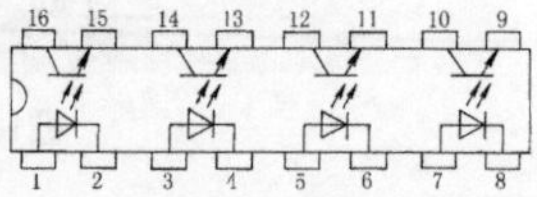

电路符号

　　光电耦合器在电路图中的表示符号，一般用集成电路的通用符号，即图形符号是一个方形线框，框旁或框内注明文字符号"A"或"IC"，以及器件的型号，在框线外边画出垂直引线表示引脚，并在各引线根部用数字标明引脚号。如果要更为详细些，便在方框内画出组成器件的发光源（多为发光二极管）和光接收器（即输出器件）的图形符号，使光电耦合器的内部构成通过电路图直观反映出来——具体图形参见前面图16-3。

　　若电路图中有多个集成电路图形符号出现时，按常规就在文字符号后面或右下角标出自然数字，以示区别，如A1、A2……

17 能显示字符的LED数码管

LED数码管也称半导体数码管，它是将若干发光二极管按一定图形排列，并封装在一起的最常用的数码显示器件之一。LED数码管具有发光显示清晰、响应速度快、耗电省、体积小、寿命长、耐冲击、易与各种驱动电路连接等优点，在各种数显仪器仪表、数字控制设备中得到广泛应用。

LED数码管种类很多，品种五花八门，这里仅介绍最常用的小型"8"字形LED数码管的识别与使用方法。

结构及特点

目前，常用的小型LED数码管多为"8"字形数码管，它内部由8个发光二极管组成，其中7个发光二极管（a~g）作为7段笔画组成"8"字结构（故也称7段LED数码管），剩下的1个发光二极管（h或dp）组成小数点，如图17-1（a）所示。各发光二极管按照共阴极或共阳极的方法连接，即把所有发光二极管的负极（阴极）或正极（阳极）连接在一起，作为公共引脚；而每个发光二极管对应的正极或者负极分别作为独立引脚（称"笔段电极"），其引脚名称分别与图17-1（a）中的发光二极管相对应，即a、b、c、d、e、f、g脚及h脚（小数点），如图17-1（b）所示。若按规定使某些笔段上的发光二极管发光，就能够显示出图17-1（c）所示的"0~9"10个数字和"A~F"6个字母，还能够显示小数点，可用于2进制、10进制以及16进制数字的显示，使用非常广泛。

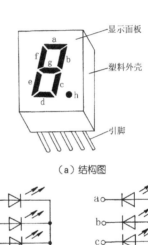

（a）结构图

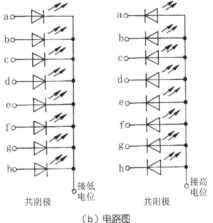

（b）电路图

（c）显示符

图17-1　LED数码管构成图

常用小型LED数码管是以印制电路板为基板焊固发光二极管，并装入带有显示窗口的塑料外壳，最后在底部引脚面用环氧树脂封装而成。由于LED数码管的笔段是由发光二极管组成的，所以其特性与发光二极管相同。LED数码管的主要特点：能在低电压、小电流条件下驱动发光，并能与CMOS、TTL电路兼容，它不仅发光响应时间极短（<0.1μs）、高频特性好、单色性好、亮度高，而且体积小、重量轻、抗冲击性能好、使用寿命长（一般在10万小时以上，最高可达100万小时）、成本低。

外形和种类

常用小型LED数码管的封装形式几乎全部采用了双列直插结构，并按照需要将1至多个"8"字形字符封装在一起，以组成显示位数不同的数码管。如果按照显示位数（即全部数字字符个数）划分，有1位、2位、3位、4位、5位、6位……数码管，如图17-2所示。如果按照内部发光二极管连接方式的不同划分，有共阴极数码管和共阳极数码管两种；按字符颜色的不同划分，有红色、绿色、黄色、橙色、蓝色、白色等数码管；按显示亮度的不同划分，有普通亮度数码管和高亮度数码管；按显示字形的不同，可分为数字管和符号管。

1位数码管　　　　　3位数码管

2位数码管　　　　　4位数码管

图17-2　LED数码管实物外形图

主要参数

表征LED数码管各项性能指标的参数主要有光学参数和电参数两大类，它们均取决于内部发光二极管。除此之外，还有"字高"这一衡量LED数码管显示字符大小的重要参数。"字高"具体所指为显示字符的高度，如图17-3所示。国外型号的LED数码管常用英寸作为"字高"的单位，国产管则用毫米作单位。常见小型LED数码管的字高有0.32英寸（8.12mm）、0.36英寸（9.14mm）、0.39英寸（9.90mm）、0.4英寸

（10.16mm）、0.5英寸（12.70mm）、0.56英寸（14.20mm）、0.8英寸（20.32mm）、1英寸（25.40mm）等。

型号与引脚识别

由于各厂家对LED数码管的型号命名不统一，可谓各行其事，无规律可循。要想知道某一型号产品的结构特点和有关参数等，一般只能查看厂家说明书或相关的参数手册；对于型号不清楚的LED数码管，就只能通过万用表等工具进行测量，弄清内部电路结构和相关参数。表17-1列出了部分国产BS×××系列LED数码管的主要参数，仅供参考。

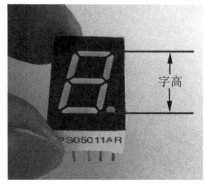

图17-3 LED数码管的尺寸衡量

表17-1 部分国产BS×××系列LED数码管的主要参数

型号	结构	正向压降 U_F(V)	最大工作电流(全亮) I_FM(mA)	最大功耗(全亮) P_M(mW)	反向击穿电压(每段) U_BR(V)	发光强度(每段) I_V(mcd)	字高(mm)
BS201	共阴	≤1.8	40	150	≥5	0.15	8
BS202			200	300			
BS204	共阳	≤1.8	200	300			7.6
BS205	共阴						
BS206	共阳	≤3.6	200	600			12.6
BS207	共阴		400				
BS209	共阳	≤1.8	150	400			7.5
BS210	共阴						
备注：型号后缀字母含义，R——红光、G——绿光、OR——橙光。							

小型LED数码管的引脚排序规则如图17-4所示，即正对着产品的显示面从左上角（左、右双排列引脚）或左下角（上、下双排列引脚）开始，按逆时针（即图中箭头）方向计数，依次为1脚、2脚、3脚、4脚……如果翻转过来从背面看（如在印制电路板的焊接面上看），即引脚面正对着自己，则应按顺时针方向计数。可见，这跟普通集成电路是一致的。

图17-4　LED数码管引脚排序规则

常用LED数码管的引脚排列均为双列10脚、12脚、14脚、16脚、18脚……表17-2给出了笔者整理出的常用LED数码管的引脚排列图和内部电路图，希望能够给读者的应用提供简便、快捷的帮助。识别引脚排列时大致上有这样的规律：对于单个数码管来说，最常见的引脚为上、下双排列，通常它的第3脚和第8脚是连通的，为公共脚；如果引脚为左、右双排列，则它的第1脚和第6脚是连通的，为公共脚。但也有例外，需要具体型号具体对待。另外，多数LED数码管的"小数点"在内部是与公共脚接通的，但有些产品的"小数点"引脚却是独立引出来的。对于2位及以上的数码管，一般多是将内部各"8"字形字符的a～h这8根数据线对应连接在一起，而各字符的公共脚单独引出（称"动态数码管"），既减少了引脚数量，又为使用者提供了方便。例如，4位动态数码管有4个公共端，加上a～h引脚，一共才只有12个引脚。如果制成各"8"字形字符独立的"静态数码管"，则引脚可达到40脚。

表17-2　常用LED数码管的引脚排列图和内部电路图

型 号	引脚排列（顶视）	内部电路
CPS05011AR（1位共阴/红色0.5英寸）、SM420501K（红色0.5英寸）、SM620501（蓝色0.5英寸）、SM820501（绿色0.5英寸）		
SM420361（1位共阴/红色0.36英寸）、SM440391（红色0.39英寸）		

续表

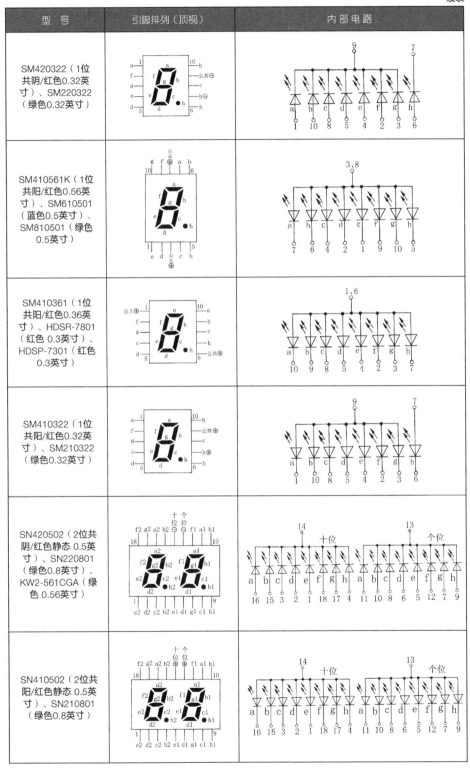

型 号	引脚排列（顶视）	内 部 电 路
SM420322（1位共阴/红色0.32英寸）、SM220322（绿色0.32英寸）		
SM410561K（1位共阳/红色0.56英寸）、SM610501（蓝色0.5英寸）、SM810501（绿色0.5英寸）		
SM410361（1位共阳/红色0.36英寸）、HDSR-7801（红色0.3英寸）、HDSP-7301（红色0.3英寸）		
SM410322（1位共阳/红色0.32英寸）、SM210322（绿色0.32英寸）		
SN420502（2位共阴/红色静态0.5英寸）、SN220801（绿色0.8英寸）、KW2-561CGA（绿色0.56英寸）		
SN410502（2位共阳/红色静态0.5英寸）、SN210801（绿色0.8英寸）		

型　号	引脚排列（顶视）	内　部　电　路
SN460561（2位共阴/红色动态0.56英寸）、SN260561（绿色0.56英寸）	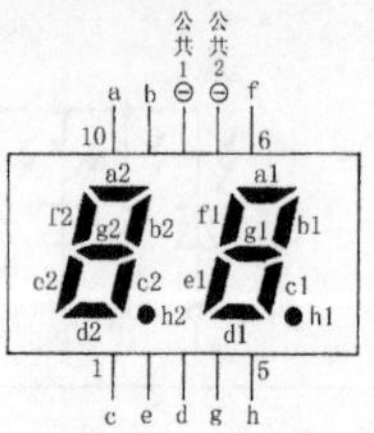	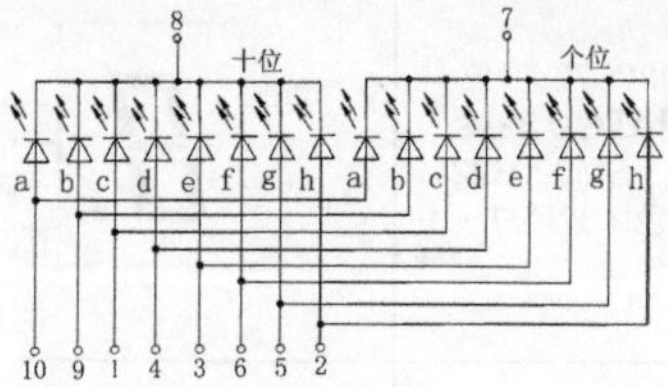
SN450561（2位共阳/红色动态0.56英寸）、SN250561（绿色0.56英寸）	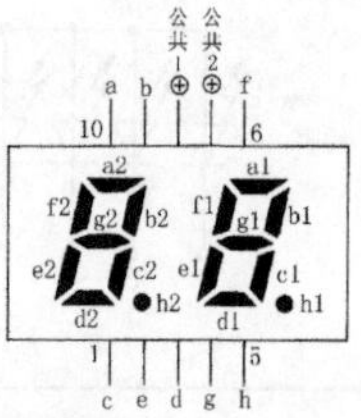	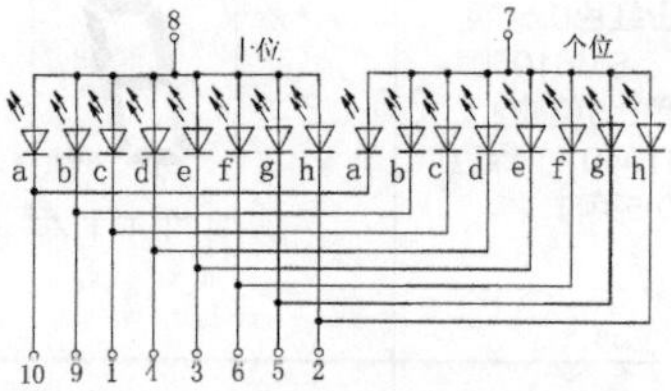

电路符号

　　"8"字形LED数码管在电路图中的图形符号参见表17-2，即在一个方形线框内画出象形数字"8"（1个或多个），并在框旁注明文字符号"A"（或"IC"）以及器件的型号，在框线外边画出标有顺序号的垂直线表示引脚。若电路图中有多个相同的文字符号出现时，按常规就在文字符号后面或右下角标出自然数字，以示区别，如A1、A2……

第六章 敏感元器件

如同人的眼、耳、鼻、舌等感觉器官能感知周围的环境和它们的变化一样，敏感元器件能够感受各种环境变化，并将这些变化转换成为电信号。

由于敏感元器件经常用在电子检测和自动控制装置的输入部分起检测信号（即实现非电量转换成电量）的作用，所以各种敏感器件通常又被称为传感器。光敏晶体管（包括光电二极管、光电三极管）、光敏电阻器能够将光线变化转换为电信号，热敏电阻器能够将温度变化转换为电信号，湿敏电阻器能够将湿度变化转换为电信号。将电信号进一步处理后，可以完成各种各样的自动控制、测量、报警等任务。

18 带窗口的光敏晶体管

光敏晶体管（简称"光敏管"）是利用半导体材料的光电效应原理制成的特殊光传感器件，它能够将光信号转变成电信号，其外形最大特征是管壳均开有感光窗口，并且窗口多设有会聚光线的凸透镜。由于通常将光和电能够相互转换的元器件统称为光电器件，所以把包括光敏晶体管在内的发光二极管、光电耦合器、LED数码管等统称为半导体光电器件，光敏晶体管亦被直接称为光电晶体管。

将光敏晶体管产生的电信号进一步处理后，可以完成各种各样的自动控制或检测等任务。光敏晶体管在各种光控、红外线遥控、光探测、光纤通信和光电耦合等装置中应用都很普遍，熟悉和掌握光敏晶体管的特性、参数和识别方法等内容，是很有必要的。

外形和种类

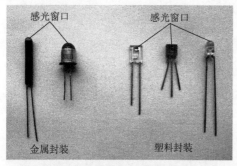

图18-1　常用光敏晶体管的实物外形图

光敏晶体管主要有光敏二极管（也称光电二极管）和光敏三极管（也称光电三极管）两大类。常用光敏晶体管的实物外形如图18-1所示，其外形封装形式主要有透明塑料封装和金属壳封装两大类，引脚普遍为两根（个别管子为3根）。从光敏晶体管对不同光线的敏感程度来划分，有常见的对近红外光敏感的普通光敏晶体管，有对红外光敏感的红外光敏晶体管（也叫红外接收管），有对紫蓝光、红光、绿光等敏感的特殊光敏晶体管等。

光敏二极管按制造材料不同，可分为硅管、锗管两大类；按制造结构和工艺不同，可分为PN结型、PIN结型（可工作在高频下）、雪崩型（灵敏度很高）和肖特基型4种。光敏三极管按制造材料和导电极性不同，可分为硅NPN型、硅PNP型、锗NPN型和锗PNP型4种；按结构类型不同，可分为普通光敏三极管和复合型（达林顿型）光敏三极管。常用的光敏二极管多为硅材料PN结型管，光敏三极管多为硅NPN型管。

结构及特点

光敏二极管与普通半导体二极管相比较，有不少相似的地方。如管芯都是由一个PN结构成的，所以都具有单向导电的性能。但光敏二极管是光电元件，因此，在构造上有它自己的特点，例如从外形上看，光敏二极管的管壳上都设有一个感光小窗口，窗口本身多为凸透镜，光线通过窗口时，正好会聚照射在管芯上，见图18-2（a）。光敏二极管的管芯结构与普通二极管也大不相同，为了使光敏特性显著，其管芯中的PN结面积比普通二极管要做得大。当按照图18-2（b）所示，给光敏二极管加上反向电压时，如果不受到光的照射，PN结及两侧半导体材料之间的电阻会很大，通过光敏二极管的反向电流极小；当受光照后，PN结及两侧半导体材料之间在光的激发下会产生大批"光生载流子"，使其电阻显著变小，提供管子的反向电流会大量增加，这个电流就称为光电流。光电流与光照强度成正比，它随着光照强度的变化而相应变化，从而在外电路负载电阻器R的两端便可得到随入射光线变化的电压信号，实现光电转换。需要注意的是：光敏二极管的正常运用是在反向偏压下工作的，其光电流为反向电流，这一点与普通二极管不同。

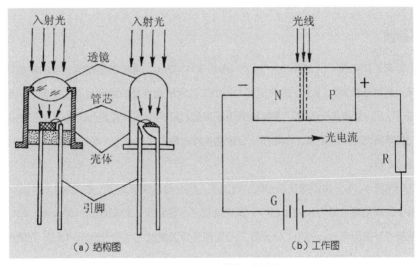

图18-2　光敏二极管的工作原理

　　光敏三极管是在光敏二极管的基础上发展起来的光电器件，它不但具有和光敏二极管一样的光敏特性，而且还具有一定的放大能力，因而使用更方便、更广泛。光敏三极管是具有两个PN结的半导体器件，在功能上可将它等效看成是在一只普通晶体三极管的基极b和集电极c之间加接了一个光敏二极管，如图18-3所示。由于三极管的电流放大作用，使光敏三极管对光线照射的反应灵敏度大大提高。光敏三极管同普通三极管在内部构造上没有根本的区别，唯有光敏三极管的基区是接受光的地方，所以基区面积做得比普通三极管的要大一些，而发射极面积却小得多。在同样的光照条件下，光敏三极管所产生的光电流要比光敏二极管大几十倍甚至几百倍。需要注意的是：大多数光敏三极管只有集电极c和发射极e两根引脚，其外形与光敏二极管几乎完全一样。但也有部分光敏三极管的基极b有引脚，常作温度补偿或附加控制用。光敏三极管在正常运用时，其集电极c和发射极e之间所接直流电压的极性，与相同导电极性的NPN或PNP普通三极管完全一致。

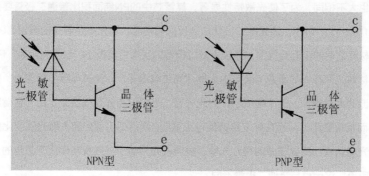

图18-3　光敏三极管的等效电路

主要参数

①最高工作电压（U_{RM}或$U_{(RM)ceo}$）。最高工作电压U_{RM}是指在无光照、反向电流不超过规定值（通常硅管为$0.1\mu A$）的前提下，光敏二极管所允许加的最高反向工作电压。最高工作电压$U_{(RM)ceo}$是指在无光照、集电极漏电流不超过规定值（硅管约为$0.5\mu A$）的前提下，光敏三极管所允许加的最高工作电压。光敏晶体管的最高工作电压一般在10～100V，使用中不要超过此值。

②暗电流（I_D）。这是指在无光照的情况下，给光敏晶体管施加上规定的工作电压时，所流过管子的漏电流。暗电流越小越好，这样的管子性能稳定，检测弱光的能力强。暗电流随环境温度的升高而增大。例如，硅光敏二极管在环境温度从30℃变化到40℃时，它的暗电流会增大10倍左右，而锗光敏二极管的暗电流变化幅度就更大了。

③光电流（I_L）。这是指在规定的光照条件下，给光敏晶体管施加上规定的工作电压时，流过光敏晶体管的电流。光电流越大，说明光敏晶体管的灵敏度越高。

④光电灵敏度（S_n）。这是反映光敏晶体管对光的敏感程度的参数，用$1\mu W$入射光所能产生的光电流来表示，单位是$\mu A/\mu W$或$mA/\mu W$。实际应用时，光电灵敏度Sn越高越好。

⑤峰值波长（λ_P）。光敏晶体管对不同波长的光的反应灵敏度是不同的。规定当光敏晶体管的光谱响应为最大时，所对应的波长叫峰值波长。

⑥响应时间（t_r）。这是指光敏晶体管将光信号转换成电信号所需要的时间。响应时间越短，说明反应速度越快，工作频率也就越高。

⑦最大工作电流（I_{CM}）。这是指光敏三极管集电极、发射极之间所允许通过的最大电

流，它相当于普通晶体三极管的 I_{CM}。光敏三极管的工作电流不应超过这一极限参数。

⑧最大耗散功率（P_{CM}）。这是指光敏三极管在规定的工作条件下，所能承受的最大功率。光敏三极管在使用时不允许超过 P_{CM} 这一极限值，以免造成损坏。

除了以上常用参数外，反映光敏二极管的参数还有结电容 C_p、正向电压降 U_p 等，反映光敏三极管的参数还有集电结电容 C_{cb}、饱和压降 $U_{CE(sat)}$ 和电流传输比 β 等，这里不再一一详细介绍。

型号命名

国产光敏二极管和光敏三极管的命名方法与普通晶体二极管、晶体三极管相同，其型号也是由5个部分组成（也有省掉第5部分的），如2CU1A、3DU0等。其中：第1部分用阿拉伯数字表示二极管或三极管（并非代表引脚数目）；第2部分用汉语拼音字母表示管子的材料和极性，如"A"为锗N型或PNP型、"B"为锗P型或NPN型、"C"为硅N型或PNP型、"D"为硅P型或NPN型；第3部分用汉语拼音字母"U"表示光敏管；第4部分（阿拉伯数字）、第5部分（汉语拼音字母）分别表示产品序号和规格，主要用来区分有关参数的差异等，具体可查有关手册获知。例如，光敏晶体管的型号中末尾是字母"B"，表示光敏二极管带有环极或光敏三极管的基极带有引脚；如果末尾是字母"D"，则多表示管子为达林顿型光敏三极管。需要指出的是，PIN型硅管的型号命名只有第3、4、5部分，其格式为PIN××。大多数光敏晶体管的型号都不会、也无法在管壳上面标注出来。

目前普遍使用的是2CU系列硅N型光敏二极管和3DU系列硅NPN型光敏三极管。除此以外，常用的各种进口型号（包括合资企业生产）的光敏晶体管，尽管型号五花八门，无明显规律，但也多属于这两种类型。我们从产品型号上一般只能获得光敏晶体管的制造材料和类型等，无法获得有关参数信息。如要知道具体的参数，就需要到产品说明书或半导体手册中去查找。表18-1给出了一些常用国产光敏晶体管的型号和主要参数，仅供参考。

表18-1　常用国产光敏晶体管的型号和主要参数

类别	型号	最高工作电压 U_{RM}或$U_{(RM)ceo}$(V)	暗电流 I_D(μA)	光电流 I_L(mA)	光电灵敏度 S_n(μA/μW)	峰值波长 λ_p(nm)	响应时间 t_r(μs)	最大工作电流 I_{CM}(mA)	最大耗散功率 P_{CM}(mW)
光敏二极管	2CU1A	10	≤0.2	≥0.08	≥0.5	880	≤0.005		
	2CU1B	20							
	2CU1C	30							
	2CU1D	40							
	2CU1E	50							

类别	型号	最高工作电压U_{RM}或$U_{(RM)ceo}$(V)	暗电流I_D(μA)	光电流I_L(mA)	光电灵敏度S_n(μA/μW)	峰值波长λ_p(nm)	响应时间t_r(μs)	最大工作电流I_{CM}(mA)	最大耗散功率P_{CM}(mW)
光敏二极管	2CU2A	10	≤0.1	≥0.03	≥0.5	880	≤0.005		
	2CU2B	20							
	2CU2C	30							
	2CU2D	40							
	2CU2E	50							
	2CU5	12	≤0.1	≥0.005		880	≤5		
光敏三极管	3DU11	10	≤0.3	>0.5		880	≤3	20	30
	3DU12	30	≤0.3	>0.5		880	≤3	20	50
	3DU13	50	≤0.3	>0.5		880	≤3	20	100
	3DU21	10	≤0.3	>1		880	≤3	20	30
	3DU55	45	0.5	2		850	≤3	5	30
	3DU100	6	0.05	0.5		850	≤3	20	50
	3DUB13	70	0.1	0.5		850	≤3	20	200
	3DUB23	70	0.1	1		850	≤3	20	200
	3DU511D	≥20	≤0.5	≥10		880	≤100		
	3DU512D	≥20	≤0.5	≥15		880	≤100		

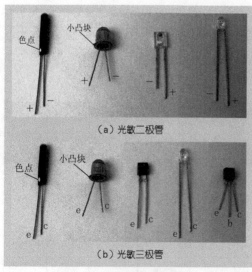

（a）光敏二极管

（b）光敏三极管

图18-4　光敏晶体管的引脚识别法

引脚识别

常用光敏晶体管的引脚排列位序如图18-4所示。一般国产金属封装的光敏二极管，在管子外壳靠近正极引线的那一面标有色点作为标志，或在管帽边沿处凸出一小块来作为标志。如果面对引脚进行观察，靠近标志的引脚是正极，远离标志的引脚是负极，并且正极引脚较长，负极引脚较短——这与普通发光二极管一致。全塑料封装的光敏二极管，一般只能通过引脚长短来判别极性，即引脚较长者为正极，较短者为负极。假如光敏二极管有3个引脚，那么除了正、负极之外，第3个引脚应为环极。例如，2DU××B型光敏二极管的3个引脚是呈一字形排列的，离标志最近的引脚是正极，中间的引脚是负极，最远的一个引脚就是环极。

光敏三极管大多数只有发射极e和集电极c两个引脚，其外形和引脚识别方法与光敏二极管几乎一样。一般靠近管沿小凸块或色点的引脚是发射极e，离管沿小凸块或色点较远的引脚是集电极c，并且发射极e的引脚较长、集电极c的引脚较短（注意：有些进口管正好相反）。部分光敏三极管的基极b有引脚（如3DU11B型），其排列位序与普通晶体三极管一样。

电路符号

光敏晶体管的电路符号如图18-5所示。光敏二极管、光敏三极管的图形符号分别是在普通晶体二极管、晶体三极管的图形符号旁边增加了两根带箭头的直线，表示管子接受外来光线的意思，形象地反映管子的反向导电或导通特性是受光线照射影响的。注意：光敏二极管和发光二极管的图形符号很相似，只不过两者的箭头方向正好相反。光敏三极管通常无基极引脚，因此其图形符号中相应的也不画出基极引线。

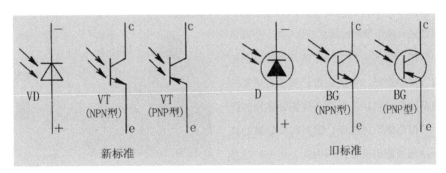

图18-5 光敏晶体管的符号

光敏二极管的文字符号与普通晶体二极管一样，仍用"VD"或"V"（旧符号为"D"）来表示；光敏三极管的文字符号与普通晶体三极管一样，仍用"VT"或"V"（旧符号为"BG"）来表示。若电路图中有多只同类元器件时，按常规就在字母后面或右下角标出自然数字，以示区别，如VD1、VD2……或VT1、VT2……

19 无极性的光敏电阻器

光敏电阻器简称"光电阻"或"光导管",它是一种电阻值能够随光照强度变化而变化的特殊敏感电阻器件。跟光敏晶体管一样,光敏电阻器也是由半导体材料制作而成,其不同之处在于它没有PN结(故也称无结器件),两个引脚也无极性之分,使用起来更灵活、更方便。

光敏电阻器的用途非常广泛,在各种光的测量、光的控制及光电转换等电路中都得到了广泛应用,在生活用电子小产品(如光控玩具、光控开关等)中的应用比光敏晶体管还要普遍得多。因此,作为电子制作小达人,必须掌握光敏电阻器的基本特性、参数和识别方法。

外形和种类

常用光敏电阻器的实物外形如图19-1所示,其外形封装形式主要有金属管壳封装、玻璃管壳封装和塑料树脂封装3大类,引脚普遍为两根。金属封装管的顶端开有玻璃透光窗口,其性能好、价格较贵;玻璃封装管的管帽多呈凸透镜状,具有一定的会聚光线作用,可提高光照灵敏度;塑料树脂封装的其中一种与玻璃封装管外形相同,另一种则是在固定管芯及引脚的陶瓷基片上直接涂一层

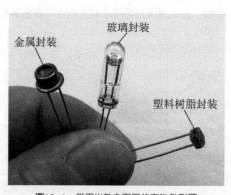

图19-1 常用光敏电阻器的实物外形图

防潮环氧树脂而成(常称非密封型结构),它价格便宜、使用广泛。光敏电阻器的外形特征比较明显,其管芯受光面一般均有独特的波浪型曲线花纹。

光敏电阻器按制作材料不同,可分为多晶光敏电阻器和单晶光敏电阻器两大类。按材料名称还可分为硫化镉(CdS)、硒化镉(CdSe)、硫化铅(PbS)、硒化铅(PbSe)、锑化铟(InSb)光敏电阻器等。从光敏电阻器对不同光线的敏感程度来划分,有常用的可见光光敏电阻器,有特殊用途的红外光敏电阻器和紫外光敏电阻器等。

结构及特点

金属管壳封装的光敏电阻器结构如图19-2所示。光敏电阻器的管芯一般是在装有引脚的

陶瓷基片上涂上光导电体（如硫化镉多晶体）并经过烧结而成。因管芯怕潮湿，所以采用全密封结构或在其表面涂防潮环氧树脂（非密封型）。管芯中光导电体的膜越长，面积越大，受光后，其电阻值变化也越大。因此，一般都把光导电体膜做成弓字形（蛇形状），使两电极成为交叉的梳状。目前，用量最大的光导电体材料是硫化镉（CdS），且掺有少量铜、银等杂质，以有效提高产品的光灵敏度。

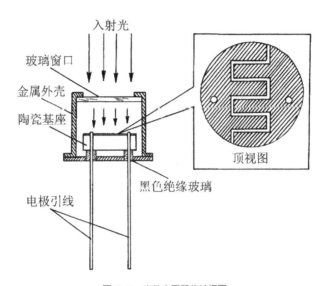

图19-2　光敏电阻器的结构图

　　光敏电阻器作为一种无结（即PN结）器件，其光敏特性主要利用了光导电体（即半导体）的光致导电特性。在受到光照时，光导电体会被激发产生空穴和自由电子（统称光生载流子），并在外加电场的作用下作相向漂移运动，电子奔向电源的正极，空穴奔向电源的负极，从而使光导电体的电阻率发生显著变化。即：光敏电阻器的电阻值会随入射光线的强弱而改变，入射光线越强，电阻值越小；入射光线越弱，电阻值越大。利用这一特性，可对各种"光"信号进行检测，并通过专门的处理电路，完成电子自动检测、光电控制、通信、报警等任务。

　　由于不同材料、不同掺杂和不同工艺制成的光敏电阻器，具有在特定波长的光照射下，其电阻值随入射光线强弱变化较为灵敏的特性（也就是说具有不同的光谱特性），所以常见产品有可见光光敏电阻器、红外光光敏电阻器和紫外光光敏电阻器等之分。

主要参数

　　①亮电阻（R_L）。这是指光敏电阻器在受到一定强度（常为100lx）的光照射时，所反映

出的电阻值（简称亮阻）。

②暗电阻（R_D）。这是指光敏电阻器在无光照射（即0lx）的黑暗环境下，所反映出的电阻值（简称暗阻）。

③阻值变化倍数（K）。这是指光敏电阻器不受光照时的暗电阻与受到光照时的亮电阻的比值，即$K=R_D/R_L$，它反映出光敏电阻器对光的敏感程度。实际应用时，该参数越大越好。值得注意的是，一些厂家的产品采用暗电阻与亮电阻的相对变化值（R_D-R_L）来定义该参数，并称之为灵敏度。

④最大工作电压（U_{RM}）。这是指光敏电阻器在额定功率下所允许承受的最高工作电压。光敏电阻器的最高工作电压一般在20～250V，使用中不得超过该极限值。

⑤额定功率（P_M）。这是指光敏电阻器在接入电路正常工作时，所允许消耗的最大电功率（也称允许功耗）。一般光敏电阻器的感光面积越大，它的额定功率也越大。当环境温度升高时，光敏电阻器允许消耗的功率就要降低。光敏电阻器在使用时不允许超过这一极限值，以免造成器件损坏。

⑥峰值波长（λ_P）。光敏电阻器对不同波长的光的反应灵敏度是不同的。规定当光敏电阻器的光谱响应为最大时，所对应的波长叫峰值波长。

⑦响应时间（t_r）。这是指光敏电阻器将光信号转换成电信号所需要的时间。响应时间越短，说明反应速度越快，工作频率也就越高。

⑧电阻温度系数（α_r）。这是指光敏电阻器在环境温度每改变1℃时，其电阻值的相对变化。它是表征光敏电阻器稳定性的重要参数。

除了以上常用参数外，反映光敏电阻器性能的参数还有光电流I_L、暗电流I_D，它们分别表示光敏电阻器在有光照射和无光照射时，在规定的外加电压下所通过光敏电阻器的电流。

型号命名

光敏电阻器的型号命名方法五花八门，最常见的国产MGXX-XX系列由4部分组成，其中：第1部分是主称，用汉语拼音字母"M"表示敏感元器件；第2部分是类别，用汉语拼音字母"G"表示光敏电阻器；第3部分是用途或特征，用阿拉伯数字"1～3"表示紫外光光敏电阻器，用"4～6"表示可见光敏电阻器，用"7～9"表示红外光光敏电阻器，用"0"表示特殊光敏电阻器；第4部分是产品规格和序号，格式为"X-XX"（X均为阿拉伯数字），主要用来区分有关参数和规格的差异等，具体可参见表19-1。

表19-1 国产MGXX-XX系列光敏电阻器的型号和主要参数

封装形式	型号	100lx亮阻R_L(kΩ)	0lx暗阻R_D(MΩ)	最大工作电压U_{RM}(V)	额定功率P_M(mW)	响应时间t_r(ms)	峰值波长λ_P(nm)	使用环境温度(℃)
金属壳全密封型	MG41-21	≤1	≥0.1	100	20	≤20	620~630	-40~+70
	MG41-22	≤2	≥1					
	MG41-23	≤5	≥5					
	MG41-24	≤10	≥10					
	MG41-47	≤100	≥50	150	100			
	MG41-48	≤200	≥100					
	MG42-02	≤2	≥0.1	20	8	≤50	520~590	-25~+55
	MG42-03	≤5	≥0.5					
	MG42-04	≤10	≥1					
	MG42-05	≤20	≥2					
	MG42-16	≤50	≥10	50	10	≤20		
	MG42-17	≤100	≥20					
塑料树脂封装（非密封型）	MG44-02	≤2	≥0.2	20	5	≤20	560~580	-40~+70
	MG44-03	≤5	≥1					
	MG44-04	≤10	≥2					
	MG44-05	≤20	≥5					
	MG45-12	≤2	≥1	50	10			
	MG45-13	≤5	≥5					
	MG45-14	≤10	≥10					
	MG45-32	≤2	≥1	150	50			
	MG45-33	≤5	≥5					
	MG45-34	≤10	≥10					
	MG45-35	≤20	≥20					
	MG45-52	≤2	≥1	250	200			
	MG45-53	≤5	≥5					
	MG45-54	≤10	≥10					

　　除上述以外，常用光敏电阻器还有RGXXX系列、GLXXXX系列、JN54CXXX系列、MJ55XX系列等。由于大多数光敏电阻器的型号都不会、也无法在管壳上面标注出来，所以要知道产品的型号，就只能查看产品包装及其说明书。对于无包装或说明书的光敏电阻器，通

常不一定非要弄清楚它的型号，只要测试出关键的亮电阻R_L、暗电阻R_D等参数，一般就可根据需要进行使用了。

引脚识别

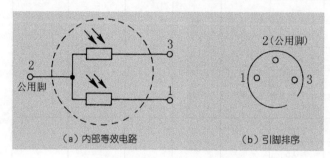

图19-3　具有3个引脚的光敏电阻器

由于光敏电阻器的引脚无极性，所以它的两根引脚线排列是无位序的。在实际应用时，只要将两根引脚无倒顺之分接入电路中即可，这较之光敏二极管和光敏三极管来说，使用起来更加方便。

但应注意的是，有的光敏电阻器具有3个引脚，它实际上是将两个光敏电阻器组装在了同一个外壳中，其常见型号有MG41-2×10B、MG41-2×10C、MG41-2×12、MG41-2×13、MG43-2×42、MG41-2×43型等，它们的内部电路接线和引脚识别如图19-3所示。在实际使用时，不可弄错公用脚。

电路符号

光敏电阻器的电路符号如图19-4所示。其图形符号是在普通固定电阻器的图形符号旁边增加了两个箭头朝里的箭头线——表示接受外来光线的意思，以形象地反映光敏电阻器的电阻值能够随着入射光线的强弱变化而变化。注意：以前光敏电阻器的电路符号中还有一个圆圈（表示外壳），现已废弃这个圆圈。不

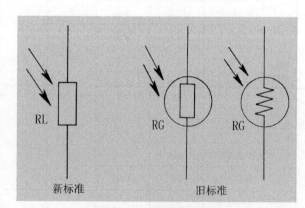

图19-4　光敏电阻器的符号

过读者在查看早期的一些电路图时，会碰到带有圆圈的光敏电阻器图形符号，它跟不带圆圈的光敏电阻器图形符号所表示的含义是没有什么区别的。

光敏电阻器的文字符号是"RL"（旧符号为"RG"）或"R"。若电路图中有多只同类元器件时，按常规就在字母后面或右下角标出自然数字，以示区别，如RL1、RL2……

20 形形色色的热敏电阻器

热敏电阻器（英文Thermistor）是一种对温度极为敏感的电阻器，当温度变化时其阻值也会随之变化。热敏电阻器种类较多、形状各异，它既可用作温度传感器，也可用作温控保护或发热元件。在温度检测、温度补偿、温度控制、过热（载）保护、无触点自动开关和小功率恒温加热等电路中，都可以看见热敏电阻器的身影。

热敏电阻器的主要特点是对温度变化灵敏度高、反应速度快、体积小、结构简单、使用方便和寿命长，它具有灵活多样的外形和不同的功能，广泛应用在各种电子、电气设备中。

外形和分类

常见热敏电阻器几乎全部都是两端无极性元件，其种类按外形不同划分，有图20-1（a）所示的珠粒状、圆柱状、圆片状、方体状4大类。按封装材料不同划分，有图20-1（b）所示的玻璃封装、树脂封装、塑料壳（实为耐热性能良好的胶木）封装、金属壳（实为加热型产品的散热板）封装4种。一般珠粒状采用玻璃封装，圆柱状采用树脂或玻璃封装，圆片状一般采用树脂封装（或涂保护漆），而方体状（限流型产品）则多为内带金属支架的黑色胶木壳封装。按性能不同划分，有图20-1（c）所示的负温度系数（NTC）热敏电阻器、正温度系数（PTC）热敏电阻器两大类。而正温度系数（PTC）热敏电阻器又分为缓慢型、开关型两种类型。按用途不同划分，又分为图20-1（d）所示的测温型、温度补偿型、过热（流）保护型、延时限流型、加热型等多种。

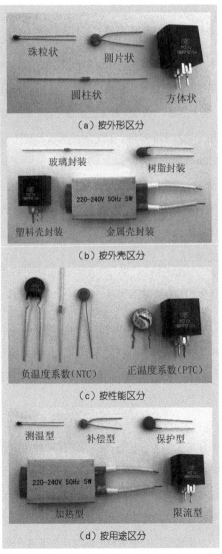

（a）按外形区分

珠粒状　圆片状　圆柱状　方体状

（b）按外壳区分

玻璃封装　树脂封装　塑料壳封装　金属壳封装

（c）按性能区分

负温度系数（NTC）　正温度系数（PTC）

（d）按用途区分

测温型　补偿型　保护型　加热型　限流型

图20-1　常用热敏电阻器的分类

圆柱状热敏电阻器的外形与一般玻璃封装晶体二极管一样，其工艺成熟，生产效率高，产量大而价格低，成为测量型热敏电阻器的主流。珠粒状热敏电阻器由于体积小、热时间常数小，所以适合制造点温度计、表面温度计等，电子体温计几乎全部都采用了这种热敏电阻器。方体（片）状热敏电阻器体积一般比较大，属于功率型产品，根据用途不同，将彩电消磁电路等使用的产品制造成黑色胶木壳方体状，而将用于小型加热电路中的产品制造成金属壳（实为散热板）片状。

性能及特点

由于正、负两种温度系数的热敏电阻器的特性截然不同，所以相对应的用途也不一样。

（1）NTC热敏电阻器

NTC是英文Negative Temperature Coefficient的缩写，其含义为负温度系数。NTC热敏电阻器的阻值随温度升高而减小（电阻值与温度变化成反比关系），其温度特性曲线如图20-2（a）所示。NTC热敏电阻器是用锰、钴、镍、铜、铝等金属氧化物（具有半导体性质）或碳化硅等为主要原料，并采用陶瓷工艺制作而成。根据使用温度条件不同，NTC热敏电阻器可分为低温（-60～300℃）、中温（300～600℃）和高温（＞600℃）3种。

NTC热敏电阻器的温度每升高1℃，阻值会减小1%～6%，阻值减小程度视不同型号而定。NTC热敏电阻器广泛应用于电冰箱、空调器、微波炉、电烤箱、复印机、打印机等家电及办公产品中，主要作为温度检测、温度补偿、温度控制、微波功率测量及稳压控制等使用。

（2）PTC热敏电阻器

PTC是英文Positive Temperature Coefficient的缩写，其含义为正温度系数。PTC热敏电阻器的阻值随温度升高而增大（电阻值与温度变化成正比关系），其温度特性曲线如图20-2（b）所示。PTC热敏电阻器是在钛酸钡（$BaTiO_3$）中掺入适量的稀土元素，并采用陶瓷工艺制作而成。

PTC热敏电阻器可分为缓慢型和开关型。缓慢型PTC热敏电阻器的温度每升高1℃，其阻值会增大0.5%～8%。开关型PTC热敏电阻器有一个转变点温度（又称居里点温度，钛酸钡材料PTC热敏电阻器的居里点温度一般为120℃），当温度低于转变点温度时，阻值较小，并且温度变化时阻值基本不变（相当于一个闭合的开关），一旦温度超过转变点温度，其阻值会急剧增大（相当于开关断开）。

缓慢型PTC热敏电阻器常用在温度补偿电路中。开关型PTC热敏电阻器由于具有开关性质，常用在开机瞬间接通后又马上断开的电路中，如彩电的消磁电路和冰箱的压缩机启动电路就用到开关型PTC热敏电阻器。目前，PTC热敏电阻器除了广泛应用于彩色电视机消磁电路、电冰箱压缩机启动电路及过热或过电流保护等电路外，还大量用于电驱蚊器、卷发器、电热垫和微型电暖器等小家电产品中。

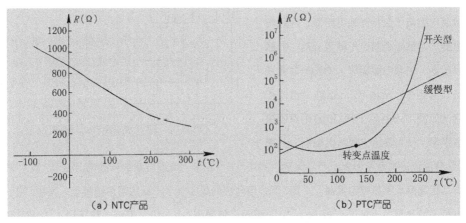

图20-2 热敏电阻器的温度特性曲线

主要参数

热敏电阻器的参数有标称电阻值、额定功率、允许误差、电阻温度系数、转变点温度、测量功率、材料常数、电阻温度系数、最大电压、最大电流、时间常数、绝缘电阻等多种，作为初学者在业余制作或维修时只需要掌握以下6项参数即可。

①标称电阻值（R_{25}）。也称零功率电阻值，是指元件上所标注出来的电阻值。由于该参数是在25℃、电阻值变化不超过0.1%的条件下所测得的，所以常用R_{25}来表示，其单位为Ω。

②材料常数（B）。这是用来描述热敏电阻器材料物理特性的参数，也是衡量热敏度的指标，B值越大，表示热敏电阻器的灵敏度越高。应注意的是，在实际工作时，B值并非一个常数，而是随温度的升高略有增加。

③额定功率（P_E）。这是指热敏电阻器在规定的技术条件下，长期连续工作所允许消耗的最大功率，单位为W。通常厂家提供的额定功率值是指在25℃时的功率值。当温度高于25℃时，应当降额使用。

④电阻温度系数（α_T）。这是表示在零功率条件下，温度每变化1℃所引起热敏电阻器电阻值的相对变化量，单位是％/℃。

⑤转变点温度（T_C）。也称居里点温度，是指开关型正温度系数热敏电阻器的电阻—温度特性曲线上的拐点温度，单位为℃或K。

⑥时间常数（τ）。也称热惰性。它是指在无功功率状态下，当环境温度突变时，电阻体温度由初值变化到最终温度之差的63.2％所需的时间。

型号命名

国产热敏电阻器的型号命名遵循了敏感电阻器（包括光敏电阻器、压敏电阻器、湿敏电阻器、气敏电阻器、力敏电阻器、磁敏电阻器等）的统一命名规则，其型号一般由4部分组成，格式和含义如图20-3所示。第1部分用汉语拼音字母"M"表示"敏感电阻器"。第

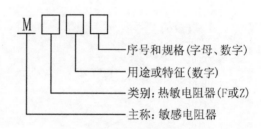

图20-3 国产热敏电阻器的命名规则

2部分用汉语拼音字母表示产品类别，其中"F"表示"负温度系数热敏电阻器"，"Z"表示"正温度系数热敏电阻器"。第3部分用阿拉伯数字表示产品的用途和特征，其中"0"表示"特殊型"（NTC产品）、"1"表示"普通型"、"2"表示"稳压用"（NTC产品）、"3"表示"微波测量用"（NTC产品）、"4"表示"旁热式"（NTC产品）、"5"表示"测温用"、"6"表示"控温用"、"7"表示"消磁用"（PTC产品）、"8"表示"线性型"（NTC产品）、"9"表示"恒温用"（PTC产品）。第4部分用字母或数字表示产品序号（代表规格、性能等），有的在两个序号之间还加上了"–"号。例如：MF53-1型表示测温用负温度系数（NTC）热敏电阻器；MZ75型表示彩电消磁专用正温度系数（PTC）热敏电阻器。

表20-1给出了一些常用国产负温度系数（NTC）热敏电阻器的型号及性能参数，表20-2给出了一些常用国产正温度系数（PTC）热敏电阻器的型号及性能参数，仅供参考。

表20-1　常用国产负温度系数（NTC）热敏电阻器的性能参数

型号	标称电阻值	额定功率(W)	测量功率(W)	材料常数 B(K)	温度系数(%/℃)	时间常数 τ(s)	工作温度(℃)
MF11	10Ω～1.5kΩ	0.25	0.1	1980～3030	-（2.23～4.09）	≤30	最高125
MF12	1～1000kΩ	0.25、0.5、1	0.04～0.2	4320～6160	-（4.7～6.94）	≤15～86	最高120
MF13	820Ω～300kΩ	0.25	0.1	2430～3630	-（2.73～4.09）	≤30	最高125
MF14			0.2			≤60	
MF15	10～1000kΩ	0.5	0.06	3510～5170	-（3.96～5.83）	≤30	
MF16			0.1			≤60	

续表

型号	标称电阻值	额定功率(W)	测量功率(W)	材料常数B(K)	温度系数(%/℃)	时间常数τ(s)	工作温度(℃)
MF17	6.8～1000kΩ	0.25	0.2		-（4.2～6）	≤20	最高155
MF51	10Ω～1000kΩ	0.5	≤0.02	1500～6200			-80～55
							-55～125
							40～125
							125～315
MF52				1500～5600			-80～55
							-55～125
							40～125
MF53-1	2.89kΩ			3515			-25～70
MF53-2	345Ω	8		2800			-55～70
MF53-3	1kΩ			2970			-40～70

表20-2 常用国产正温度系数（PTC）热敏电阻器的性能参数

型号	标称电阻值	转变点温度T_C(℃)	温度系数(%/℃)	额定功率(W)	额定电压(V)	最大电流(A)	最大功耗(W)	用途
MZ2A		60			AC110、220	0.5	0.1	用于限流
MZ2B	0.1～3.3Ω	70						
MZ2C		80						
MZ2D	100Ω	120						
MZ11	56～510Ω		1～4	0.25				温度补偿
	560Ω～5.6kΩ		2～6					
	6.2Ω～10kΩ		3～8					
MZ21-1	300Ω	60			AC220	0.6	0.2	用于限流
MZ21-2	10Ω、15Ω	80				0.75		
MZ22	4.7kΩ	135			DC15			录像机限流
MZ23	500Ω～3kΩ	80			AC220			电子镇流器
MZ41	1～10kΩ	150～280			AC110、220			用于加热器
MZ41A	400Ω～1kΩ							
MZ42	200Ω～2kΩ	160～180			DC12			

续表

型 号	标称电阻值	转变点温度T_C（℃）	温度系数（%/℃）	额定功率（W）	额定电压（V）	最大电流（A）	最大功耗（W）	用 途
MZ64	＜500Ω	40～80			DC5			过热保护
	＜250Ω	100～140						
MZ72	18Ω				AC220			
MZ73	27Ω				AC290			彩电消磁
MZ75	18Ω				AC220			

产品标识

常用热敏电阻器的外壳上一般都会直接标出型号（包括标称电阻值），如图20-4（a）所示。但由于大多数热敏电阻器的体积都比较小，在外壳打印型号有困难，所以一些测量用的小体积产品，仅在其外壳上面标出标称电阻值，如图20-4（b）所示。部分体积更小的珠粒状、圆柱状产品，更是像图20-4（c）所示的那样，什么都不标出，这在使用中一定要留心，不要将它们与形状很相似的晶体二极管等元器件弄混淆了。常用热敏电阻器都是两端产品，但彩电消磁电路所用的PTC热敏电阻器（也称消磁电阻器），有两端和三端之分。三端产品如图20-4（d）所示，其内部封装有两只温度系数不一样的PTC热敏电阻器，使用时，不可接反。

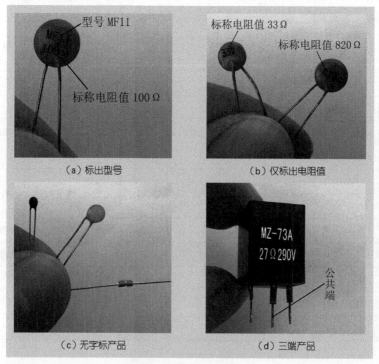

图20-4　热敏电阻器的识别

总体来说，通过热敏电阻器的外壳标识，是不能很好地了解到产品的一些主要性能和参数的。要了解热敏电阻器的具体特性和有关参数，唯一的途经就是查看有关元器件参数手册或厂家提供的说明书。

电路符号

热敏电阻器的符号如图20-5所示，其图形符号是以普通电阻器图形符号为基础，增加了一条斜线，并在斜线一端标出斜写字母"θ"（或"$t°$"），以明确表示这是一只电阻值与温度相关的热敏电阻器。当同一个电路图中出现多个热敏电阻器时，可按习惯在其文字符号"RT"（或R）后面加上数字编号，以示区别，如RT1、RT2、RT3……

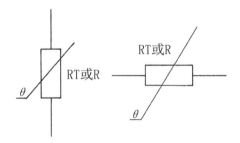

图20-5 热敏电阻器的符号

21 本领奇特的湿敏电阻器

通常，人们将大气中水蒸气的含量以及某些物质中所含水分的多少笼统称为湿度。湿度和温度一样，与人们的生产活动和日常生活密切相关，测量和控制湿度有时候显得非常重要。

湿敏电阻器作为一种应用最广泛的湿度传感器，其电阻值对湿度的变化极为敏感，当环境相对湿度（RH）变化时，其阻值也会随之变化。湿敏电阻器种类较多、形状各异，已被广泛应用于各种湿度测量和控制系统之中。生活中常用的电子湿度计、洗衣机里用到的高湿度检测元件、录像机里用到的结露传感器等，一般都是用湿敏电阻器作为传感器的。

湿敏电阻器的主要特点是对空气湿度变化反应灵敏、结构简单、体积小、使用简便，它具有灵活多样的外形和不同的功能，广泛应用在各种电子、电气设备中。

结构及特点

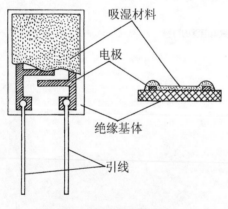

图21-1 湿敏电阻器的基本结构

湿敏电阻器是利用湿敏材料能够吸收空气中的水分并导致其电阻值发生变化这一特性制成的。普通湿敏电阻器由基体（具有一定机械强度的绝缘材料）、吸湿材料和电极构成（有的还加有防尘保护外壳），其基本结构如图21-1所示。基体采用氧化铝、陶瓷、聚碳酸脂板等不吸水、耐高温的材料制成，形状可以是方片状或圆柱状。吸湿材料附着在基体上，形成感湿层，其特点为微孔型结构，且多具有电解质特性。当感湿层吸附了空气中的水分后，其微粒间接触电阻会发生改变，具有电解质特性的感湿层还会形成含有正、负离子的水溶液并参与导电，从而使对应两电极之间的阻值发生变化，实现由相对湿度变化到阻值变化的转换。

湿敏电阻器所用吸湿材料不同，其电阻值变化可以随湿度增大而增大（称正电阻湿度特性），也可以随湿度增大而减小（称负电阻湿度特性）。

外形和分类

常见湿敏电阻器几乎全部是两端无极性元件，其种类按外观不同划分，有图21-2所示的无外壳型（即裸片状）和塑料外壳型（即加有防尘保护罩）两大类。外壳型实际上是将片状湿敏电阻器装入一个多孔型塑料（或金属）外壳内，既保护湿敏电阻器不受外力损伤，又具有一定的防尘作用。

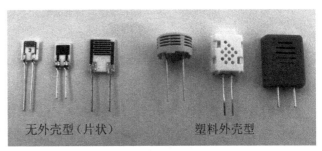

无外壳型（片状）　　　塑料外壳型

图21-2　常用湿敏电阻器实物

无外壳型产品除了图中所示的最常见长方形片状外，还有不常见的圆片形、圆柱形产品。

　　如果按湿敏电阻器所用吸湿材料的不同划分，常用的产品有电解质式湿敏电阻器、碳膜湿敏电阻器、陶瓷式湿敏电阻器、高分子式湿敏电阻器等。电解质式湿敏电阻器的典型产品是氯化锂湿敏电阻器，已有50年以上的生产和研究历史，其应用很普遍。碳膜湿敏电阻器是将石墨渗在具有溶胀特性的高分子材料中制成，其特点是电阻值随湿度的增加而变大，具有正电阻湿度特性。陶瓷式湿敏电阻器不仅有负电阻湿度特性产品，而且还有正电阻湿度特性产品。高分子式湿敏电阻器目前发展迅速、应用较广，其性价比高、体积小、使用灵活方便。

名词与参数

　　湿敏电阻器在实际应用中，经常会涉及与使用环境有关的绝对湿度、相对湿度、露点等名词，读者必须准确把握其含义。

　　①绝对湿度。这是指在一定的温度及压力条件下，单位体积空气中所含水蒸气的质量，其单位为g/m^3。

　　②相对湿度。这是指空气中所含实际水蒸气密度和同温度下饱和水蒸气密度的比值，通常用百分数表示，其单位为"%RH"（RH表示相对湿度）。例如：30%RH，表示空气相对湿度为30%。当相对湿度达到100%时，称饱和状态。

　　③露点。这是指空气在气压不变的条件下冷却，当降至某一温度时，空气中的水蒸气会达到饱和状态。这时，空气中的水蒸气将转化凝结成露珠（称结露），其相对湿度为100%RH，这一特定的温度被称为空气的露点温度，简称露点。当这一特定温度低于0℃时，水蒸气将会结霜，所以此时又可称为霜点温度。通常，将露点温度与霜点温度统称为露点。

　　由以上可看出，湿度测量与温度有着密切关系。实际当中，在测出了绝对湿度及温度后，就能通过计算得出相对湿度、露点等湿度参数。

　　另外，湿敏电阻器的主要参数有测湿范围、湿度温度系数、测湿灵敏度、响应时间等，其具体定义如下。

①测湿范围。也叫湿度量程，它表明了湿敏电阻器所允许的湿度测量范围，使用时一般不得超过该范围。

②湿度温度系数。这是指在环境湿度恒定时，湿敏电阻器在温度每变化1℃时，其湿度指示的变化量，单位为％RH/℃。

③测湿灵敏度。这是指在某一相对湿度范围内，相对湿度改变1％RH时，湿敏电阻器电参量的变化值或百分率。显然，这一参数反映了湿敏电阻器在检测湿度时的分辨率。

④响应时间。又称时间常数，是指湿敏电阻器在湿度检测环境快速变化时，其电阻值从原值变化到稳定值的63％所需的时间，它表征了湿敏电阻器对湿度变化的反应速度。

型号命名

国产大多数湿敏电阻器的型号命名遵循了敏感电阻器（包括光敏电阻器、压敏电阻器、热敏电阻器、气敏电阻器、力敏电阻器和磁敏电阻器等）的统一命名规则，其型号一般由4部分组成，格式和含义如图21-3所示。第1部分用汉语拼音字母"M"表示"敏感电阻器"。第2部分用汉语拼音字母"S"表示湿敏电阻器。第3部分用汉语拼音字母表示产品的用途和特征，其中"C"表示"测湿用"，"K"表示"控湿用"，无字母则表示"通用型"。第4部分用数字或数字与字母混合表示序号，以区别湿敏电阻器的外形尺寸及性能参数等，有的在两个序号之间还加上了"−"号。例如：MS01-A型表示通用型湿敏电阻器，其序号为"01-A"。

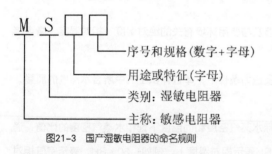

图21-3 国产湿敏电阻器的命名规则

还有一些湿敏电阻器的型号命名采用了生产厂家自定的命名规则，如ZHC-1、YSH、HR31、HDS10型等。

表21-1汇集了一些常用国产湿敏电阻器的型号及性能参数，仅供参考。

表21-1 常用国产湿敏电阻器的性能参数

型 号	测湿范围(％RH)	20℃时标称阻值（kΩ）			工作环境温度(℃)	湿度温度系数(％RH/℃)	响应时间(s)	工作电压(V)
		50％RH	70％RH	90％RH				
MS01-A		340	40	5.1				
MS01-B1	20～98	200	25	3	0～40	-0.1	<5	AC:4～12
MS01-B2		300	35	4.4				
MS01-B3		400	50	6				
MS04	30～90	≤200		<10	0～50			AC:5～10

续表

型号	测湿范围(%RH)	20℃时标称阻值(kΩ)			工作环境温度(℃)	湿度温度系数(%RH/℃)	响应时间(s)	工作电压(V)
		50%RH	70%RH	90%RH				
MST-1	50~98	1~5	5~10	10~30	0~40	-0.4	≤2	DC:0.15~1
ZHC-1	5~99	650	170	44	-10~90	-0.1	<5	AC:1~6
ZHC-2								
YSH	5~100	<1000		<2	-30~80	0.5		
BTS-208	0~100				-30~150	0.12	<60	AC:20
CM8-A	10~98				-35~100	<0.12	<10	AC:1~5
RSG-2	30~95	3000	100	10	0~40			
HC23	≤95	66	11.5	2.9	-20~70			AC:1V
HR23	20~95	115	15.5	3.3	0~60		吸湿≤20, 脱湿≤40	AC:1.5V
HR31								
HR202								
HDS10	94~100		10		1~80		<5	DC:0.8

产品标识

常用湿敏电阻器从外表来看，无外乎有图21-4（a）所示的裸片状（无外壳）和加防护罩（有外壳）两大类型。防护罩多为塑料外壳，但也有金属外壳，形状大多为方形，但也有圆形产品。由于湿敏电阻器的外形跟其他元器件有着较为明显的区别，所以看外观大体上就能识别出来。

大多数湿敏电阻器的体积都比较小，在外壳上打印型号等参数有困难，加上湿敏电阻器的型号品种不是很多等原因，常见产品几乎都看不到任何的文字标识，这给使用者带来一定的不便。但也有个别一些产品在外壳上标出型号，如图21-4（b）所示。可见，使用者要了解湿敏电阻器的具体特性和有关参数等，唯一的途经就是查看厂家提供的说明书或有关元器件参数手册。

常用湿敏电阻器都是两端无极性产品，但有时候也可碰到四端型产品，如图21-4（c）所示。四端型产品主要为带有一对加热电极的特殊湿敏电阻器，或者是"一体化"湿度/温度传感器（即将湿敏电阻器和热敏电阻器装入同一个外壳内，其各自的两个引脚分别引出）。图中示例即为四引脚的湿度/温度传感器。

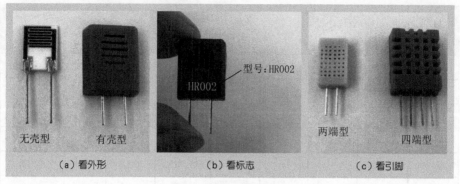

无壳型　　　有壳型　　　　　　　　　型号：HR002　　　　　　　两端型　　　　四端型

（a）看外形　　　　　　　（b）看标志　　　　　　　（c）看引脚

图21-4　湿敏电阻器的识别

电路符号

　　湿敏电阻器目前尚无统一的标准符号，其常用电路符号如图21-5所示。一些电路图中多以普通电阻器图形符号为基础，增加一条斜线，并在斜线一端标出水分子式"H_2O"，以明确表示这是一只电阻值与湿度相关的湿敏电阻器。有的电路图中用一个小圆点（可理解成为小水滴）代替斜线和水分子式，还有些电路图中干脆直接使用了普通电阻器的图形符号。

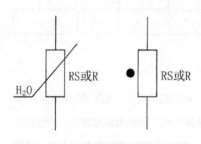

图21-5　湿敏电阻器的符号

　　湿敏电阻器的文字符号常用"RS"或"R"来表示。当同一个电路图中出现多个湿敏电阻器时，可按习惯在其文字符号后面加上数字编号，以示区别。

第七章　电声换能器件

电声换能器件包括能够将声音转换为电信号的传声器（话筒）、能逆向换能的压电陶瓷片和能够将电信号转换为声音的扬声器、耳机等。它们是各种电子音影设备的"耳朵"或"喉舌"，是音频领域中重要的、不可或缺的电子器件。

电声器件性能的好坏，直接影响着电子音影设备是否能正常且优质地发挥其功能。因此，电声器件也是衡量相关整机质量优劣的重要因素之一。

22 小巧灵敏的驻极体话筒

驻极体话筒也称驻极体传声器，它是利用驻极体材料制成的一种特殊电容式"声—电"转换器件。其主要特点是体积小、结构简单、频响宽、灵敏度高、耐震动、价格便宜。

驻极体话筒是目前最常用的传声器之一，在各种传声、声控和通信设备（如无线话筒、盒式录音机、声控电灯开关、电话机、手机、多媒体电脑等）中应用得非常普遍。

结构及特点

驻极体话筒的内部结构如图22-1（a）所示，它主要由"声—电"转换和阻抗变换两部分组成。"声—电"转换的关键元件是驻极体振动膜片，它以一片极薄的塑料膜片作为基片，在其中一面蒸发上一层纯金属薄膜，然后再经过高压电场"驻极"处理后，在两面形成可长期保持的异性电荷——这就是"驻极体"（也称"永久电荷体"）一词的来历。振动膜片的金属薄膜面向外（正对音孔），并与话筒金属外壳相连；另一面靠近带有气孔的金属极板，其间用很薄的塑料绝缘垫圈隔离开。这样，振动膜片与金属极板之间就形成了一个本身具有静电场的电容——可见驻极体话筒实际上是一种特殊的、无需外接极化电压的电容式话筒。金属极板与专用场效应晶体管的栅极G相接，场效应晶体管的源极S和漏极D作为话筒的引出电极。这样，加上金属外壳，驻极体话筒一共有3个引出电极，其内部电路如图22-1（b）所示。如果将场效应晶体管的源极S（或漏极D）与金属外壳接通，就使得话筒只剩下了两个引出电极。

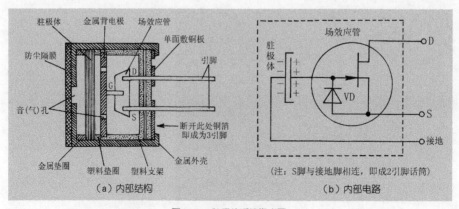

图22-1 驻极体话筒构成图

驻极体话筒的工作原理是这样的：当驻极体膜片遇到声波振动时，就会引起与金属极板间距离的变化，也就是驻极体振动膜片与金属极板之间的电容随着声波变化，进而引起电容两端固有的电场发生变化（$U=Q/C$），从而产生随声波变化而变化的交变电压。由于驻极体膜片与金属极板之间所形成的"电容"容量比较小（一般为几十皮法），因而它的输出阻抗值（$X_c=1/2\pi fC$）很高，约在几十兆欧以上。这样高的阻抗是不能直接与一般音频放大器的输入端相匹配的，所以在话筒内接入了一只结型场效应晶体管来进行阻抗变换。通过输入阻抗非常高的场效应晶体管将"电容"两端的电压取出来，并同时进行放大，就得到了和声波相对应的输出电压信号。

驻极体话筒内部的场效应晶体管为低噪声专用管，它的栅极G和源极S之间复合有二极管VD，参见图22-1（b），主要起"抗阻塞"作用。由于场效应晶体管必须工作在合适的外加直流电压下，所以驻极体话筒属于有源器件，即在使用时必须给驻极体话筒加上合适的直流偏置电压，才能保证它正常工作，这是有别于一般普通动圈式、压电陶瓷式话筒的不同之处。

外形和种类

常用驻极体话筒的外形分机装型（即内置式）和外置型两种。机装型驻极体话筒适合于在各种电子设备内部安装使用，其外形如图22-2（a）所示。常见的机装型驻极体话筒形状多为圆柱形，其直径有ϕ6mm、ϕ9.7mm、ϕ10mm、ϕ10.5mm、ϕ11.5mm、ϕ12mm、ϕ13mm等多种规格；引脚电极数分两端式和三端式两种，引脚形式有可直接在电路板上插焊的直插式、带软屏蔽电线的引线式和不带引线的焊脚式3种。如按体积大小分类，有普通型和微型两种，微型驻极体话筒已被广泛应用于各种微型录音机、微型数码摄像机、手机等电子产品中。

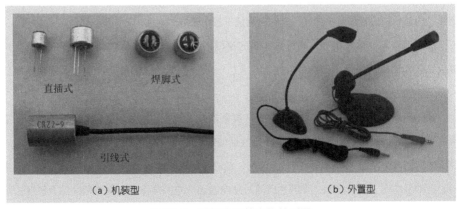

（a）机装型　　　　　　　　　　　　　（b）外置型

图22-2　驻极体话筒实物外形图

除了机装型驻极体话筒外，将机装型驻极体话筒装入各式各样的带有座架或夹子的外壳里，并接上带有二芯或三芯插头的屏蔽电线（有的还接了开关），就做成了我们经常见到的形形色色、可方便移动的外置型驻极体话筒，其外形如图22-2（b）所示。

主要参数

表征驻极体话筒各项性能指标的参数主要有以下几种。

①工作电压（U_{DS}）。这是指驻极体话筒正常工作时，所必须施加在话筒两端的最小直流工作电压。该参数视型号不同而有所不同，即使是同一种型号也有较大的离散性，通常厂家给出的典型值有1.5V、3V和4.5V这3种。

②工作电流（I_{DS}）。这是指驻极体话筒静态时所通过的直流电流，它实际上就是内部场效应管的静态电流。与工作电压类似，工作电流的离散性也较大，通常在0.1～1mA。

③最大工作电压（U_{MDS}）。这是指驻极体话筒内部场效应管漏、源极两端所能够承受的最大直流电压。超过该极限电压时，场效应管就会被击穿损坏。

④灵敏度。这是指话筒在一定的外部声压作用下所能产生音频信号电压的大小，其单位通常用mV/Pa（毫伏/帕）或dB（0dB=1000mV/Pa）。一般驻极体话筒的灵敏度多在0.5～10mV/Pa或-66～-40dB范围内。话筒灵敏度越高，在相同大小的声音下所输出的音频信号幅度也越大。

⑤频率响应。也称频率特性，是指话筒的灵敏度随声音频率变化而变化的特性，常用曲线来表示。一般说来，当声音频率超出厂家给出的上、下限频率时，话筒的灵敏度会明显下降。驻极体话筒的频率响应一般较为平坦，其普通产品频率响应较好（即灵敏度比较均衡）的范围在100Hz～10kHz内，质量较好的话筒为40Hz～15kHz，优质话筒可达20Hz～20kHz。

⑥输出阻抗。这是指话筒在一定的频率（1kHz）下输出端所具有的交流阻抗。驻极体话筒经过内部场效应管的阻抗变换，其输出阻抗一般小于3kΩ。

⑦固有噪声。这是指在没有外界声音时话筒所输出的噪声信号电压。话筒的固有噪声越大，工作时输出信号中混有的噪声就越大。一般驻极体话筒的固有噪声都很小，为微伏（μV）级电压。

⑧指向性。也叫方向性，是指话筒灵敏度随声波入射方向变化而变化的特性。话筒的指向性分单向性、双向性和全向性3种。单向性话筒的正面对声波的灵敏度明显高于其他方向，并且根据指向特性曲线形状，可细分为心形、超心形和超指向形3种；双向性话筒在前、后方向的灵敏度均高于其他方向；全向性话筒对来自四面八方的声波都有基本相同的灵敏度。常用的机装型驻极体话筒绝大多数是全向性话筒。

型号与引脚识别

由于驻极体话筒的型号命名各厂家不统一，可谓各行其事，无规律可循。要想知道某一型号产品的性能和有关参数等，一般只能查看厂家说明书或相关的参数手册。业余条件下，对于不同型号的驻极体话筒，只要体积和引脚数相同、灵敏度等参数相近，一般均可以直接代换使用。表22-1列出了部分常用驻极体话筒的主要参数，仅供参考。

驻极体话筒的引脚识别方法很简单，无论是直插式、引线式或焊脚式，其底面一般均是印制电路板，如图22-3所示。对于印制电路板上面有两部分覆铜的驻极体话筒，与金属外壳相通的覆铜应为"接地端"，另一覆铜则为"电源/信号输出端"（有"漏极D输出"和"源极S输出"之分）。对于印制电路板上面有3部分覆铜的驻极体话筒，除了与金属外壳相通的覆铜仍然为"接地端"外，其余两部分覆铜分别为"S端"和"D端"。有时引线式话筒的印制电路板被封装在外壳内部，无法看到（如国产CRZ2-9B型），这时可通过引线来识别：屏蔽线为"接地端"，屏蔽线中间的两根芯线分别为"D端"（红色线）和"S端"（蓝色线）。如果只有一根芯线（如国产CRZ2-9型），则该引线肯定为"电源/信号输出端"。

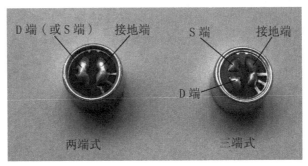

图22-3 驻极体话筒的引脚识别

表22-1 部分常用驻极体话筒的性能参数

型号	工作电压范围（V）	输出阻抗（Ω）	频率响应（HZ）	固有噪声（μV）	灵敏度（dB）	尺寸（mm）	方向性
CRZ2-9	3~12	≤2000	50~10000	≤3	-54~-66	φ11.5×19	
CRZ2-15	3~12	≤3000	50~10000	≤5	-36~-46	φ10.5×7.8	全向
CRZ2-15E	1.5~12	≤2000					
ZCH-12	4.5~10	1000	20~10000	≤3	-70	φ13×23.5	
CZⅡ-60	4.5~10	1500~2200	40~12000	≤3	-40~-60	φ9.7×6.7	

型 号	工作电压范围（V）	输出阻抗（Ω）	频率响应（HZ）	固有噪声（μV）	灵敏度（dB）	尺寸（mm）	方向性
DGO9767CD	4.5～10	≤2200	20～16000		-48～-66	φ9.7×6.7	
DGO6050CD	4.5～10	≤2200	20～16000		-42～-58	φ6×5	
WM-60A	2～10	2200	20～20000		-42～-46	φ6×5	
XCM6050	1～10	680～3000	50～16000		-38～-44	φ6×5	全向
CM-18W	1.5～10	1000	20～18000		-52～-66	φ9.7×6.5	
CM-27B	2～10	2200	20～18000		-58～-64	φ6×2.7	

电路符号

驻极体话筒在电路图中的表示符号如图22-4所示。需要说明的是：这种图形符号是所有话筒的通用符号，由于驻极体话筒属于特殊的电容式话筒，所以有时也采用电容式话筒的专用图形符号，即在表示通用话筒图形符号的圆圈内添画上一个电容器图形符号（注意：电容器两电极不与圆圈相交）。尽管驻极体话筒的引脚具有极性，但电路符号中一般都不特别注明，各引脚的功能只能通过看话筒在电路中的连接方式进行确定。

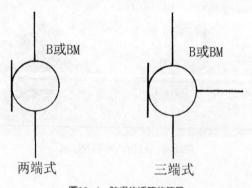

图22-4　驻极体话筒的符号

图形符号的旁边注明文字符号B或BM（旧符号为S或M、MIC等），文字符号下方常标出话筒的型号。若电路图中有多个相同的文字符号出现时，按常规就在文字符号后面或右下角标出自然数字，以示区别，如B1、B2……

23 可逆向换能的压电陶瓷片

压电陶瓷片是电子爱好者使用最为普遍的一种能够逆向换能的电声器件，它既可用作发声器（"电—声"转换），又能用作声音检拾器（"声—电"转换），还可作为力敏传感器等，其特点是结构简单、超薄型（一般厚度小于1mm）、功耗低、灵敏度高、可逆向转换信号、耐高压（即使两端施加100V电压也安然无恙）、不易损坏、价格便宜、使用方便。

压电陶瓷片用途非常广泛，其派生产品种类较多，功能不一，品种五花八门。熟悉和掌握压电陶瓷片的特性、参数和识别方法等，是很有必要的。

结构及特点

压电陶瓷片是用一种叫做锆（gào）钛酸铅或铌（ní）镁酸铅的特殊人工合成陶瓷材料制造的。常见的压电陶瓷片大多做成图23-1所示的很薄的圆片，它的一面烧结在具有良好弹性的圆形薄黄铜（或不锈钢）基片上，另一面镀上一层薄银。金属基片和镀银层即为压电陶瓷片的两个电极。

压电陶瓷片的基本特性是具有"压电效应"，即：压电陶瓷片在受到来自垂直方向的外来压力时，随着片子的弯曲变形（几何形状发生改变），在其两电极面会产生电压，并且电压大小与压力变化成正比。利用这个特性，可以将压电陶瓷片作为压力变化（或振动波）传感器，通过电子电路对某处受力情况的瞬时改变进行监控等，这在实践中是很有用的。相反，如果在压电陶瓷片的两个电极面加上直流电压时，片子就会产生相应的机械变形（即"逆压电效应"）。改变所加电压的极性和大小，片子形变的方向和强度也随之改变。可想而知，如果加在压电陶瓷片上的是交变或脉冲电压，片子就会随之产生振动。当外加电压频率与陶瓷片固有的谐振频率相同时，所产生的振动最为强烈。常见的压电陶瓷片谐振频率为2.2～20kHz，在电路中常将它们作为"电—声"换能元件，用于对发音质量要求不是很高的电路中。人们喜爱的音乐贺卡就是用压电陶瓷片发声的。某些谐振频率较高的压电陶瓷片，还可用作超声波换能器等。

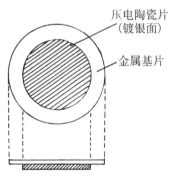

图23-1 压电陶瓷片结构图

（图中标注：压电陶瓷片（镀银面）、金属基片）

大家知道，声音是依靠空气的振动来传播的，当我们对着压电陶瓷片说话时，声波的压力便会为压电陶瓷片所感受，就会被转换为相应的电压变化，以微弱的电能形式输出。这样，我们就可以将压电陶瓷片作为"声—电"换能元件，用在声音检拾、声控等电路中。

压电陶瓷片结构简单，换能效率高，占用空间小，安装使用都很方便。由于构成压电陶瓷片的陶瓷材料直流电阻非常大，可视为绝缘体，这样陶瓷片两面的银层和金属片无形中便构成了电容器的两个极板，并且面积越大，电容量也越大。所以，压电陶瓷片呈电容特性，其电容量为4000pF～0.05μF。

外形和种类

常用压电陶瓷片的外形几乎全部是圆薄片形状，其金属基片材料主要有弹性良好的

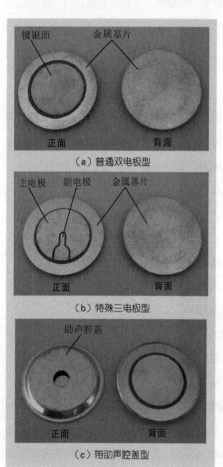

图23-2 压电陶瓷片实物外形图

黄铜片和不锈钢片两种，金属基片直径有φ12mm、φ16mm、φ20mm、φ27mm、φ30mm、φ35mm、φ41mm、φ50mm、φ56mm……多种。大多数压电陶瓷片只有图23-2（a）所示的两个电极（即镀银面和金属基片），但某些压电陶瓷片的镀银面被分割成图23-2（b）所示的一大一小两部分，形成主电极和副电极（也称反馈极），加上金属基片电极，就成为三电极压电陶瓷片（也称"三端压电陶瓷片"）。这种特殊的三电极压电陶瓷片，是专门配合具有反馈接线的振荡器电路设计生产的，在成品压电陶瓷蜂鸣器中得到广泛应用。

常见的压电陶瓷片厂家大多都配带有简易的塑料或金属助声腔盖（也叫共振腔盖或共鸣腔盖），如图23-2（c）所示，其作用是在压电陶瓷片与助声腔盖之间形成一个共鸣腔，显著增大压电陶瓷片的发声音量或改善检拾声波信号的灵敏度。实际上各种电子产品中使用的压电陶瓷片，大多数都离不开这种简易助声腔盖。

参数与型号

表征压电陶瓷片各项性能指标的参数主要有谐振频率f_0、谐振电阻R_0、电容量C等，另外

还有反映外部尺寸大小的金属片直径D、陶瓷片直径d和总厚度T等。一般D越大，则压电陶瓷片的低频特性越好。阻抗与d/D的比值有关，该值越小，则阻抗越高。表23-1列出了部分国产压电陶瓷片的主要参数，仅供参考。

表23-1 部分国产压电陶瓷片的性能参数

型号	性能参数			尺寸			基片材料
	谐振频率f_0（kHZ）	谐振电阻R_0（Ω）	电容量C（pF）	金属片直径D（mm）	陶瓷片直径d（mm）	总厚度T（mm）	
FT-10-20AT	20±1.5	≤500	1000±20%	10±0.3	7±0.3	0.25±0.08	黄铜
FT-16-10AT	10±1.2	≤500	4000±20%	16±0.3	12±0.3	0.25±0.08	黄铜
ГT-20-6.6AT	6.6±1.0	≤200	10000±30%	20±0.3	14.7±0.3	0.45±0.12	黄铜
FT-20-6.6BT	6.6±1.0	≤200	8000±30%	20±0.3	14.7±0.3	0.45±0.12	黄铜
FT-27-4.0AT	4.0±0.6	≤150	20000±30%	27±0.3	20.1±0.3	0.54±0.12	黄铜
FT-27-4.1BT	4.1±0.7	≤200	14000±30%	27±0.3	20.1±0.3	0.54±0.12	黄铜
FT-35-2.6AT	2.6±0.5	≤150	30000±30%	35±0.3	24.8±0.4	0.54±0.12	黄铜
FT-35-2.6BT	2.6±0.5	≤200	30000±30%	35±0.3	24.8±0.4	0.54±0.12	黄铜
FT-41-2.2AT	2.2±0.4	≤200	50000±30%	41±0.3	35±0.4	0.54±0.12	黄铜
FT-10-21AG	21±1.5	≤500	1000±20%	10±0.3	7±0.3	0.25±0.08	不锈钢
FT-20-7.0AG	7±1.0	≤200	10000±30%	20±0.3	14.7±0.3	0.45±0.12	不锈钢
FT-20-7.0BG	7±1.0	≤200	8000±30%	20±0.3	14.7±0.3	0.45±0.12	不锈钢
FT-27-4.3AG	4.3±0.6	≤150	20000±30%	27±0.3	20.1±0.3	0.45±0.12	不锈钢
FT-27-4.1BG	4.1±0.7	≤200	14000±30%	27±0.3	20.1±0.3	0.45±0.12	不锈钢
FT-32-4.5AG	4.5±0.6	≤200	20000±30%	32±0.3	20.1±0.2	1.2±0.12	不锈钢
FT-35-2.9AG	2.9±0.5	≤150	30000±30%	35±0.3	24.8±0.4	0.45±0.12	不锈钢
FT-35-2.9BG	2.9±0.5	≤200	30000±30%	35±0.3	24.8±0.4	0.45±0.12	不锈钢
HTD20A-1	6.0	≤150	<20000	20	14	0.4	黄铜
HTD27A-1	4.5	≤150	<30000	27	20	0.55	黄铜
HTD35A-1	2.9	≤150	<40000	35	25	0.55	黄铜

国产FT系列压电陶瓷片的型号命名格式和含义如图23-3所示。其字母"FT"表示压电陶瓷片，后面的第一个空格位置是一组数字，表示压电陶瓷片的直径，单位是mm；第二个空格位置也是一组数字，表示压电陶瓷片的谐振频率f_0，单位是kHz；第三个空格位置是字母"A"或"B"，主要区分同一型号中谐振电阻R_0或电容量C等参数的不同；最后面的空格位置用字母区别压电陶瓷片金属基片材料，其中"T"代表黄铜片，"G"代表不锈钢片。显然，使用者通过型号就能够直接掌握到压电陶瓷片的直径大小、谐振频率、基板材料等主要特征参数。但许多场合往往会省略掉型号格式后面3个空格位置的内容，将型号简化为"FT-□"格式，如FT-27、FT-35等。这时，通过型号就仅能获知压电陶瓷片的直径大小这一项参数了。

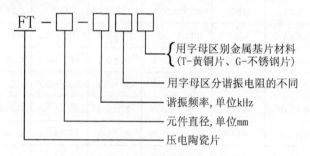

图23-3　国产压电陶瓷片的命名规则

另外，早期国产的压电陶瓷片还采用了"HTD□□-□"格式命名型号，常见型号有HTD20A-1、HTD27A-1、HTD35A-1等，其中的字母"HTD"表示"压电陶瓷片"，数字"20"、"27"和"35"分别表示压电陶瓷片的直径，单位是mm。

电路符号

普通压电陶瓷片在电路图中的表示符号见图23-4左边，即在一个方形线框（表示陶瓷片）的对应两侧画出两条平行线，表示呈现电容特性的两个电极；在平行线的中点位置各画出两根垂直线，作为元件的电极引线。如果是三电极的压电陶瓷片，其图形符号如法炮制，采用图23-4右边所示的符号表示。注意表示压电陶瓷片镀银层的主、副电极画在同一侧，并且主电极较长、副电极稍短。

图形符号的旁边注明文字符号"B"（或BC）以及元件的型号。若电路图中有多个相同的文字符号出现时，按常规就在文字符号后面或右下角标出自然数字，以示区别，如B1、B2……

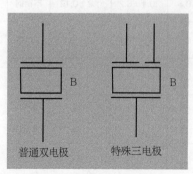

图23-4　压电陶瓷片的符号

24 最常用的电动式扬声器

　　扬声器俗称喇叭，是一种将电信号转换成声音的电声器件。我们常用的手机、电话、多媒体电脑、电视机、扩音机、收音机、电子门铃等，都是最后通过扬声器把音频电信号变成声音来实现"讲话"或"唱歌"功能的。可见，扬声器是一切电声设备的"喉舌"。前面我们已讲过，话筒的作用是把声音转换成为相应的电信号，以便用电子放大器来放大。而扬声器的作用恰好相反，它是把电子放大器放大了的电信号转换成声音。话筒和扬声器均属于电声器件。

　　扬声器种类较多，按其换能机理和结构不同划分，有电动（动圈）式、电磁（舌簧）式、压电（晶体或陶瓷）式、静电（电容）式、电离子式和气动式扬声器等。电动式扬声器也叫动圈式扬声器、电动式喇叭，它具有电声性能好、结构牢固、成本低等优点，是目前应用最多的一种扬声器。

结构及原理

　　电动式扬声器的内部结构如图24-1所示，它主要由纸盆、音圈、定心支片构成的振动系统，磁铁（钢）及软铁体等构成的磁路系统和盆架、接线端、压边、防尘罩等构成的辅助系统3部分组成。音圈是用漆包线绕在一个纸筒上的线圈，通常只有几十圈，用一定频率（如100Hz、400Hz或1kHz）下的阻抗表示，一般在3～32Ω。音圈的引出线平贴着纸盆，并用胶水粘在纸盆上，以免扬声器工作时纸盆振动使音圈松散。为了使音圈保持在中心位置不与铁芯相碰，在音圈和纸盆连接的地方还加上了一个定心支片（又称音圈簧片），它还有助于纸盆的弹性。

　　电动式扬声器按所用磁性材料形状和磁路结构的不同，分外磁式和内磁式两种。外磁式扬声器的结构如图24-1（a）所示，它的磁性材料采用圆环形磁铁，外部由软铁板压制而成。软铁芯柱和外面的软铁板构成稳定的磁场回路，由于磁铁是圆环形的，它本身就构成了外磁路，故称外磁式扬声器。圆环形磁铁大多采用钡（锶）铁氧体制成，其体积大，重量也较重，因磁体是外露的，杂散磁场大，对外界有一定影响，但它的生产成本低，价格也便宜，使用比较广泛。这种外磁式扬声器只适用于一般不考虑磁路杂散磁场对周围元器件等构成影响的场合，如普通收音机、外接音箱等装置。

　　内磁式扬声器的结构如图24-1（b）所示。它采用圆柱形磁钢（铁），其位置处于软铁壳构成的外磁路内部，故称内磁式扬声器。由于磁性材料被软铁壳封闭了起来，对外无杂散磁场形成，所以不会对周围电路产生影响。这种扬声器的磁性材料大多采用铝、镍、钴的合金制成（少数也有采用铁氧体的），其体积小、质量小，对外界无磁场干扰，但生产成本较高，价格稍贵。内磁式扬声器适用于无杂散磁场要求的场合，如多媒体电脑、彩色电视机、检测仪器等。

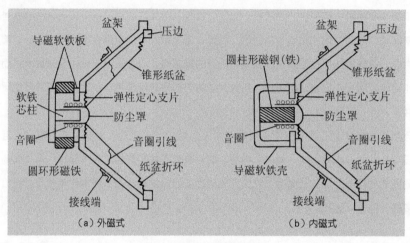

图24-1　电动式扬声器的结构

　　无论是外磁式还是内磁式电动扬声器，它们均是根据通有电流的导体在磁场中受力而运动的原理制成的，其工作原理如图24-2所示。当音圈中通有音频信号电流时，在固有磁场的作用下，音圈将随着信号电流的方向变化而改变运动方向（拉入或推出），并随着信号电流的强弱变化而改变运动幅度，音圈的运动带动纸盆同步振动，并激起周围空气的振动，使附近的人耳接受到相应的声波感觉，从而听到声音。由于电动式扬声器在发音时，纸盆是通过不断运动着的音圈带动而产生振动的，所以这种扬声器也被称为动圈式扬声器。

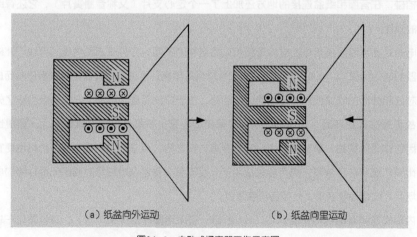

图24-2　电动式扬声器工作示意图

外形和种类

常用电动式扬声器的外形及分类如图24-3所示。电动式扬声器的种类很多，按照体积和形状不同，可分为微型超薄、微型、小型（小口径）、中型、大型（大口径）数种；按照纸盆形状不同，可分为圆形和椭圆形两大类；按照磁性材料形状不同，可分为外磁式和内磁式（其结构详见图24-1）两种；按照声波辐射方式不同，又可分为直射式（纸盆式）和反射式（号筒式）。

图24-3　电动式扬声器的分类

另外，如果按照工作频率范围的不同区分，有高音（2～20kHz）、中音（500Hz～5kHz）、低音（20Hz～3kHz）和全频带（20Hz～20kHz）扬声器；按照磁场供给方式不同区分，有永磁式和励磁式扬声器；按照音圈阻抗不同区分，有低阻抗和高阻抗扬声器；按照纸盆结构和材料不同区分，有普通单纸盆（包括覆胶纸盆、纸基羊毛盆、紧压制盆等）、双纸盆、防弹布盆、羊毛编织盆、PP（聚丙烯）盆、尼龙边盆、橡皮边盆、硬球顶扬声器等。

主要参数

电动式扬声器主要有以下8项重要参数，需在选用时予以关注。

①外形尺寸。圆形扬声器的标称尺寸通常用产品盆架的最大直径来表示，椭圆形扬声器

的标称尺寸则用椭圆盆架的长、短轴来表示。尺寸单位用mm（毫米）或cm（厘米）表示，习惯上还经常用英寸（in）表示，1英寸等于25.4mm。例如，我们平时所说的2.5英寸扬声器，它的盆架外径标称为65mm；4英寸×6英寸扬声器的盆架尺寸标称为100mm×160mm。

②额定功率。这是指扬声器在规定的无明显发声失真的条件下，长时间连续工作时所允许输入的最大电功率（注意不是指扬声器所能够产生的声功率），其单位为"W（瓦）"或"VA（伏安）"。常用扬声器的额定功率有0.1W、0.25W、0.5W、1W、3W、5W、10W……扬声器实际能承受的最大功率要大于额定功率1~3倍，为了获得较好的音质，应让扬声器的实际输入功率小于额定功率。当扬声器长时间、大幅度超过其额定功率工作时，有可能使音圈发热变形，甚至振裂纸盆和烧毁音圈。

③标称阻抗。这是指扬声器工作时输入的信号电压与流过的信号电流之比值，单位为"Ω"。标称阻抗实际上是指让扬声器发声时的交流阻抗，它随测试频率的不同而不同，在数值上约为音圈直流电阻值的1.2~1.3倍。常用扬声器的标称阻抗有4Ω、8Ω、16Ω等，在应用时阻抗值只有与功放电路的输出阻抗相等，才能使扬声器发挥出最佳效能。

④频率范围。又叫频率响应，这是指输出声压变化幅度在一定的允许范围内（一般为-3dB）时，扬声器的有效工作频率范围，它反映了扬声器转换一定范围内频率电信号的能力。扬声器的频率范围与其结构和纸盆材料等有关，在一般应用场合应选用全频或中音扬声器，在高保真放音系统则应按照要求选用组合的高、中、低音扬声器。

⑤谐振频率。也称共振频率（简称f_0），这是指扬声器有效频率范围的下限值。谐振频率越低，扬声器的低音越好。重低音扬声器的谐振频率多为20~30Hz。

⑥灵敏度。也称特性灵敏度，这是反映扬声器"电—声"转换效率的参数，是指给扬声器输入1kHz、1W（或0.1W）的音频信号时，在其正前方1m处所测得的平均声压大小，单位为"dB"。灵敏度越高，说明扬声器的"电—声"转换效率越高，发声也越响亮。

⑦失真度。这主要是指谐波失真，一般扬声器失真度小于7%，高保真扬声器失真度小于1%。

⑧指向性。这是指在扬声器前方不同方向上所测量出的灵敏度的差别，是反映扬声器声音辐射方向的参数。扬声器的指向性越强，就意味着发出的声音越集中。频率越高指向性越弱，纸盆越大指向性越强。在纸盆口径确定后，指向性由纸盆的形状决定，纸盆越深，指向性越好。在不同的使用场合，对扬声器指向性的要求是不同的。

型号命名

常见国产电动式扬声器的型号命名格式和含义如图24-4（a）所示。其字母"Y"表示扬声器，后面的第1个空格位置是单或双字母，表示扬声器的类型，其中"D"表示电动圆形，"DT"表示电动椭圆形，"DG"表示电动高音；第2个空格位置用字母或数字表示扬声器的额定功率或口径等特征参数；最后面的空格位置用数字表示产品序号。例如：型号YD3-25，表示这是额定功率为3W（3VA）、序号为25的电动式扬声器；型号YDG50-1，表示这是口径为50mm、序号为1的电动式高音扬声器。

新型国产电动式扬声器的命名与上面稍有不同，其命名格式和含义如图24-4（b）所示。字母"YD"表示电动式扬声器，后面的第1个空格位置是字母或数字，表示扬声器的重放频带或口径，其中"D"表示低音，"Z"表示中音，"G"表示高音，"QZ"表示球顶中音，"QG"表示球顶高音，"HG"表示号筒高音，"130"表示130mm，"140"表示140mm，"166"表示166mm，"176"表示176mm，"200"表示200mm，"206"表示206mm……第2个空格位置用数字或数字与字母混合表示产品序号。例如：型号YD200-1A，表示这是口径为200mm、序号为1A的电动式扬声器；型号YDQG1~6，表示这是一个序号为1-6的电动式球顶高音扬声器。

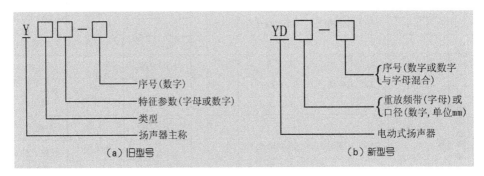

图24-4　国产电动式扬声器的命名规则

表24-1给出了部分国产普通电动式纸盆扬声器的型号及性能参数，仅供参考。

表24-1　部分国产普通纸盆扬声器的性能参数

类别	型号	标称口径（mm）	音圈阻抗（Ω）	额定功率（W或VA）	频率范围（Hz）	谐振频率（Hz）	结构形式
圆型扬声器	YD005-401	40（1.5英寸）	8（100Hz）	0.05	550~3500	550+110	内磁式
	YD005-402		40（100Hz）				
	YD01-501	50（2英寸）	8（100Hz）	0.1	450~3500	450+90	
	YD01-552	55（2.25英寸）			400~3500	400+80	
	YD025-651	65（2.5英寸）	8（100Hz）	0.25	300~3500	300+60	外磁式
	YD025-652						内磁式

类别	型号	标称口径（mm）	音圈阻抗（Ω）	额定功率（W或VA）	频率范围（Hz）	谐振频率（Hz）	结构形式
圆型扬声器	YD04-801	80（3英寸）	8（100Hz）	0.4	270~4000	270+55	外磁式
	YD04-802						内磁式
	YD05-1001	100（4英寸）	8（100Hz）	0.5	180~5000	+20 180 -50	外磁式
	YD05-1003		16（100Hz）				
	YD05-1002		8（100Hz）				内磁式
	YD1-1301	130（5英寸）	4（400Hz）	1	150~5500	+15 150 -45	外磁式
	YD1-1306		8（400Hz）				
	YD2-1651	165（6.5英寸）	4（400Hz）	2	100~7000	+15 100 -25	外磁式
	YD2-1653				100~12000		外磁、双盆式
圆型扬声器	YD3-2001	200（8英寸）	8（400Hz）	3	80~7000	+10 80 -25	外磁式
	YD3-2003				80~12000		外磁、双盆式
	YD5-2501	250（10英寸）	8（200Hz）	5	55~5000	55±10	外磁式
	YD5-2502				55~12000		外磁、双盆式
	YD10-3003	300（12英寸）	8（400Hz）	10	55~5500	55±10	外磁式
椭圆形扬声器	YDT04-6102	65×100（2.5英寸×4英寸）	8（1kHz）	0.4	270~4000	270+55	内磁式
	YDT04-6104		16（1kHz）		270~8000		
	YDT05-8131	80×130（3英寸×5英寸）	8（1kHz）	0.5	180~4500	+20 180 -50	外磁式
	YDT05-8132						内磁式
	YDT1-10162	100×160（4英寸×6英寸）	4（400Hz）	1	150~7000	+15 150 -45	外磁式
	YDT1-10164		16（400Hz）				
	YDT2-12191	120×190（5英寸×7英寸）	4（400Hz）	2	100~7000	+15 100 -25	外磁式
	YDT2-12194						外磁式、有屏蔽罩

续表

类别	型号	标称口径（mm）	音圈阻抗（Ω）	额定功率（W或VA）	频率范围（Hz）	谐振频率（Hz）	结构形式
	YDT3-18261	180×250（7英寸×10英寸）	8（400Hz）	3	80～7000	+10 80 -25	外磁式
	YDT3-18263				80～10000		外磁双盆式

产品标识

常用电动式扬声器的外壳标识如图24-5所示。由于通过型号仅能获得扬声器的额定功率或口径，而阻抗等重要参数无法反映出来，所以常见扬声器的外壳上除了标出型号外，往往还将阻抗和额定功率单独标注出来，如图24-5（a）所示；还有相当一部分扬声器（包括国外产品）均不标出型号，只在外壳标出阻抗和额定功率等主要参数，如图24-5（b）所示。要想知道电动式扬声器的详细性能参数，一般只能阅读厂家说明书或进行专门的测试。

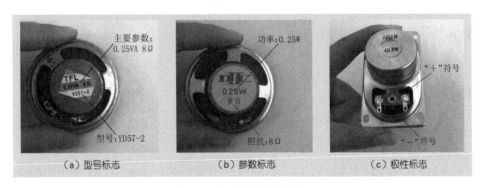

图24-5　电动式扬声器外壳标识

另外，电动式扬声器的两个接线端旁边分别标出"+""-"符号，如图24-5（c）所示，它表示音圈的相位极性。在串、并联使用扬声器时，只有按"+""-"极性正确连接，才能达到所要求的同相位，从而不至于降低放音效果。

电路符号

电动式扬声器在电路图中的表示符号见图24-6。需要说明的是：这种图形符号是所有扬声器通用的符号。图形符号的旁边注明文字符号B或BL（旧符号为Y），文字符号下方一般只标出扬声器的标称阻抗。若电路图中有多个相同的文字符号出现时，按常规就在文字符号后面或右下角标出自然数字，以示区别，如B1、B2……

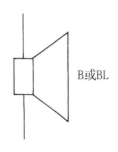

图24-6　扬声器的符号

25 可独自聆听的耳机

　　耳机与扬声器一样，也是一种常用的可播放声音的电声转换器件。它和扬声器的不同之处是，扬声器向自由空间辐射声能，可供多人聆听；而耳机则为封闭式传声，它工作时总是附着在人的耳朵上，只能供专人聆听。耳机的主要特点是体积小、重量轻、灵敏度高、音质好，它既可排除外界声响对使用者的干扰，又能避免吵扰他人，系专供个人聆听用的电声转换器件。

　　耳机作为一种亲密接触人耳的个人音响，仅需很小的音频输入功率，就可在耳机和人耳之间产生必要的声压，鉴于其防止外界噪声干扰和阻止他人偷听（保密）的能力很强，早就在军事无线电通讯和监听，以及工业测量仪器、电话、矿石收音机、各种便携式收音机、随身听、助听器等产品上得到广泛运用。而今，随着数码产品的不断问世和音响技术的不断发展，耳机的发展也十分迅速，已成为诸如3G手机、MP3、MP4等设备的必备附件，成为众多音响产品用户所青睐的必备听音设备。

结构及特点

　　尽管耳机的种类很多，外形和用途也各不相同，但其内部构成却大同小异，常见的无外乎有电磁式（动铁式）、电动式（动圈式）两大类。

　　电磁式耳机的基本结构如图25-1（a）所示，它主要由磁铁、线圈、铁芯、振动片和外壳等组成。振动片用导磁良好的材料制成，磁铁通过两个铁芯使其N、S两个磁极传至振动片的近处，并对振动片产生一定的吸力，使得振动片在平时略微弯曲。两个铁芯上面分别绕有线圈，构成了电磁铁。当音频电流通过线圈时，电磁铁就产生交变磁场，并叠加在磁铁所产生的固定磁场上，使总磁场得到增强或减弱，于是振动片在原有磁铁吸力的基础上进一步弯曲或放松，并带动周围空气作相应的振动，从而通过出声孔发出声音。有细心的读者会问，这里为什么要用到磁铁？好像有没有它并不影响耳机的发声！是的，不用磁铁同样可以发声，但实践证明，采用了合适的磁铁，可显著提高耳机的灵敏度，消除频率失真。电磁式耳机的线圈有高阻抗和低阻抗两种，它的特点是结构简单、制作容易、性能可靠、灵敏度高，但其频率响应较差，音质不是很好，主要用于语音的收听等。

　　电动式耳机的基本结构如图25-1（b）所示，它主要由环形磁铁、铁芯、音圈、纸盆、盆架、外壳等组成，其结构和工作原理与电动式扬声器相同。当音频电流通过音圈时，音圈产生的交变磁场与磁铁的恒定磁场相互作用，使音圈带动纸盆按音频频率振动，推动空气发出声音。显然，动圈式耳机就是一个微型化的电动扬声器。由于尺寸的限制，动圈式耳机常以低阻抗形式出现。动圈式耳机具有灵敏度高、频率特性好、低音较为丰富等特点，常用于高质量的监听系统和音乐节目的收听。

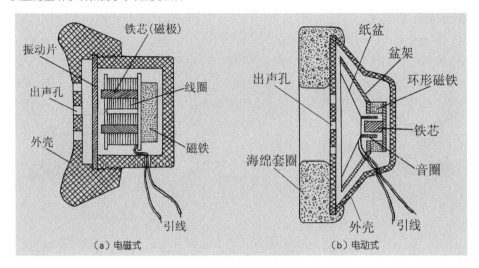

图25-1　耳机的基本结构图

除了以上两种最常见的结构外，还有结构和换能方式截然不同的静电式（电容式、驻极体式）耳机、压电式（晶体式）耳机等，一般市场上很少见到。

外形和种类

常用耳机的实物外形及分类如图25-2所示。耳机的使用特点决定了它必须具有抗拉、耐折的优质引线和与音源设备上音频输出插座相匹配的插头等，插头和引线是耳机的有机组成部分。显然，插头和引线的主要作用是馈送音频电流信号，耳机才是工作的中心，由它完成"电—声"转换。

耳机的种类很多，按照外形结构的不同，可分为头戴式、耳塞式、耳挂式、耳罩式、听诊式、帽盔式和手柄式等多种类型，图25-2（a）所示为最常见的头戴式耳机、耳挂式耳机和耳塞式耳机；按能量转换方式的不同，可分为电磁式（动铁式）、电动式（动圈式）、压电式（晶体式）、静电式（电容式、驻极体式）、平膜式、平板式等类型，图25-2（b）所示为最常见的电磁式耳机和电动式耳机；根据声道数量的不同，可分为图25-2（c）所示的单声道耳机和双声道耳机两种，双声道耳机也称为立体声耳机；根据输出阻抗的不同，可分为图25-2（d）所示的低阻耳机（阻抗有4Ω、8Ω、16Ω、32Ω等）和高阻耳机（阻抗为数百欧姆至数千欧姆）两大类。

另外，根据耳机传导方式不同，可分为常见的气导式（速度型、位移型）耳机、不常见的骨导式（接触式）耳机；根据耳机音频还原性能的不同，可分为普通耳机和高保真耳机；

根据耳机与耳朵之间接触材料及其腔体结构的不同，可分为封闭式耳机、开放式耳机和半开放式耳机。根据耳机有无引线，可分为普通有线耳机和无线（无绳）耳机。无线耳机一般采用红外线或无线电方式传输音响设备的信号，一般均由信号发射器和带有信号接收与放大装置的耳机两部分组成。

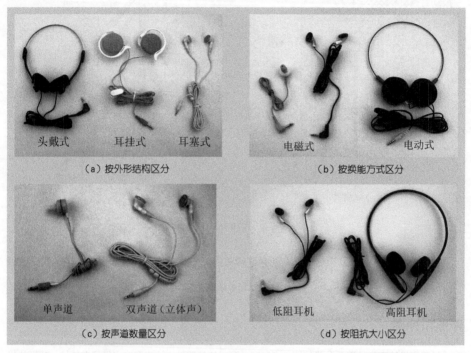

图25-2　常用耳机的分类

主要参数

耳机主要有以下5项重要参数，需要在选用时予以关注。

①标称阻抗。这是指耳机对于一定频率（如1kHz）的交流电信号所产生的阻碍作用，它是耳机的重要参数。使用时，要注意阻抗的匹配，即耳机的标称阻抗应与音频功率放大器的输出阻抗相一致，这样才能获得最大不失真输出功率。

②频率范围。又叫频率响应，这是指耳机重放音频信号时的有效工作频率范围。常见高保真耳机的频率范围为20Hz～20kHz，高性能耳机为16Hz～25kHz。

③灵敏度。这是用来反映耳机电声转换效率的一项重要参数。具体是指向耳机输入1mW的音频功率时，耳机所能发出的声压级（声压的单位是dB，声压越大，音量越大）。耳机的灵敏度越高，就越容易出声，越容易被驱动。一般耳机的灵敏度应不小于90dB/mW，高灵敏

度耳机则为100~116dB/mW。

④谐波失真。耳机在重放某一频率的正弦波信号时，除了输出基波信号外，还产生了因多次谐波而引起的失真，这种失真就称为谐波失真。一般耳机的谐波失真可小于2％，高保真度耳机可低于0.5％，甚至低至0.2％。

⑤额定功率。这是指耳机谐波失真不超过某一额定数值时，允许输入耳机的最大电功率。

型号命名

国产耳机的型号命名多由4部分组成，其格式和含义如图25-3所示。第1部分用字母"E"表示耳机的主称。第2部分用字母表示耳机的类型，其中"D"代表"动圈式"，"C"代表"电磁式"，"Y"代表"压电式"，"R"代表"静电式"等。第3部分用字母或数字表示耳机的特征，其中"S"代表"耳塞式"，"G"代表"耳挂式"，"Z"代表"听诊式"，"D"代表"头戴式"，"C"代表"手持式"，"L"代表"立体声"等。第4部分用数字表示产品序号。例如，型号为EDL-3，表示这是立体声动圈式耳机；型号为ECS-1，表示这是电磁式耳塞机。

实际当中，各厂家对耳机型号的命名并不统一，可谓各行其事，无规律可循。由于耳机的型号并没有直接反映出产品的主要电声参数信息等，所以衡量一个耳机的性能优劣，不仅要看其型号（包括品牌），更要看厂家说明书或直接印在产品包装盒上面的主要参数指标。通常情况下，对于不同型号的耳机，只要标称阻抗和引线插头规格相同，一般均可以直接代换使用。表25-1所示为一些常用国产耳机的型号及性能参数，仅供参考。

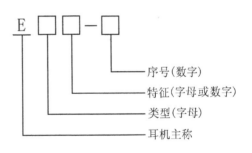

图25-3 国产耳机的命名规则

表25-1 常用国产耳机的性能参数

型 号	换能方式	频率范围（Hz）	标称阻抗（Ω）	灵敏度（dB/mW）	谐波失真（%）	额定功率（mW）	结构形式
SHS-4		300~3.5k	10k	≥150			头戴式、单声道
SHS-5		550~3.5k	10	≥6			
SHS-6	电动式	450~3.5k	2.5k	≥80			
EX-141		300~3.5k	10				耳塞式、单声道
636		200~3k	1.5k、3k、5k	≥100			
SY-71	压电式	300~3.4k	1.2~10k				

续表

型 号	换能方式	频率范围（Hz）	标称阻抗（Ω）	灵敏度（dB/mW）	谐波失真（%）	额定功率（mW）	结构形式
EEL-1	等电动	20~20k	20、150	93	≤0.3		立体声
EDL-1		20~18k	32	106			头戴式、立体声
EDL-1C			8、20、200	>108	<1		
EDL-1D			20				
EDL-1E		20~20k	20	>105			
EDL-2			8、40、200	108	≤1		
EDL-903			8、40、200	≥108	<1		
EDL-25		20~18k	50	116	<1		
K420		13~27k	32	125		30	
EDG-1	动圈式	20~20k	8、20、200	108	≤1		耳挂式
			1k、1.5k	102			
M08A			32	112		2	
EP10		50~20k	16、32	101		10	耳塞式、立体声
EP-480		20~20k		112		10	
DH-905				95			耳挂式、带话筒
Q18MV			32			15	
SM-908		8~22k		105			
CD-790M		20~20k				100	头戴式、带话筒
CT-770			16、32	95			
DT-2102		18~19k	32	94		100	

产品标识

　　常见耳塞式耳机几乎都不在产品外壳上标出型号和有关参数，仅体积比较大的头戴式、耳挂式耳机，才在产品外壳上标出制造商铭牌和产品型号来，如图25-4（a）所示。要了解产品的主要参数，需查看产品包装盒或说明书，如图25-4（b）所示。由于耳机的外形特征明显，所以使用者一眼就可以确认出耳机的身份。

　　根据耳机的外形及大小，可判断出是耳塞式耳机、头戴式耳机，还是耳挂式耳机等，如图25-4（c）所示。根据耳机奇偶数和插头电极（芯）数，可区分出单声道耳机和双声道（立体声）耳机，如图25-4（d）所示。双声道耳机的两个外壳上分别标出"L"和"R"字样，其中 "L"（LEFT）表示左声道， "R"（RIGHT）表示右声道，如图25-4（e）所示。单声道耳机的插头（采用二芯插头）有两个电极——芯线电极和地线电极，双声道耳机的插头（采用三芯插头）有3个电极——左、右声道的两个芯线电极和一个公共地线电极，其具体电极名称如图25-4（f）所示。

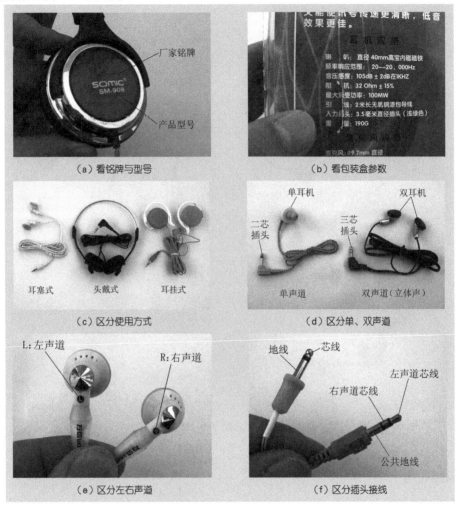

图25-4 常用耳机的识别方法

现在供多媒体电脑和手机使用的耳机，大多数将耳机和话筒（麦克风）整合为一体，这就是人们常说的"耳麦"，其典型构成如图25-5（a）所示。耳麦的引线上多串有一个可手动操作的耳机音量大小调节器，以方便使用者随时调节音量。对于耳塞式的耳麦，通常将话筒和耳机音量调节器组装在同一个壳体内，部分头戴式耳麦的话筒，亦采用这一简便方式安装，如图25-5（b）所示。

　　手机常用的单声道耳麦，一般只有一个三芯插头，如图25-5（c）所示，而多媒体电脑等使用的双声道耳麦，一般有两个三芯插头，各电极名称如图25-5（d）所示。并且两个塑封插头上面分别标有话筒和耳机的标识，同时按国际通用标准以粉红色塑封插头为话筒插头，以浅绿色塑封插头为耳机插头。需要指出的是，大部分话筒的插头采用两线输出式，即偏置芯线和话筒信号输出芯线"合二为一"，这种插头看起来是三芯插头，实际上只起到二芯插头的作用。

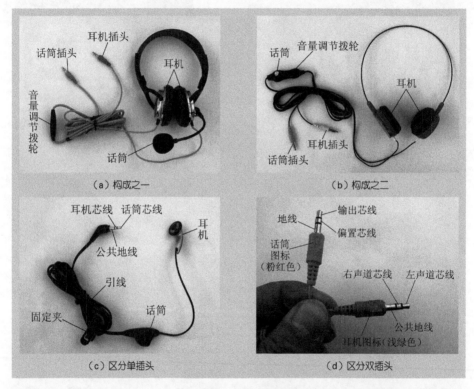

图25-5　耳麦的识别方法

电路符号

　　耳机的符号如图25-6所示，其文字符号是"BE"或"B"（旧标准为"T"或"EJ"），图形符号可看作是由扬声器符号演变而来（旧标准符号可理解为头戴式耳机的"简笔画"）。

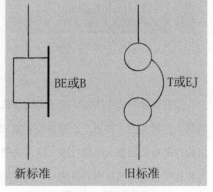

图25-6　耳机的符号

第八章 电控制器件

晶体闸流管（简称晶闸管，以前称可控硅）实际上是一种具有3个PN结的功率型半导体器件，包括单向晶闸管、双向晶闸管等。晶体闸流管具有以小电流（电压）控制大电流（电压）的作用，在无触点开关、可控整流、逆变、调光、调压、调速等方面得到广泛应用。

继电器是一种可实现间接控制和隔离控制的开关器件，一般由输入感测机构（或电路）和输出执行机构（或电路）两部分组成，在自动控制、遥控、保护或调节电路等方面得到广泛应用。常用继电器有电磁继电器、干簧继电器和固态继电器，其功用虽然相同，但工作原理截然不同，特性、参数也有较大差异。

26 "以小控大"的晶体闸流管

晶体闸流管（Thyristor）简称晶闸管，过去叫可控硅（SCR），它是一种以小电流（电压）控制大电流（电压）的功率（电流）型半导体器件。由于它能够像闸门控制水流一样，轻而易举地控制大电流的流通，闸流管由此得名。

晶体闸流管作为一种能够控制强电（高电压、大电流）的特殊无触点开关，具有体积小、功耗低、动作快、寿命长以及使用方便等优点，因而应用领域十分广泛，在普通家用电器、电子测量仪器和工业自动化设备中都能见到它。如今，在电子爱好者的许多制作中也采用了晶体闸流管，如交流无触点开关、可控整流器、调光灯、调速器、调压器以及各种自动控制装置等。

限于篇幅，下面我们只对业余电子制作中经常使用的普通单向晶闸管和双向晶闸管进行重点介绍。

外形和种类

晶体闸流管有多种分类方法：按其关断、导通及控制方式可分为普通单向晶闸管、双向晶闸管、光控晶闸管、门极可关断晶闸管（GTO）、逆导晶闸管、温控晶闸管和BTG晶闸管（既可作晶闸管使用，又可作单结晶体管使用）等多种；按其引脚和极性可分为二极晶闸管、三极晶闸管和四极晶闸管；按其封装形式可分为金属封装晶闸管、塑封晶闸管和陶瓷封装晶闸管3种类型（金属封装晶闸管又分为螺栓形、平板形、圆壳形等多种，塑封晶闸管又分为带散热片型和不带散热片型两种）；按电流容量可分为大功率晶闸管、中功率晶闸管和小功率晶闸管（大功率晶闸管多采用金属壳封装，中、小功率晶闸管则多采用塑封或陶瓷封装）；按其关断速度可分为普通晶闸管和高频（快速）晶闸管。

目前，电子爱好者最常用的晶体闸流管是中、小功率的单向晶闸管和双向晶闸管，其实物外形如图26-1所示。由图可见，它们的外形与普通三极管别无两样，封装形式主要有金属壳封装和塑料封装两大类，引脚线均为3根。

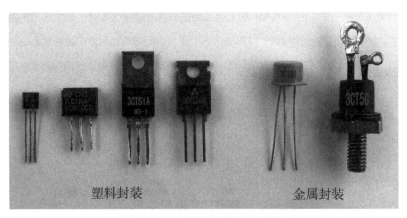

图26-1 常用晶体闸流管的实物外形图

结构及特性

　　单向晶闸管的内部结构示意图和等效电路图如图26-2所示。它是一种由PNPN四层半导体材料、3个PN结、3个电极所构成的三端半导体器件，3个引出电极的名称分别为阳极A、阴极K和控制极G（又称门极）。单向晶闸管的阳极A与阴极K之间不仅具有一般晶体二极管单向导电的整流作用，而且其导通电流还直接受控于控制极G。单向晶闸管的内部电路可以等效为由一只PNP三极管和一只NPN三极管组成的复合管。

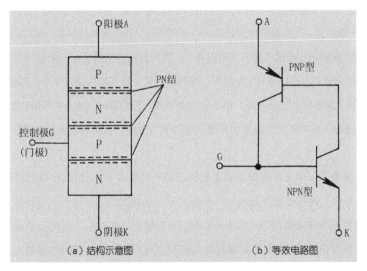

图26-2 单向晶闸管的内部结构

　　单向晶闸管的基本工作原理和特性可通过图26-3所示的实验电路来说明：闭合电源开关SA，单向晶闸管的阳极A通过小电珠H等接通电源正端，阴极K接通电源负端，此时管子并不导通。当按下按钮开关SB给控制极G加上合适的正向触发电压信号时，单向晶闸管内部的等效三极管VT1、VT2相继迅速导通，并形成强烈的正反馈而很快达到饱和导通状态，使得阳极A与阴极K之间由阻断状态转为完全导通状态，小电珠H发光。如果控制极G所加触发电压为负，则单向晶闸管不能导通。若单向晶闸管的阳极A接电源负端、阴极K接电源正端时，无论控制极G加上什么极性的电压，单向晶闸管也不能导通。

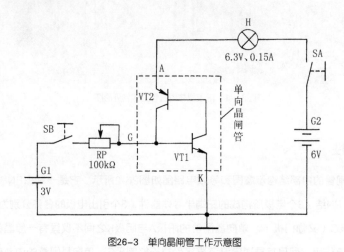

图26-3　单向晶闸管工作示意图

　　一旦单向晶闸管受触发导通之后，即使取消其控制极G的触发电压（即手松开按钮开关SB使其复位），只要在阳极A与阴极K之间仍保持正向电压，单向晶闸管就会维持导通状态，小电珠H会一直发光。只有断开电源开关SA、或将阳极A的电压降低到某一临界值、或改变阳极A与阴极K之间的电压极性（如交流电过零），单向晶闸管的阳极A与阴极K之间才会由导通状态转换为断开状态，小电珠H才会熄灭。单向晶闸管一旦恢复为断开状态，即使在其阳极A与阴极K之间又重新加上正向电压，也不会再次导通，只有在控制极G与阴极K之间重新加上正向触发电压后，方可再次受触发而导通。利用这些特性，可实现直流无触点开关控制、可控整流等。

　　双向晶闸管是在单向晶闸管基础上研制出的一种由NPNPN五层半导体材料所构成的三端半导体器件，其内部结构如图26-4所示。双向晶闸管的内部结构可以等效为两只普通单向晶闸管反向并联的组合体（即由两组PNPN四层半导体材料"反向"组合而成），并且只用一个触发控制极G，便可实现对交流电的"双向"控制。正因为如此，双向晶闸管的两个主电极不再有阴、阳之分，而是称作主电极T1（或第一阳极）和主电极T2（或第二阳极）。

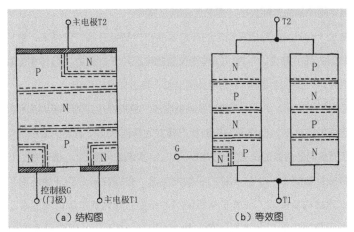

图26-4 双向晶闸管的内部结构

双向晶闸管的最大特点是具有"双向"可控导电性能，即无论主电极T1与主电极T2之间所加电压极性是正向还是反向，也不管控制极G所加触发电压极性如何，只要满足其必须的触发电流，管子即可被触发导通而呈低阻状态。这一特点也说明，双向晶闸管可直接工作于交流电源。

双向晶闸管一旦导通，即使失去触发电压，也能继续维持导通状态。当通过主电极T1、T2的电流减小至维持电流以下、或T1、T2之间电压改变极性时，双向晶闸管才会自动关断。待主电极T1、T2之间恢复正常供电后，只有重新施加触发电压，才能再次触发管子导通。如果主电极T1、T2之间所加电压是交流电，则只要改变加在控制极G上的触发脉冲的大小或时间，就可控制其导通电流相应改变。利用上述特性，可实现交流无触点开关控制、交流调压等功能。

主要参数

晶体闸流管的参数较多，尤其是双向晶闸管的有关参数是参照单向晶闸管定义或当作单向晶闸管接入电路测试出来的，两者的有关参数含义并不完全相同，实际应用时不可混为一谈。晶体闸流管的主要参数如下。

①额定通态电流（I_T）。这是指在规定的环境温度和标准散热条件下，晶体闸流管导通时所允许通过的最大电流值。值得注意的是，对于单向晶闸管而言，该参数定义为通态电流在一整个周期内的平均值，所以也称"额定通态平均电流"或"额定正向平均电流"；而对于双向晶闸管，该参数定义为通态电流在一整个周期内的有效值。

②通态平均电压（U_T）。也称通态平均压降，是指在规定的环境温度和标准散热条件下，当通过晶体闸流管的电流为其额定电流时，在管子产生电压降的平均值。该参数的大小

能够反映出晶体闸流管的管耗大小，显然此值越小越好。

③维持电流（I_H）。这是指在规定的环境温度和控制极开路的条件下，维持晶体闸流管继续导通所必须的最小电流。当通过晶体闸流管的电流小于此值时，晶体闸流管将自动退出导通状态而阻断。一般维持电流I_H小的晶体闸流管，其工作比较稳定。

④控制极触发电压（U_{GT}）。也称门极触发电压，是指在规定的环境温度和晶体闸流管正向电压为一定值的条件下，使管子从阻断状态转变为导通状态所需要的最小控制极（门极）电压。常用普通单向晶闸管的U_{GT}值一般为0.8～3V，双向晶闸管的U_{GT}值一般为1.5～3V。

⑤控制极触发电流（I_{GT}）。也称门极触发电流，是指在规定的环境温度和晶体闸流管正向电压为一定值的条件下，使管子从阻断状态转变为导通状态所需要的最小控制极（门极）电流。常用普通单向晶闸管的I_{GT}值一般为10μA～30mA，双向晶闸管的I_{GT}值一般为1～50mA。

⑥擎住电流（I_L）。这是指在触发电流的作用下，晶体闸流管从断态到通态的临界电流值。也就是说，只要通过晶体闸流管的电流达到该临界值，撤除它的触发电流，管子仍然会自动维持通态。擎住电流I_L和维持电流I_H在概念上是不同的，通常擎住电流I_L要比维持电流I_H大2～4倍。

⑦断态重复峰值电流（I_{DR}）。这是指晶体闸流管在阻断状态下的正向最大平均漏电电流值，一般小于100μA。

⑧反向重复峰值电流（I_{RRM}）。这是指晶体闸流管在阻断状态下的反向最大漏电电流值，一般小于100μA。

⑨不重复浪涌电流（I_{TSM}）。这是指在一定的时间内，在保证管子不会因为PN结的温度升高太快而导致损坏的前提下，所允许流过管子的最大故障电流值。

⑩断态重复峰值电压（U_{DRM}）。也称正向阻断峰值电压，是指晶体闸流管在控制极开路和额定结温的条件下，管子处于正向阻断状态时，可以重复加在管子上的正向最大电压。此电压规定为管子从阻断状态转为导通状态的正向转折电压U_{BO}减去100V，即$U_{DRM}=U_{BO}-100V$。

⑪反向重复峰值电压（U_{RRM}）。这是指晶体闸流管在控制极开路和额定结温的条件下，可以重复加在管子上的反向最大电压。此电压规定为管子的反向漏电流开始急剧增加时所对应的峰值电压（反向击穿电压U_{BR}）减去100V，即$U_{RRM}=U_{BR}-100V$。

断态重复峰值电压U_{DRM}和反向重复峰值电压U_{RRM}在数值上一般相近，统称为峰值电压。通常把其中较小的那个数值作为该型号器件的额定电压。晶体闸流管在实际使用中，施加在管子上的电压必须小于极限参数U_{DRM}和U_{RRM}，并留有一定余量，以免造成击穿损坏。

型号命名

国产晶体闸流管的型号格式和意义如图26-5所示。其中3CT或3CTS系列的字母后面第一个空格位置是一组数字，表示额定通态电流值；斜线后的空格位置也是一组数字，表示额定电压，实际就是断态重复峰值电压。有的型号用单字母代替斜线及后面的一组数字，该字母表示断态重复峰值电压的分挡，以双向晶闸管为例，A代表断态重复峰值电压≤100V，B代表断态重复峰值电压为101～200V……其具体分挡见表26-1。例如：图26-6（a）左边所示的晶体闸流管型号为3CT5／400，表示这个管子是单向晶闸管，其额定通态电流（平均值）是5A，断态重复峰值电压是400V；图26-6（a）中间所示的管子型号为3CTS1A，表示这是一只双向晶闸管，其额定通态电流（有效值）是1A，断态重复峰值电压是100V。

国产KP或KS系列的字母后面用3组数字或字母表示3个不同的参数，第1组数字表示额定通态电流，规定从1～1000A共分14级，其数字后面加上"A"，就是管子的标称通态电流。短线后面的一组数字表示正、反向断态重复峰值电压（即额定电压）的级别，规定从100～3000V共分20级，1000V以下每一级相差100V，1000V以上每个级差为200V，并且在型号中表示时省略掉个位数和十位数，只用它的百位数和千位数。因此1000V以下有1～10共10个级别，1000V以上有12～30共10个级别（没有奇数）。在识别型号时，只要将该级数乘以100，就可得到管子的标称额定电压。型号的最后用A、B、C……I共9个字中的一个表示通态平均电压范围（小于100A不标），A表示通态平均电压U_T≤0.4V，B表示0.4V<U_T≤0.5V，以后每个字母相差0.1V，直到I时，1.1V<U_T≤1.2V。例如：图26-6（a）右边所示的晶体闸流管型号为KS1-4，表示这个管子是双向晶闸管，其额定通态电流（有效值）是1A，断态重复峰值电压是400V；又如某晶体闸流管型号为KP100-6D，表示这是一个单向晶闸管，其额定通态电流（平均值）是100A，断态重复峰值电压是600V，通态平均电压为0.6～0.7V。

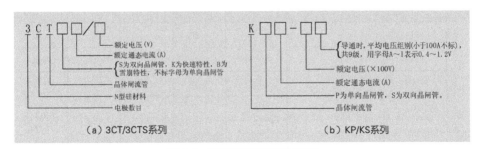

图26-5 国产晶体闸流管的命名规则

表26-1 国产双向晶闸管断态重复峰值电压分挡

U_{DRM} （V）	100	200	300	400	500	600	700	800	900	1000	1200	1400	1600	1800	2000
分挡 标志	A	B	C	D	E	F	G	H	J	K	L	M	N	P	Q

国外晶体闸流管的型号，大都是按本国或本公司自己的命名方式定型号，其实物举例如图26-6（b）所示。常见的单向晶闸管有MCR100-8、BT169D、2N6564、SFOR1、CR02AM8、2P4M、SF5等，双向晶闸管有BCR1AM、MAC97A6、TLC336A、BTA06-600等。但这些型号命名规则大多数与同类晶体三极管一致，这里就不再详细介绍了。

（a）国产管　　　　　　　　　　　（b）进口管

图26-6　常用晶体闸流管的型号标注

无论是国产晶体闸流管还是进口（包括外资企业生产）晶体闸流管，从型号上都只能反映出几个主要的参数，其他许多参数却是型号中找不到的。对那些不能从型号标志上直接看出来的参数，就需要到产品说明书或半导体手册中去查找。表26-2给出了电子制作中经常用到的普通中、小功率晶体闸流管的型号和主要参数，仅供参考。

表26-2　常用中、小功率晶体闸流管的型号和主要参数

类别	型号	额定通态电流 I_T（A）	不重复浪涌电流 I_{TSM}（A）	断态重复峰值电压 U_{DRM}、U_{RRM}（V）	维持电流 I_H（mA）	通态平均电压 U_T（V）	控制极触发电压 U_{GT}（V）	控制极触发电流 I_{GT}（mA）
单向晶闸管	3CT1	1		30～3000	<20	1.2	<2.5	<20
	3CT5	5			<40		<3.5	<50
	KP1-4	1	20	400	<20	1.2	≤2.5	3～30
	MCR100-6	0.8		400			0.8	0.03～0.06
	MCR100-8			600				
	2P4M	2		400				0.01～0.03
	CR02AM8	0.3	10	400	3	1.6	0.8	0.1
	2N6564	0.5	6	300	5	1.7	0.8	0.2
	2N6565			400				

类别	型号	额定通态电流 I_T（A）	不重复浪涌电流 I_{TSM}（A）	断态重复峰值电压 U_{DRM}、U_{RRM}（V）	维持电流 I_H（mA）	通态平均电压 U_T（V）	控制极触发电压 U_{GT}（V）	控制极触发电流 I_{GT}（mA）
双向晶闸管	3CTS1	1	≥10	100~1500	<10	≤2.2	≤3	≤50
	3CTS2	2	≥20		<15			
	3CTS3	3	≥30		<30			
	3CTS4	4	≥33.6		<45			
	3CTS5	5	≥42		<60			
	MAC97A4	0.6	8.0	400			2~2.5	4
	MAC97A6			600				
	BCR1AM	1	10	200~600	25	1.6	2	5~10
	BCR3AM	3	30			1.5	1.5	30
	TLC336A	3		600				
	BT134-600E	2		600	<40		1.5	20~25
	BTA06-600C	6		600				10~45

引脚识别

笔者通过对常用晶体闸流管（包括国外型号）引脚排列位序的对比，发现基本有规律可循（如图26-7所示），这不像普通晶体三极管那样"混乱"，这对快速识别各引脚带来了极大的方便。常用单向晶闸管各引脚的排列位序如图26-7（a）所示，对于国产的金属圆形管帽封装的单向晶闸管，其管帽下有一个小凸口，把引脚对着自己，从凸口开始沿顺时针方向数，依次为阴极K、控制极（门极）G和阳极A。对于小型半圆柱状塑料封装管，其3个引线脚呈"一字形"排列，面对标有型号的一面，将电极引脚向下，从左到右依次为K、G、A脚。但需要注意的是，有些国外型号的小型半圆柱状塑料封装管（如CR02AM型等），其引脚排列位序从左到右依次为G、A、K脚。如果是带散热片的塑料封装管，其阳极A与散热片相通，引线脚从左到右依次为K、A、G脚。对于大功率金属螺栓式封装管，其螺丝杆一端是阳极A，另一端的大直头引线是阴极K，而小直角弯头引线是控制极G。

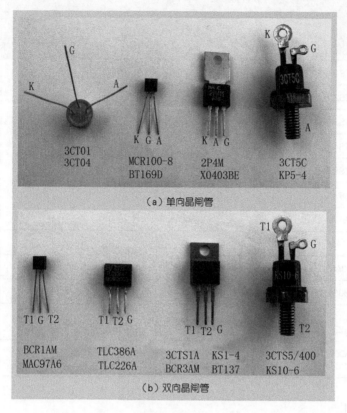

（a）单向晶闸管

（b）双向晶闸管

图26-7　常用晶体闸流管的引脚识别

　　常用双向晶闸管各引脚的排列位序如图26-7（b）所示，对于小型半圆柱状塑料封装管，面对标有型号的一面，从"一字形"排列的引线脚左边开始至右边，依次为主电极T1、控制极（门极）G、主电极T2。对于不带和带有散热片的方形塑料封装管，其主电极T2与散热片相通，引线脚从左到右依次为T1、T2、G脚。对于大功率金属螺栓式封装管，其螺丝杆一端是主电极T2，另一端的大直头引线是主电极T1，而小直角弯头引线是控制极G。

　　当遇到型号、封装和引脚排列不熟悉的晶体闸流管时，就要查阅有关资料或用万用表检测辨认后再接入电路。

电路符号

　　晶体闸流管的电路符号如图26-8所示。单向晶闸管的图形符号很像一个普通晶体二极管的符号，不同处是在原晶体二极管符号的负极旁边又引出了一条斜线，这就是单向晶闸管的控制极（门极）G。在符号正极一端引出的电极，就是单向晶闸管的阳极A；在符号负极一端引出的电极，就是单向晶闸管的阴极K。双向晶闸管的图形符号更加形象，将两个"晶体二极管"符号反向并联起来，表示控制极G能够通过主电极T1、T2，对电流实现"双向"控制。

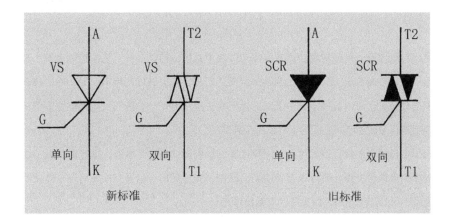

图26-8 晶体闸流管的符号

晶体闸流管的文字符号用字母VS（旧符号常用SCR）或V表示，在电路图中常写在图形符号旁边。若电路图中有多只同类元器件时，按常规就在文字后面或右下角标上数字，以示区别，如VS1、VS2……文字符号的下边，一般标出晶体闸流管的型号。

27 "以弱控强"的电磁继电器

电磁继电器是一种最常用的具有隔离功能的电磁操纵自动开关，它由控制系统（又称输入回路）和被控制系统（又称输出回路）两部分组成。它可做成利用声、光、磁、热等信号控制的自动开关，可以实现用一个低压安全电路去控制另一个高压或大电流电路等电路，并实现控制电路与被控电路之间的电气是完全隔离的。

由于电磁继电器具有控制可靠、隔离彻底、控制形式多样（接通、断开或转换）、可同时控制多组负载等特点，所以在自动控制、遥控、安全保护、信号交换等机电一体化及电力电子设备中得到广泛应用，是重要的控制器件之一。

结构及原理

图27-1所示是常用普通电磁继电器的内部结构示意图，它主要由铁芯、线圈、衔铁（动铁芯）、弹簧、动触点、静触点和一些接线端等组成。静触点包括常闭触点（动断触点）、常开触点（动合触点）两种。触点的材料通常用铜、银、金及其合金，其中以铂金合金为最好，这样的触点接触电阻小，并且不易氧化。平时，随衔铁联动的动触点与常闭触点接通。只要在线圈两端加上一定的电压，线圈中就会流过一定的电流，从而产生电磁效应，衔铁就会在电磁力吸引的作用下克服弹簧的返回拉力吸向铁芯，从而带动动触点与常闭触点分离、与常开触点接通，这一过程被称为电磁继电器的"吸合（动作）"。当线圈断电后，电磁的吸力也随之消失，衔铁就会在弹簧的反作用力下返回原来的位置，于是动触点与常闭触点恢复接通、与常开触点分离，这一过程被称为电磁继电器的"释放（复位）"。可见，随着电磁继电器的通电"吸合"和断电"释放"，通过触点组就可以轻而易举地实现对被控电路的"开"或"关"控制。由于通过线圈的工作电流与触点之间并没有电的联系，所以控制电路与被控制电路之间在

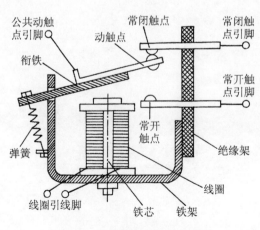

图27-1 电磁继电器内部结构示意图

电气上是完全隔离的。

对于电磁继电器的各个触点,可以这样来理解和区分:在线圈未通电的条件下,处于断开状态的静触点称"常开触点",处于接通状态的静触点称"常闭触点"。这两种静触点分别与动触点(公共触点)配合,构成一组完整的转换触点,才能完成对被控电路的"开"或"关"控制任务。而一个电磁继电器可以同时存在数组这样的触点(每组中可以缺少常开或常闭触点),以实现对多个不同负载的同步控制。

电磁继电器的工作原理可通过图27-2所示的实验电路来进一步说明:当开关SA断开时,电磁继电器的线圈无电流流过,线圈没有磁场产生,电磁继电器处于"释放"状态,其常开触点断开、常闭触点闭合,灯泡H1不亮、H2亮。当开关SA闭合时,电磁继电器的线圈中有电流流过,线圈产生磁场吸合内部衔铁,使电磁继电器处于"吸合"状态,其常开触点闭合、常闭触点断开,结果灯泡H1亮、H2熄灭。可见,电磁继电器是一种利用电磁原理来控制触点开关通、断的器件,它一般是用一种电回路去控制另一种电回路,这也是"继电器"一词的来历。电磁继电器的最大特点是:可以实现用较小的电流去控制较大的电流,用低电压去控制高电压,用直流电去控制交流电等,同时可以实现控制电路与被控电路之间电气的完全隔离。

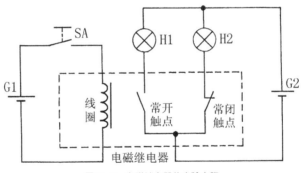

图27-2 电磁继电器的实验电路

外形和种类

常用电磁继电器的外形及分类如图27-3所示。电磁继电器几乎全部都封装在塑料、有机玻璃或金属防尘罩内,有的还是全密封的,以防人体触电或触点氧化。一般小型电磁继电器的密封性要远优于体积较大的继电器,这是因为它们大多数都设计制造成能够直接在印制电路板上焊接、并符合线路板整体清洗要求的产品,从而为使用提供方便。

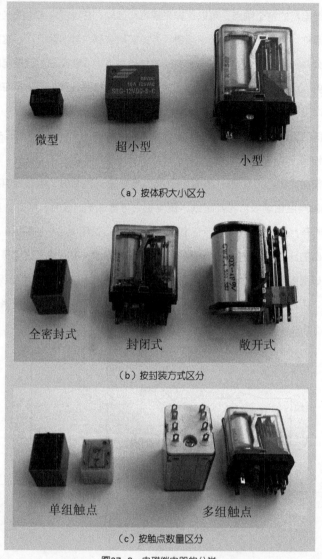

（a）按体积大小区分

（b）按封装方式区分

（c）按触点数量区分

图27-3　电磁继电器的分类

　　常用电磁继电器种类很多，按照体积大小不同，可分为图27-3（a）所示的微型、超小型和小型3种；按照封装形式不同，可分为图27-3（b）所示的不能打开外壳的全密封式、能够打开外壳的封闭式和不多见的无外壳敞开式；按照工作电压类型的不同，可分为直流型电磁继电器、交流型电磁继电器和脉冲型电磁继电器。按照触点形式的不同，可分为常开触点电磁继电器、常闭触点电磁继电器和转换触点电磁继电器。按照触点数量的不同，可分为图27-3（c）所示的单组触点电磁继电器和多组触点电磁继电器两类。多组触点电磁继电器既可以包括多组相同形式的触点，也可以包括多组不同形式的触点，它们可同时动作。

主要参数

选用电磁继电器需要关注的主要产品技术参数有以下几种。

①额定工作电压（电流）。这是指电磁继电器可靠地工作时需要加在线圈两端的电压（或流过线圈的电流）。根据电磁继电器的型号不同，可以是交流电，也可以是直流电。而同一种型号的电磁继电器，往往有多种额定工作电压（电流）以供选择，并在型号后面加规格号来区别。实际应用时，线圈两端所加的工作电压（或流过的电流）一般不允许超过额定工作电压（或电流）的1.5倍，否则会因过热而把线圈烧毁。

②线圈电阻。这是指电磁继电器中线圈的直流电阻，可以通过万能表来测量。对于直流电磁继电器，线圈电阻与额定工作电压和额定工作电流的关系符合欧姆定律，即线圈电阻＝额定工作电压÷额定工作电流。

③吸合电压（电流）。这是指电磁继电器能够产生吸合动作的最小电压（电流）。在正常使用时，加在线圈两端的电压（或通过线圈的电流）必须大于吸合电压（电流）、等于额定工作电压（电流），这样才能保证电磁继电器稳定可靠地吸动。吸合电压为额定工作电压的60%～85%。

④释放电压（电流）。这是指电磁继电器产生释放动作时所允许残存于线圈两端的最大电压（电流）。当电磁继电器在吸合状态下的线圈工作电压（或电流）减小到一定程度时，电磁继电器就会恢复到未通电的释放状态。释放电压（电流）要远小于吸合电压（电流）。

⑤触点负荷。也称触点容量，这是指电磁继电器的触点在切换负载时所能够承受的最大电压和电流值，它决定了触点控制负载的能力。例如，JRX-11型电磁继电器的触点负荷为直流1A×28V或交流0.5A×220V。使用中通过触点的电流、电压均不应超过规定值，否则会烧坏触点，造成电磁继电器的损坏。一个电磁继电器的多组触点的负荷一般都是相同的。

型号命名

国产电磁继电器的型号命名一般由5部分组成，其格式和含义如图27-4所示。第1部分用字母"J"表示"继电器"主称。第2部分用字母表示功率或形式，其中"W"表示微功率，"R"表示弱功率，"Z"表示中功率，"Q"表示大功率，"M"表示磁保持，"P"表示高频，"L"表示交流，"S"表示时间，"U"表示温度。第3部分用字母表示外形特征，其中"W"表示微型（最长边尺寸≤10mm），"C"表示超小型（最长边尺寸≤25mm），"X"表示小型（最长边尺寸≤50mm）。第4部分用1～2位阿拉伯数字表示产品序号。第5部分用字母表示封装形式，其中"F"表示封闭式，"M"表示密封式，无字母说明是敞开式。例如，JRW-5M为弱功率微型密封式电磁继电器，JZC-21F为中功率超小型封闭式电磁继电器，JQX-4为大功率小型敞开式电磁继电器。

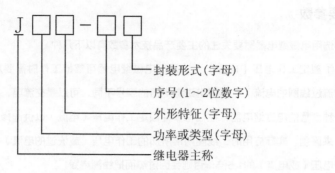

图27-4　电磁继电器的命名规则

　　实际上有的厂家生产的电磁继电器，其型号命名并不完全遵循上面的规则，有些采用"HG××××"格式命名（如：HG4100、HG4088、HG4099等），有些则按厂家自己制订的标准命名。尤其是合资企业生产的产品，多直接采用了国外型号。因此，市场上电磁继电器产品的型号可谓五花八门，令人无规律可循。其实在业余条件下选择和使用同一类型的电磁继电器时，大可不必对型号追根问底，只要产品的主要参数符合需求就行了。

　　表27-1给出了几种常用国产电磁继电器的型号及性能参数，仅供参考。其中"触点形式"中字母的含义为：H表示常开触点（动合触点），D表示常闭触点（动断触点），Z表示转换触点。字母前面的数字表示触点组数。例如，2H1D表示有两组常开触点和1组常闭触点；3Z表示有3组转换触点。需要说明的是，不同厂家生产的同一型号的产品，其触点负荷往往有所不同，使用时应以厂家产品说明书为准。

表27-1　几种常用国产电磁继电器的性能参数

类别	型号	规格代号	线圈电阻（Ω）	额定电压（V）	吸合电压或电流	释放电压或电流	触点负荷	触点形式	外形尺寸（mm）	消耗功率（W）
微型电磁继电器	JRW-6M	RG4.553.364	75	5	≤3.2V	≥0.4V	27V×0.5A（直流）	2Z	φ8.6×10.5（不含引脚）	≤0.43
		RG4.553.363	120	6	≤4.0V	≥0.6V				
		RG4.553.362	550	12	≤8.0V	≥1.2V				
		RG4.553.361	1700	27	≤17.0V	≥2.7V				
	JRW-130M	005	125	5	≤2.8V	≥0.23V	27V×2A（直流）	1Z	φ8.51×9.53（不含引脚）	≤0.2
		006	255	6	≤3.5V	≥0.28V				
		009	630	9	≤5.3V	≥0.54V				
		012	1025	12	≤7.0V	≥0.63V				
		018	2300	18	≤10.5V	≥0.91V				
		027	4000	27	≤14.2V	≥1.37V				

类别	型号	规格代号	线圈电阻（Ω）	电参数			触点负荷	触点形式	外形尺寸（mm）	消耗功率（W）
				额定电压（V）	吸合电压或电流	释放电压或电流				
超小型电磁继电器	JRC-21F	HG4100.003	25	3	≤2.2V	≥0.3V	24V×1A（直流）	1Z	15×10.2×10（不含引脚）	≤0.45
		HG4100.006	100	6	≤4.5V	≥0.6V				
		HG4100.009	220	9	≤6.7V	≥0.9V				
		HG4100.012	400	12	≤9V	≥1.2V				
		HG4100.024	1600	24	≤18V	≥2.4V				
	JZC-7F	HG4099.003	25	3	≤2.2V	≥0.3V	24V×1A（直流）	2Z	21×16.5×15（不含引脚）	≤0.36
		HG4099.006	100	6	≤4.5V	≥0.6V				
		HG4099.009	220	9	≤6.7V	≥0.9V				
		HG4099.012	400	12	≤9V	≥1.2V				
		HG4099.024	1600	24	≤18V	≥2.4V				
	JQC-3FA	T73.003	25	3	≤2.1V	≥0.3V	24V×5A（直流）、120V×5A（交流）	1Z	22×15.8×16（不含引脚）	≤0.36
		T73.005	70	5	≤3.5V	≥0.5V				
		T73.006	100	6	≤4.2V	≥0.6V				
		T73.009	225	9	≤6.3V	≥0.9V				
		T73.012	400	12	≤8.4V	≥1.2V				
		T73.024	1600	24	≤16.8V	≥2.4V				
		T73.048	6400	48	≤33.6V	≥4.8V				
小型电磁继电器	JRX-13F	SRM4.523.037	300	12	≤20mA		48V×0.25A（直流）、110V×0.3A（交流）	2Z	35×20×26（不含引脚）	≤0.4
		SRM4.523.036	700	18	≤13mA					
		SRM4.523.038	1200	24	≤9.5mA					
		SRM4.523.035	4600	48	≤6mA	3mA				
	JQX-1F JQX-4F	RJ4.523.073	25	6	≤4.1V		28V×5A（直流）、250V×5A（交流）	3Z	40×35×48（不含引脚）	≤1.5
		RJ4.523.072	90	12	≤8.2V					
		RJ4.523.071	150	16	≤11.0V					
		RJ4.523.061	450	24	≤17.0V					
		RJ4.523.060	900	36	≤25.0V					
		RJ4.523.059	1500	48	≤33.0V					
		RJ4.523.058	2500	60	≤43.0V					
		SRM4.500.092	110	6	≤40mA	≥8mA	220V×3A（交流）	4H、1Z2H、2Z	45×30×55（不含引脚）	≤0.5
		SRM4.500.093	450	12	≤20mA	≥4mA				
		SRM4.500.094	1800	24	≤10mA	≥2mA				
		SRM4.500.095	7200	48	≤5mA	≥1mA				

产品标识

电磁继电器具有两个线圈引脚和若干个触点引脚，非密封型和透明外壳的产品引脚可直接观察识别。密封型电磁继电器一般会将引脚示意图标示在外壳上，如图27-5（a）所示。只带一组转换触点的电磁继电器，是应用最普遍的产品，它有常开触点、常闭触点和公共动触点（转换触点）3个触点引脚，加上线圈的2个引脚，这种电磁继电器总共有5个引脚，并且多按照图27-5（b）所示的脚位排列。电磁继电器的外壳上一般均标出型号、主要参数、生产厂家标识等，如图27-5（c）所示，这为识别和使用提供了方便。如果需要了解更详细的参数和性能特点等，需要查阅厂家产品说明书或电磁继电器产品手册等。

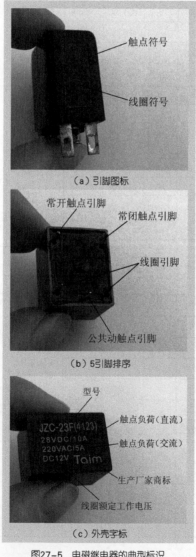

（a）引脚图标

（b）5引脚排序

（c）外壳字标

图27-5　电磁继电器的典型标识

电磁继电器品种繁多，其引脚数目有多有少，引脚排位各不相同，使用时只能根据产品外壳上给出的引脚图标或产品说明书提供的脚位图获得具体的引脚排列状况。图27-6给出了一些常用电磁继电器的引脚排位底视图（其符号含义参见图27-7），供使用者参考。对于标识不清楚，也无法打开外壳观察引脚排列及触点形式的电磁继电器，可借助万用表欧姆挡进行测试，并作出正确判断。

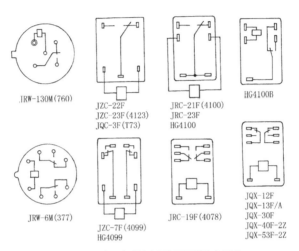

图27-6　常用电磁继电器的引脚排位底视图

另外，常用的电磁继电器按线圈供电方式不同，可分为交流电磁继电器与直流电磁继电器两种，直流电磁继电器外壳上所标出的额定工作电压值前面或后面一般还标有"DC"（直流）字符，参见图27-5（c），而交流电磁继电器上则标有"AC"（交流）字符。对于非密封的产品，还可观察铁芯顶端是否嵌有一个铜制的短路环，有铜环者为交流电磁继电器，无铜环者则为直流电磁继电器，依此也可将两者区分开。

电路符号

电磁继电器在电路图中的表示符号如图27-7所示。需要说明的是：这种电路符号是所有触点式继电器通用的符号。电磁继电器的图形符号包括线圈和触点两部分，线圈用带两根引线的方框来表示，方框内标出文字符号K（旧符号为J）；触点的图形符号有常开触点、常闭触点和转换触点3种，文字符号通常用K_H、K_D和K_Z来表示，触点符号在电路图中所反映的状态是指线圈未通

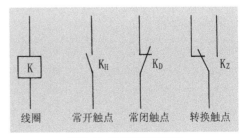

图27-7　电磁继电器的符号

电的原始状态。

电磁继电器一般只有一个线圈，但其触点有时根据需要可设置为多组。在电路图中触点（通常只画出与控制电路有关的触点）既可以画在线圈图形符号的旁边，也可以根据需要将若干触点分散画在远离该线圈图形符号的地方，以方便电路图的整体布局和绘制。当同一个电路图中出现多个电磁继电器时，可按习惯在文字符号中加入数字编号，以区分不同电磁继电器及其触点。

28 灵敏可靠的干簧继电器

　　干簧继电器是一种利用线圈产生的磁场直接磁化舌簧片式触点开关，并让其产生接通或断开动作的继电器。干簧继电器与电磁继电器比较，最大的特点是触点完全密封，由于它具有结构简单、体积小巧、动作速度快、灵敏度高、工作稳定、触点寿命长等优点，所以在各种微电子检测、自动控制、通信和遥控等领域得到广泛应用。

　　干簧继电器与电子爱好者经常使用的"干簧管"密不可分。简单地说，把干簧管放入线圈中，就制成了干簧继电器。

结构及原理

　　干簧继电器由干簧管（全称：干式舌簧开关管）和驱动线圈两大部分组成，其基本结构如图28-1所示。干簧管由2片（或3片）既能导磁导电、又具有良好弹性的铁镍合金"舌"样簧片构成，舌簧片的触点部分通常镀有贵重金属（如金、铑、钯等），以使其接通后具有良好的导电性能；由于包括触点在内的舌簧片被密封在充有氮气等惰性气体的玻璃管内，既有效防止了外界尘埃、有机蒸汽等对触点的污染和腐蚀，又大大减少了触点动作瞬间所产生的电火花对触点造成的氧化或碳化，所以可显著地提高工作可靠性。驱动线圈绕制在绝缘骨架上，通常将干簧管置入线圈的骨架中间，以利用线圈内磁场进行有效驱动；也有的产品是将干簧管紧靠在绕好的线圈旁边，利用线圈的外磁场进行驱动，并且为了增强驱动力还给线圈的骨架中间加上了铁芯。另外，同一干簧继电器的线圈骨架内，可以同时放入几个干簧管，从而制成多组触点同步动作的干簧继电器。

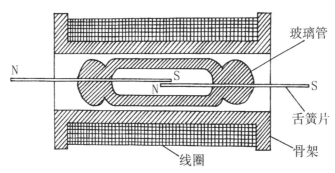

图28-1　干簧继电器的基本结构

　　干簧继电器的触点形式取决于所用的干簧管。干簧管有常开（H）、常闭（D）与转换（Z）3种不同形式，其剖视图如图28-2所示。常开式干簧管的舌簧片分别固定在玻璃管的两端，它们在线圈（或磁铁）的作用下（见图28-3），一端所产生的磁性恰好跟另一端相反，因此两触点依靠磁的"异性相吸"克服舌簧片的弹力而闭合；常闭式干簧管的舌簧片则固定在玻璃管的同一端，在外磁场的作用下两者所产生的磁极性相同，因此两触点依靠"同性相斥"克服舌簧片的弹力而断开；在常闭式舌簧片的基础上再加一常开的舌簧片，就构成了转换式的触点。实际上常闭式干簧管少有产品生产，厂家产品多见常开式和转换式两种。

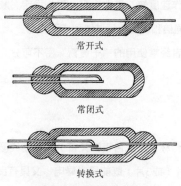

常开式

常闭式

转换式

图28-2　干簧管的触点种类

干簧管的最大性能特点是：具有高可靠性、高安全性（绝缘电阻高达$10^{15}\Omega$）、高适应性（典型工作温度范围为-50～+150℃）和超长的寿命（触点动作寿命可达百万次至1亿次以上）；其结构紧凑、体积微小（目前最小尺寸已达到ϕ2mm×11mm）；优越的电性能（触点导通电阻≤50mΩ）和高速度反应，使其成为能直接用于晶体管电路或集成电路的一种特殊传感器或开关组件。由于干簧管具有这些独特的优点，所以用它制造的干簧继电器也得到了非常广泛的应用，特别是在某些要求质量、可靠性及安全至上的苛刻应用场合中成为首选产品。

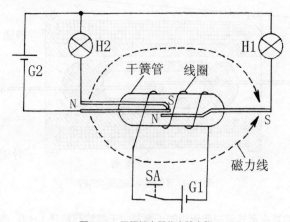

图28-3　干簧继电器的实验电路

干簧继电器的工作原理可通过图28-3所示的实验电路来进一步说明：当开关SA闭合时，干簧继电器处于"吸合"状态。此时，干簧继电器的线圈中有电流流过，线圈产生的磁场使密封在干簧管内的铁质舌簧片磁化，其中左、右两个常开舌簧片在磁力作用下变为接通状态，左边两个常闭舌簧片在磁力作用下变为分离状态，即常开触点闭合、常闭触点断开，结果灯泡H1亮、H2熄灭。当开关SA断开时，干簧继电器恢复"释放"状态。此时，干簧继电器的线圈中无电流流过，线圈不再产生磁场，干簧管内部的舌簧片依靠自身弹力自动恢复到原来的位置，即常开触点断开、常闭触点闭合，于是，灯泡H1熄灭、H2亮。可见，干簧继电器是一种利用线圈电磁力直接控制干簧管内部触点开关通、断的继电器。

外形和种类

干簧继电器的种类很多，它们大多数封装在塑料外壳或金属防磁罩内，但也有一些产品没有外壳，其外观可以看见绕在塑料骨架上的线圈和置入骨架中间的干簧管等。

常用干簧继电器的外形及分类如图28-4所示。按照体积大小不同，可分为如图28-4（a）所示的微型和小型两大类。按照封装方式不同，可分为如图28-4（b）所示的全密封式和半密封式两大类。一般微型产品都是全密封式，被设计制造成能够直接在印制电路板上焊接（如标准单列封装SIP和双列封装DIP）、并符合线路板整体清洗要求的产品；小型产品多数为半密封式，其干簧管密封、线圈不密封。但无论是哪一种产品，干簧管的触点均是密封的。按照触点形式的不同，可分为常开触点干簧继电器、常闭触点干簧继电器和转换触点干簧继电器。按照触点数量的不同，可分为如图28-4（c）所示的单组触点干簧继电器和多组（2～4组）触点干簧继电器。多组触点干簧继电器既可以包括多组相同形式的触点，也可以包括多组不同形式的触点，它们可同时动作。

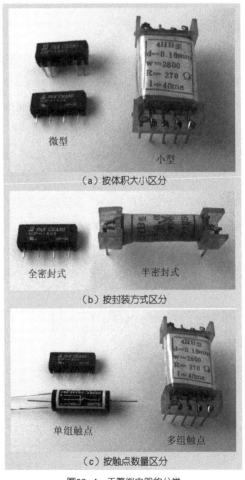

（a）按体积大小区分

（b）按封装方式区分

（c）按触点数量区分

图28-4　干簧继电器的分类

主要参数

　　干簧继电器的主要产品技术参数有额定工作电压（电流）、线圈电阻、吸合电压（电流）、释放电压（电流）、触点负荷（触点容量）等，其含义跟电磁继电器相同，这里不再赘述。

　　有些厂家的干簧继电器采用"吸合安匝"、"释放安匝"来表示触点动作的特性，其具体含义是：干簧继电器工作时，线圈匝数与线圈中通过电流大小的乘积被称为安匝，这是磁动势的单位，安匝数愈大，线圈产生的磁感应强度越大，作用到干簧管的磁力也就越大。当通过线圈的电流大到一定程度时，干簧管内的常开触点就会闭合。吸合安匝（也叫动作安匝）即指干簧管失去常态所需要的最小安匝数，而释放安匝是指能够使干簧管返回常态时的最小安匝数。显然，释放安匝要远小于吸合安匝。一般小型干簧管触点吸合所需要的磁动势为15~90安匝，吸合安匝愈小，说明干簧继电器的动作灵敏度越高。

型号命名

　　国产干簧继电器最常用的型号命名一般由5部分组成，其格式和含义如图28-5所示。第1、2部分实际上为所用干簧管的型号，并且第2部分用阿拉伯数字代号表示干簧管的种类（包括外形、安匝、触点负荷等的不同），但通常主要指干簧管的外形尺寸（玻璃壳直径×玻璃壳长度×总长度），即"2"为"$\phi 4mm \times 36\ mm \times 90\ mm$"，"3"为"$\phi 3\ mm \times 20\ mm \times 40\ mm$"，"4"为"$\phi 3\ mm \times 20\ mm \times 38\ mm$"，"6"为"$\phi 2.5\ mm \times 16\ mm \times 30\ mm$"，"7"为"$\phi 5.4\ mm \times 52\ mm \times 83\ mm$"……第3部分用阿拉伯数字直接表示触点组数。第4部分用字母表示触点形式，其中"H"表示常开触点（动合触点），"D"表示常闭触点（动断触点），"Z"表示转换触点。第5部分用字母区分同一产品额定工作电压的不同，如"A"代表"6V"，"B"代表"12V"，"C"代表"24V"等，有时不用字母，直接标出额定工作电压。表28-1给出了几种常用国产干簧继电器的型号及性能参数，仅供参考。

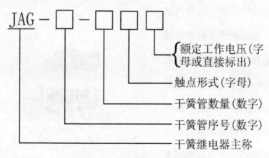

图28-5　干簧继电器的命名规则

表28-1　几种常用国产干簧继电器的性能参数

型号	线圈数据			额定电压或电流	吸合电流（mA）	释放电流（mA）	触点数据			装干簧管数量
	线径（mm）	直流电阻（Ω）	匝数				触点负荷	接触电阻	寿命（次）	
JAG-2-1HA	0.10	93±5%	2200	6V	≤44	≥9	24V×0.2A（直流）	0.07	10⁷	1
JAG-2-1HB	0.07	370±5%	4200	12V	≤22	≥45				
JAG-2-1HC	0.05	1200±5%	7000	24V	≤13.5	≥3				
JAG-2-1ZA	0.10	93±5%	2200	6V	≤44	≥9	24V×0.1A（直流）	0.15	10⁶	1
JAG-2-1ZB	0.07	370±5%	4200	12V	≤22	≥45				
JAG-2-1ZC	0.05	1200±5%	7000	24V	≤13.5	≥3				
JAG-4-2HA	0.09	200±10%	2600	32mA	≤16	≥3	12V×0.05A（直流）	0.15	10⁶	2
JAG-4-2HB	0.07	520±10%	4300	20mA	≤10	≥1.8				
JAG-4-2HC	0.05	2000±10%	7300	12mA	≤6	≥1				
JAG-4-3HA	0.11	130±10%	2100	46mA	≤23	≥3.5	12V×0.05A（直流）	0.15	10⁶	3
JAG-4-3HB	0.08	460±10%	3600	26mA	≤13	≥2				
JAG-4-3HC	0.05	2180±10%	7200	13mA	≤6.5	≥1				
JAG-4-4HA	0.13	90±10%	1600	60mA	≤30	≥4.5	12V×0.05A（直流）	0.15	10⁶	4
JAG-4-4HB	0.10	270±10%	2800	40mA	≤20	≥2.8				
JAG-4-4HC	0.06	1180±10%	4800	20mA	≤10	≥1.6				
JAG-5-2H-12V	0.27	50±10%	2500	12V	≤130	≥35	最大电压300V（直流）最大电流2A最大功率200W	0.5	5×10⁴	2
JAG-5-2Z-12V										
JAG-5-2H-27V	0.17	310±10%	6000	27V	≤55	≥14				
JAG-5-2Z-27V										

　　实际上，各厂家对干簧继电器型号的命名并不是完全遵循上面的规则，有些按本厂自订的标准命名，有些则直接采用了国外型号。不同厂家生产的同一型号的产品，其触点负荷等参数往往也有所不同。所以在业余条件下选择和使用同一类型的干簧继电器时，大可不必对型号追根问底，只要产品的主要参数符合需求就可以了。

产品标识

　　干簧继电器具有两个线圈引脚和若干个触点引脚，半密封型或透明外壳的产品引脚可直接观察识别，如图28-6（a）所示。全密封型干簧继电器一般会将引脚示意图标示在外壳上，如图28-6（b）所示。微型干簧继电器无法标志，只能通过厂家提供的引脚排列图对照识别，或者借助万用表欧姆挡进行测试，并作出正确判断。

　　干簧继电器的外壳上一般均标出型号、主要参数、生产厂家标识等，如图28-6（c）所示，这为识别和使用提供了方便。如果需要了解更详细的参数和性能特点等，需要查阅厂家产品说明书或干簧继电器的产品手册等。

电路符号

干簧继电器在电路图中表示的规范符号，与电磁继电器完全相同，这里不再赘述。

但常见的一些电路图中，将干簧继电器的电路符号绘成图28-7所示的象形符号，这在分析和阅读时显得直观、明了。这一图形符号实际上是由"干簧管图形符号+线圈图形符号=干簧继电器图形符号"演变而来。但要注意，它不是规范的图形符号，标准的图形符号与电磁继电器是一致的，读者应了解这一点，以免造成不必要的疑惑或误解。

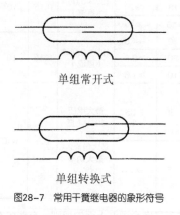

单组常开式

单组转换式

图28-7　常用干簧继电器的象形符号

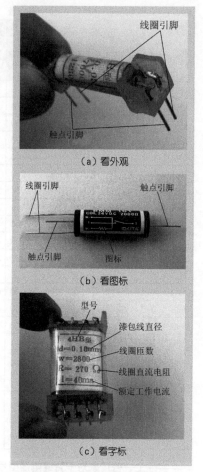

（a）看外观

（b）看图标

（c）看字标

图28-6　干簧继电器的识别方法

29 没有触点的固态继电器

　　固态继电器（Solid State Relay）简称SSR，是一种由集成电路和分立元器件组合而成的"一体化"无触点电子开关器件，它采用电子线路实现继电器的功能，依靠光电耦合器（或其他耦合方式）实现控制系统（输入回路）与被控制系统（输出回路）之间的电气隔离。由于在开关过程中无机械接触部件，因此具有控制功率小、可靠性高、寿命长、无噪声、无火花、无电磁干扰、开关速度快和工作频率高等突出优点。

　　固态继电器自1974年问世以来，已在许多自动化控制装置中取代了电磁继电器，并且广泛用于电磁继电器无法应用的领域。

结构及原理

　　常用固态继电器几乎都是模块化的四端有源器件，其中两端为输入控制端，另外两端为输出受控端，其基本构成如图29-1所示。器件中多采用光电耦合器实现输入与输出之间的电气隔离。输出受控端利用开关三极管、双向晶闸管等半导体器件的开关特性，实现无触点、无火花地接通和断开外接控制电路的目的。整个器件无可动部件及触点，可实现相当于常用电磁继电器一样的功能。

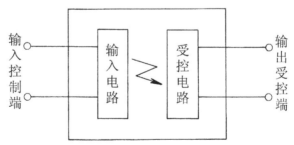

图29-1　常用固态继电器构成图

　　普通固态继电器的内部等效电路如图29-2所示。当给固态继电器的输入端IN接上合适的控制信号时，其输出端OUT就会从关断状态变为导通状态；控制信号撤消后，输出端OUT恢复关断状态。从而实现了对输出端所接负载（注意负载应串入输出端回路）电源的无触点"开"或"关"自动控制。

　　固态继电器按输出端极性的不同，可分为直流式和交流式两大类。直流固态继电器（DC-SSR）的电路原理参见图29-2（a），其控制电压由输入端IN输入，通过光电耦合器将控制信号耦合至接收电路，经放大处理后驱动开关三极管VT导通。显然，直流固态继电器的输出端OUT在接入被控电路回路中时，是有正、负极之分的。交流固态继电器（AC-SSR）的电路原理参见图29-2（b），与直流固态继电器不同的是，其开关元件采用了双向晶闸管VS或其他交流开关，因此它的输出端OUT无正、负极之分，可以控制交流回路的通断。

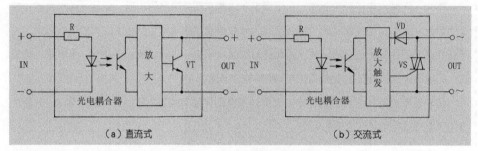

图29-2　固态继电器等效电路

由于固态继电器的输入端和输出端之间采用了成熟可靠的光电隔离等技术，这使得所接控制弱电和被控强电在电气上完全隔离，因此从各种弱电设备输出的信号可以直接加在固态继电器的输入控制端上，无需另外的保护电路等。固态继电器和传统的电磁继电器相比较，具有的优点是：工作可靠、寿命长、无噪声、无火花、无电磁干扰、开关速度快、抗干扰能力强、体积小、耐冲击、耐振动、防爆、防潮、防腐蚀，能与TTL、DTL、HTL等逻辑电路兼容，可以通过微小的控制信号实现直接驱动大电流负载的目的。正因为如此，固态继电器在很多领域正逐渐取代电磁继电器。

但固态继电器也存在一些缺点，主要是输出端在导通时存在一定的电压降，即本身有功耗，需采取相应的散热措施；在断开时存在一定的漏电流。另外，固态继电器的控制状态比较单一、过载能力差，并且直流继电器和交流继电器不能通用。

外形和种类

固态继电器按封装材料不同，可分为如图29-3（a）所示的塑料壳封装型（带散热板或不带散热板）、金属壳封装型（多用环氧树脂灌封）两大类；按外形结构不同，可分为如图29-3（b）所示的双列直插式、针孔焊接式、插接式、装置式等。双列直插式和针孔焊接式的输出端工作电流一般在5A以下，可直接在印制电路板上安装焊接，且不需散热，其封装形式多为全塑料封装或金属壳封装；插接式需配有专用插接件，使用时只要插入配套的插件即可；装置式适合在配电板上安装，其容量在10A以上，一般要求配有大面积的散热板。

如果按照输出端所控负载功率的大小分类，可分为如图29-3（c）所示的小功率固态继电器、中功率固态继电器和大功率固态继电器。按照输出端所控负载的极性不同，可分为如图29-3（d）所示的直流固态继电器和交流固态继电器两大类，其中交流固态继电器应用比较普遍。交流固态继电器按开关方式不同，可分为过零型（Z型）和随机型（P型），按输出开关元件不同，可分为普通型（双向晶闸管输出型）和增强型（单向晶闸管反并联型）。

另外，按照固态继电器内部所采用元器件的不同，可分为分立元器件组装型、厚膜电路组装型、单片集成电路组装型等。按照所采用电气隔离元器件的不同，可分为光电隔离型（包括光电耦合器、光控晶体管和光控晶闸管等）、干簧继电器隔离型、变压器隔离型等。

基本参数

固态继电器的主要产品技术参数分输入参数、输出参数、其他参数3大类，现将主要参数介绍如下。

①输入电压范围/输入电流。输入电压范围是指在环境温度25℃以下，能够使固态继电器正常工作所必须（指最小值）或允许（指最大值）输入的电压范围值。而输入电流则是指在某一特定输入电压下，所对应的输入电流值。

②可接通电压/可关断电压。可接通电压是指在输入端所加的电压达到或大于该电压值时，能够确保输出端导通；可关断电压是指在输入端所加的电压达到或低于该电压值时，能够确保输出端关断。

③额定输出电压/额定工作电流。额定输出电压是指输出端所能够承受的最高负载工作电压。额定工作电流则是指在环境温度25℃时，输出端所能够通过的最大稳态工作电流。

④输出电压降/输出漏电流。输出电压降是指固态继电器处于导通状态时，在额定工作电流下所测得的输出端电压值。输出漏电流是指固态继电器处于关断状态时，在输出端施加额定输出电压的条件下所测得的流经负载的电流值。显然，衡量一个固态继电器的优劣，它的输出电压降和输出漏电流均应越小越好。

⑤浪涌电流。这是指固态继电器处于导通状态

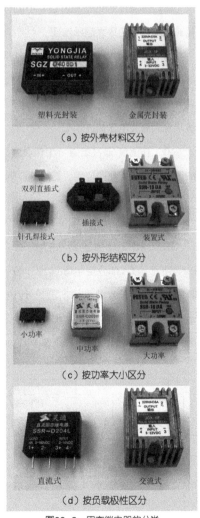

（a）按外壳材料区分

（b）按外形结构区分

（c）按功率大小区分

（d）按负载极性区分

图29-3　固态继电器的分类

时，输出端所能承受、且不致造成器件永久性损坏的非重复最大浪涌（或过载）电流。交流固态继电器的浪涌电流为额定工作电流的5~10倍（1个周期），直流产品为额定工作电流的1.5~5倍（1s）。

⑥功耗。这是指固态继电器在激励和去激励两种状态下，本身所耗散的最大功率值。

⑦接通时间/关断时间。接通时间是指常开型固态继电器从施加输入电压开始，到输出端开始导通且输出电压达到其电压最终变化的90%时，所需要的时间长短。关断时间是指常开型固态继电器从切除输入电压开始，到输出端开始关断且输出电压达到其电压最终变化的90%时，所需要的时间间隔。显然，接通时间和关断时间越短，说明固态继电器的开关性能越好。

⑧过零电压。针对交流过零型固体继电器而言，它是指输入端加上额定电压，能使继电器输出端导通的最大起始电压。

⑨绝缘电阻/绝缘强度。绝缘电阻是指固态继电器输入端与输出端、输入端与外壳（包括散热底板）、输出端与外壳之间，在施加上一定直流电压（如550V）时，所测量得到的电阻值。绝缘强度也叫介质耐压，它是指输入与输出端、输出端与外壳、输入端与外壳之间所能够承受的最大电压值。

⑩工作温度/最高结温。工作温度是指固态继电器按规范安装或不安装散热板时，所允许的正常工作环境温度范围。最高结温则是指输出开关元件所允许的最高结温。

型号命名

国产固态继电器最常用的型号命名（部颁标准）一般由6部分组成，其格式和含义如图29-4所示。第1部分用字母"JG"表示固态继电器；第2部分用字母表示产品的体积大小，其中"W"代表"微型"，"C"代表"超小型"，"X"代表"小型"；第3部分用数字表示产品序号；第4部分用字母表示产品分类，其中"F"代表封闭式交流输出，"FA"代表封闭式直流输出，"M"代表金属全密封；第5部分用数字和字母表示规格参数——头一组数字表示最大输入电压（单位"V"不标出），后两组数为额定工作电流和额定输出电压；第6部分用数字表示产品类型，其中"0"代表过零型，"1"代表"随机（调相）型"，直流输出的产品无此数字。例如：某固态继电器的型号为JGX-IOF/014-

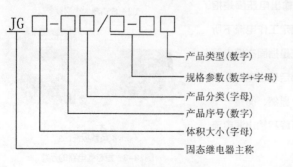

图29-4 固态继电器的命名规则

40A220V-0，它表示该产品是小型塑封式过零型交流输出固体继电器，最大直流输入电压为14V，额定工作电流为40A，额定输出电压为220V。有时在电路图等资料中型号的后3部分被省略，仅标出前3部分。

目前，国内外固态继电器的型号命名方法五花八门，即使是国内各厂家的产品，往往在型号命名及规格标志上也存在很大差异。例如：北京灵通电子有限公司生产的"灵通"系列固态继电器，其第1部分用字母"S"表示普通交流固态继电器（大功率产品不标字母），"D"表示普通直流固态继电器，并且"S"或"D"前面加有"H"表示该产品为"增强型"；第2部分用字母"A"表示控制信号为"交流电"，如无此字母则表示为"直流电"；第3部分用数字表示工作电压，其中"2"表示"24～240V"，"3"表示"40～420V"，"6"表示"45～660V"；第4部分用数 字表示额定工作电流，单位A（不标出）；第5部分用字母表示产品类型，其中"Z"代表过零型，"P"代表"随机（调相）型"，直流输出的产品此位无字母；第6部分用字母表示外形，常见字母有"K""L""W""F"等几种。表29-1给出了几种常用固态继电器的型号及性能参数，仅供参考。

表29-1　几种常用固态继电器的性能参数

类别	型号	输入参数			输出参数					其他参数	
		输入电压范围（V）	输入电流（mA）	可关断电压（V）	额定输出电压（V）	额定工作电流（A）	浪涌电流（A）	通态压降（V）	断态漏电流（mA）	接通时间（ms）	关断时间（ms）
直流固态继电器	JGC-3FA	3～7	5	0.8	80	1	2	1.5	5	0.1	1
	JGX-5FA（014-5A110V）	3～14	10	0.8	110	5	20	1.3	2	0.02	0.3
	JGX-10FA（014-10A110V）	3～14	18	0.8	110	10	40	1.3	1	1	5
	D204L	3～10	>5	0.6	180	4		1.5	0.1	1	1
	D205W	3.2～32	>5	0.6	180	5		1.5	0.1	1	1
	SGS0305D1	3～16	>5	0.8	50	3		1.6	10	1	1
	GTJ-1DP	6～30	>3		24	1		1.5	10	0.2	1
	TDC10A28V	3～6	<30		28	10		1.5		1	1
	D210K	3～32	>5	0.6	180	10		1.5	0.2	1	1
交流固态继电器	JGC-3F	3～7	15	1	220	1	2	1.5	5	≤10	≤10
	JGX-5F（032-5A220V）	3～32	16～30	1.5	220	5	50	1.5	5	≤10	≤10
	JGX-12F	3.2～8	20	1.5	250	12	20	1.5	5	≤10	≤10
	S203ZA	3～12	>5	0.8	240	3		1.5	1.5	≤10	≤10
	S203PW	3～12	>5	0.8	240	3		1.5	1.5	≤1	≤10
	SGS0344ZD1	3～16	>5	1	240	3		1.6	≤10	≤10	≤10
	SGS0444ZD1	4～5	>5	1	440	4		1.6	≤10	≤10	≤10
	GTJ-1AP	3～30	<30		220	1		1.8	<5		
	JGX-1533F	3.2～14	16		220	10		1.5		≤10	≤10
	SP1110	2～6	10～50		600	3	15		≤1		
	TAC08A220V	3～6	<30		220	8	80	1.8		≤10	≤10

类别	型号	输入参数			输出参数					其他参数	
		输入电压范围（V）	输入电流（mA）	可关断电压（V）	额定输出电压（V）	额定工作电流（A）	浪涌电流（A）	通态压降（V）	断态漏电流（mA）	接通时间（ms）	关断时间（ms）
	HSA208ZK	3～32	＞5	0.8	240	8		1.5	10	≤10	≤10
	HSA208PK	3～32	＞5	0.8	240	8		1.5	10	≤1	≤10

固态继电器的型号中包含了产品的主要特征和重要参数信息，由于各厂家对产品型号命名的方法不统一，给使用者带来了一定的不便。这就要求使用者在选用固态继电器时，必须认真查阅厂家说明书，弄清楚产品的命名方法，弄清楚主要电气参数，确保正确合理地使用。

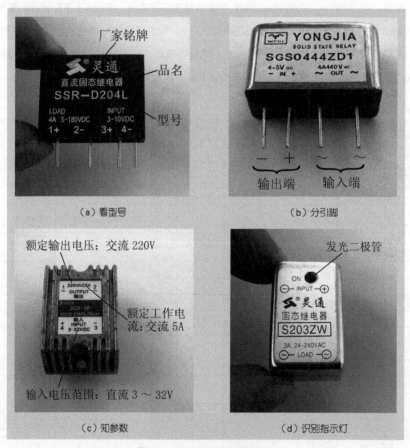

图29-5　固态继电器的识别方法

产品标识

常用固态继电器都是四端器件，其外壳除了标出图29-5（a）所示的产品名称（有时用字母"SSR"表示）、型号、厂家铭牌外，还将引脚功能直接标示在外壳上，如图29-5（b）所示。体积较大的大功率固态继电器，不仅标志出了引脚功能，而且还将输入电压范围或输入电流、额定输出电压和额定工作电流等参数直接标示在相应的引脚附近，如图29-5（C）所示。可见，尽管固态继电器（尤其是微、超小型产品）的输入端和输出端在排列顺序上没有什么规律，但其引脚识别起来还是比较容易的。

有些固态继电器的外壳上面还开出了一个小圆孔，并露出红色发光二极管的管帽，该发光二极管多系输入端工作状态指示灯，这是普通电磁继电器所没有的，如图29-5（d）所示。如果需要了解更详细的参数和性能特点等，需要查阅厂家产品说明书或固态继电器产品手册。

电路符号

固态继电器在电路图中的表示符号见图29-6。注意：图形符号各引脚旁边（方框内、外均可）分别标出电极性符号，输入端和输出端按惯例不要画在同一边或相邻的一边上。当同一个电路图中出现多个固态继电器时，可按习惯在文字符号后面加上数字编号，以示区别。

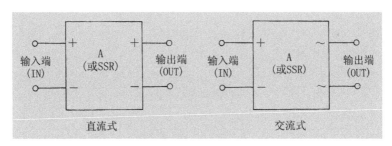

图29-6　固态继电器的符号

第九章 开关与保护器件

　　开关是几乎所有电路、设备、仪器中都要使用到的基础器件。机械开关作为一种应用广泛的机电控制器，在各种电路和设备中起着接通、切断、转换等控制作用。而接插件则是实现电路器件、部件或组件之间可拆卸连接的最基本的机械式连接器，包括各种插头、插座与接线端子等，它们同时兼具开关功能。

　　保护器件是各种电子设备与电路中名副其实的"安全卫士"和"保护神"。压敏电阻器作为一种敏感器件，其特点是当外加电压达到它的临界值时，电阻值会急剧变小，主要用于过电压保护和抑制浪涌电流。保险器件主要用于对电子设备或电路的短路和过载进行主动保护，包括各种保险丝和保险电阻器等。

30 通断自如的机械开关

　　机械开关通常简称开关，它几乎是任何电路、设备、仪器都离不了的一种机电控制器件，其主要功用是接通、断开或转换电路。

　　许多书刊对机械开关的介绍都很简单，往往使初学者认为它是一个很简单且无足轻重的普通元器件。但其实不然，机械开关在各种电路中的工作状况如何，将直接关系和影响到整个电路能否正常工作。由于机械开关在实际应用中的故障率很高，所以必须对其有足够的重视和了解。下面将着重介绍一般常用的小型机械开关。

结构及原理

　　尽管我们经常用到的机械开关形形色色、各种各样，但它们的基本构成和工作原理都是大同小异，其典型结构原理如图30-1所示。可见，每一个机械开关都是由动触点（简称"刀"或"极"）、静触点（简称"位"或"掷"）、引脚（接线端）、传动定位机构以及人手操作部件等组成。当人手（或其他外力）拨动机械开关的拨柄（或按动按钮）时，动触点就会与静触点接通或断开，从而起到接通或断开电路的作用。

　　通常一个机械开关最少由一动、一静两个触点构成，其中与动触点相连的接线端被称为动触点引脚，与静触点相连的接线端被称为静触点引脚。若一个机械开关只有一个动触点，且该动触点仅能与一个静触点接通，则这个开关就是单刀单位开关，它只有两个引脚。若一个机械开关有3个引脚，且其中的一个引脚与动触点相连（通常为中间引脚），另外的两个引脚与静触点相连，而且动触点可以轮流在两个静触点之间进行切换，则这个开关就称为单刀双位开关。将两

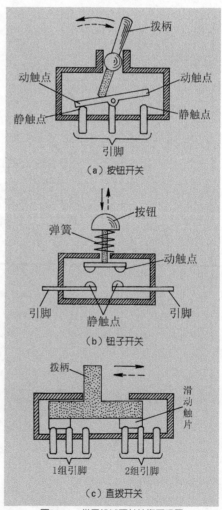

（a）按钮开关

（b）钮子开关

（c）直拨开关

图30-1　常用机械开关结构原理图

个相同的单刀双位开关组合在一起，就构成了双刀双位开关。以此类推，可根据需要生产出多刀多位开关来。

单刀单位开关只能接通或断开一条电路，单刀双位开关可选择接通（或断开）两条电路中的一条，双刀双位开关可同时接通或断开两条独立的电路，其他多刀多位开关的作用可依此类推。

对机械开关的主要性能要求是：触点接触良好、动作干脆无阻滞、转换力矩适当、定位准确可靠、绝缘良好、使用寿命长。在某些应用场合还要求具备特殊的环境适应能力。

外形和种类

机械开关种类很多，其外形特征更可用"五花八门"来形容。如果按用途来区分，有电源开关、波段开关、录放开关、限位开关、控制开关、转换开关、行程开关等。如果按操作方式来区分，有直拨开关、按键开关、推拉开关、旋转开关、拨盘开关、推推开关、杠杆开关等。如果按结构来区分，有钮子开关、波动开关、按钮开关、滑动开关、薄膜开关等。

常用机械开关的外形实物如图30-2所示，下面分别对其性能特点作以下简单介绍。

（1）钮子开关

钮子开关的外形如图30-2（a）所示，它一般为单刀单位、单刀双位、双刀双位类型的开关，其主要用作通、断电路电源和转换电路状态等。钮子开关根据安装方式不同，可分为垂直安装型、水平安装型、螺纹套管安装型、卡口安装型；根据体积大小不同，可分为超小型、小型、中型、大型；根据引脚形状不同，可分为弯脚型、直脚型、焊片型、快速连接型；根据钮柄形状不同，可分为短锥型、标准型、锥型等。

（2）波动开关

波动开关也叫按动开关，它实际上是钮子开关的一种，其外形如图30-2（b）所示。这种开关常用作家用电器及仪器仪表的电源通断、状态切换控制，其特点是通过按压开关上的"跷板"来完成触点状态的转换。由于跷板多呈元宝形，操控方式是揿按式，跷板动作起来似波浪，所以得名"波动开关"。波动开关有的地方又称为船形开关，这是因为其跷板的形状看起来很像船形。

（3）按钮开关

按钮开关的外形如图30-2（c）所示，它分为自复位式和自锁式（也叫推推开关）两大类。所谓自复位式（也称非锁定式、往复式）开关，就是指开关只有在人手按压下按钮时才能接通（常开触点）或断开（常闭触点），手指一旦松开就会马上恢复到原始状态。常用门铃按钮开关就属于典型的自复位式常开触点开关。而自锁式（也称锁定式、交替式）开关则是指按一下按钮开关即接通并能保持状态，再按一下就会断开。因为会自己维持动作状态，所以称为自锁式开关。常见微动开关、轻触开关都属于自复位式开关，而钮子开关、波动开关、波段开关等都属于自锁式开关。

按钮开关的按钮可以是红、绿等各种颜色，外形可以是圆形、方形等，种类可以分为带电源指示灯和不带电源指示灯两大类。

（4）波段开关

波段开关又称为波段转换开关，它属于多刀多位开关，其外形如图30-2（d）所示。波段开关按照操作方式不同可分为拨动式、旋转式、直键式和杠杆式等4种。拨动式开关是一种小型化的波段开关，多用于小型化电子设备中，它有双刀双位、四刀双位、六刀双位等之分。旋转式波段开关采用切入式咬合接触结构，或者是采用套入式滚动跳步结构，其开关板有胶质板和高频瓷两种。直键式波段开关较旋转式波段开关使用方便，其外形美观，品种较多，按开关方式不同可分为自锁、互锁、无锁及互锁复位4种，按开关组成形式不同可分为带电源接触组及无电源接触组两种。杠杆式波段开关常见于收录机磁带选择与收音功能的转换，它的操作手柄对开关触点的切换是通过杠杆运动来完成的，具有体积小、操作方便、省力等特点。

（5）微动开关

微动开关属于一种特殊的按钮开关，其外形如图30-2（e）所示。微动开关的基本形式为单刀双位式，平时一个触点断开、一个触点接通，当给力传动杆（或按钮）时，原来接通的触点断开、不通的触点接通。当外力消失后，各触点又马上恢复到原来的状态。微动开关实际上是一种施压促动的快速开关，由于其具有微小触点间隔与快动结构等特点，故又被称作灵敏开关。微动开关在电子设备及电气装置中广泛用于需要频繁换接电路的自动控制及安全保护等方面，其经常充当着"限位开关"、"门控开关"的角色。微动开关按用途不同，可分为检测型和电源开关型两大类。

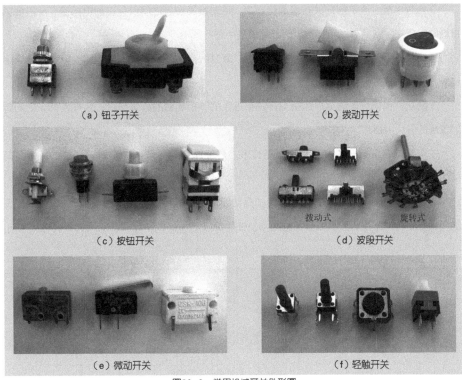

（a）钮子开关　　　　　　　　　（b）拨动开关

（c）按钮开关　　　　　　　　　（d）波段开关

拨动式　　　旋转式

（e）微动开关　　　　　　　　　（f）轻触开关

图30-2　常用机械开关外形图

（6）轻触开关

轻触开关是一种小型化的按钮开关，其外形如图30-2（f）所示。轻触开关具有体积小、重量轻、手感好的特点，它可直接焊固在印制电路板上，广泛应用在各种电子装置和仪器仪表中。

主要参数

机械开关的产品参数主要有控制参数和性能参数两大类，现将主要参数介绍如下。

①额定电压。也叫最大允许工作电压，这是指开关在正常工作时所允许控制的安全工作电压。若施加在开关两端的电压大于此值，便会造成切换触点之间的打火击穿，使其失去正常开、关特性。对于控制220V交流用电器的电源开关，其额定电压必须大于220V交流电压。

②额定电流。也叫最大允许工作电流，这是指开关触点接通时所允许通过的最大安全工作电流。当实际工作电流超过此值时，开关的使用寿命将会大打折扣，严重时触点很快就会因工作电流太大而被烧坏。

③接触电阻。这是指开关在接通状态下，每对接通触点之间所存在的电阻值。一般要求接触电阻值在0.5Ω（500mΩ）以下，此值越小越好。

④绝缘电阻。这是指开关在断开状态下，断开触点之间所存在的电阻值。一般绝缘电阻值应在100MΩ以上，此值越大越好。

⑤耐压。也叫抗电强度，这是指开关在指定的不相接触的导体部分（金属构件）之间所能承受的最大电压。

⑥寿命。这是指开关在正常工作条件下，所能操作的有效次数。普通开关的寿命多在5000～10000次。

实际选择和使用开关时，主要考虑的是额定电压、额定电流和接触电阻这3项参数。表30-1给出了一些常用国产机械开关的型号及性能参数，仅供参考。

表30-1　常用国产机械开关的性能参数

名称	型号	极限参数		性能参数				结构特点
		额定电压（V）	额定电流（A）	接触电阻（Ω）	绝缘电阻（MΩ）	耐压（V）	寿命（万次）	
钮子开关	KN3-A1W1D	DC 27 DC 300 AC 110 AC 220	6 0.5 5 3	≤0.01	≥10	1500	1	拨柄材料为铜
	KN3-A1W2D							
	KN3-A2W1D							
	KN3-A2W2D							
	KN3-B1W1D							拨柄材料为塑料
	KN3-B1W2D							
	KN3-B2W1D							
	KN3-B2W2D							
小型钮子开关	KNX-2W1D	DC 30 AC 220	1 2	≤0.01	≥1000	1500	1	拨柄为金属杆外套塑料手柄
	KNX-2W2D							
超小型钮子开关	KNC-2W1D	DC 25 AC 220	0.5 1	≤0.01	≥100	1000	1	
	KNC-2W2D							
波动开关	KND2-2W1D（KSZ-1）	DC 30 AC 220	1.5 3	≤0.01	≥1000	1500	1	由塑料船形按钮、塑料外壳及导电触头组成
	KND2-2W2D（KSZ-2）							

续表

名称	型号	极限参数		性能参数				结构特点
		额定电压（V）	额定电流（A）	接触电阻（Ω）	绝缘电阻（MΩ）	耐压（V）	寿命（万次）	
按钮开关	AN4	DC 50	0.1	≤0.02	≥500	200	0.5	自复位式
	KD2-21	DC 125 AC 250	3 6	≤0.04	≥1000	1000	1	双刀自锁式
	KD-22							双刀自复位式
	KD2-21F							双刀自锁式，带LED指示灯
	KD-22F							双刀自复位式，带LED指示灯
拨动式波段开关	KB	DC 250	0.05	≤0.02	≥100	150	1	触点规格2W6D
	KB-1		0.1					触点规格2W6D
	KB-2							触点规格2W2D
	KBK		0.05					触点规格2W4D
	KBBK-2			≤0.015				触点规格2W6D
旋转式波段开关	KZX	DC 250	0.05	≤0.02	≥1000	500	1	小型胶纸板，用螺钉安装
	KZX-1							小型胶纸板，用轴套安装
微动开关	KWX	DC 30 AC 250	0.5 1	≤0.01	≥1000	1000	DC20 AC 3	胶木外壳，体积小，动作灵敏
	KWX-1	DC 48 AC 250	0.5 1				20	
	KWX-2	DC 110 AC 220	2 2				20	
轻触开关	KJ-123	DC 28	0.25					外形尺寸12mm×12mm×4mm，单组转换触点

型号命名

国产小型机械开关型号的命名并没有严格统一的标准，不过各厂家的命名基本上都遵循和延用了早期行业所制定的标准，其型号大致上都由5部分组

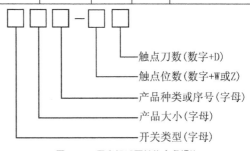

——触点刀数（数字+D）
——触点位数（数字+W或Z）
——产品种类或序号（字母）
——产品大小（字母）
——开关类型（字母）

图30-3　国产机械开关的命名规律

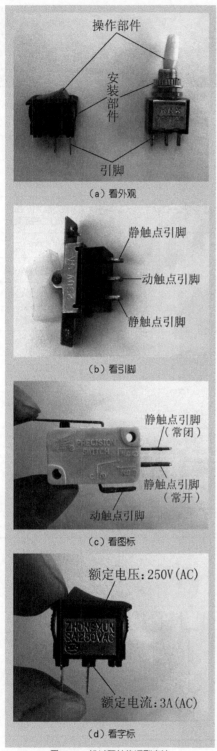

（a）看外观

静触点引脚

动触点引脚

静触点引脚

（b）看引脚

静触点引脚
（常闭）

静触点引脚
（常开）

动触点引脚

（c）看图标

额定电压：250V（AC）

额定电流：3A（AC）

（d）看字标

图30-4　机械开关的识别方法

成，格式和含义如图30-3所示。第1部分用字母表示产品类型，如"KN"表示钮子开关，"KA"或"KD"表示按钮开关，"KS"或"KND"表示波动开关，"KB"或"KBB"表示拨动式波段开关，"KZ"表示旋转式胶纸板波段开关，"KC"表示旋转式瓷质波段开关，"KZJ"表示直键开关，"KQ"表示琴键开关，"KH"表示滑动开关。第2部分用字母表示产品大小（有些型号省略了该字母），其中"T"代表"大型"、"Z"代表"中型"、"X"代表"小型"、"C"代表"超小型"。第3部分用阿拉伯数字表示产品种类或序号，对于直键开关来讲。"1"表示触点是圆形，"2"表示触点是片形。对于拨动开关来讲，"0"代表无自动复位，"1"代表单边自动复位，"2"代表双边自动复位。第4部分常用"数字+W"或"数字+Z"表示产品静触点（简称"位"或"掷"）数量。钮子开关等在数字前面还加有单个字母，用以表示开关拨柄的材料，其中"A"表示金属柄，"B"表示塑料柄。第5部分用"数字+D"表示产品动触点（简称"刀"或"极"）数量。

例如：某开关的型号是KN3-B2W2D，它表明该产品是钮子开关，拨柄材料是塑料，规格为双位双刀。型号是KBB34-2W6D的开关，它表明该产品是一个小型拨动式波段开关，触点规格为双位六刀。有时第4、5部分被简化为"数字×数字"的形式，分别对应位数和刀数，还有些省略了这两部分。例如，某开关的型号是KWX，它表明该产品是一个小型微动开关。

产品标识

小型机械开关由于外形与其他元器件有明显的差异，所以识别起来是比较容易的。从外部来看，普通机械开关都是由操作部件、安装部件和引脚（接线端）3大部分构成的，如图30-4（a）所示。尽管前两个部件有时差别很大，但其特征表现都是十分明显的。一般不需要查看型号和检测，使用者一眼就可以确认出机械开关的身份。

机械开关的引脚数通常都是以2、3、4、6等数目出现的，并且只有两个引脚的产品为最常见的"单刀单位"开关，有3个引脚的产品为"单刀双位"开关，其两个静触点（双位）引脚一般都是对称排列在一个动触点（单刀）引脚两旁的，如图30-4（b）所示。多组触点的机械开关同样有类似的排列规律。

为了使用方便，有些产品将引脚示意图标示在外壳上，如图30-4（c）所示，它直观反映出各引脚在常态下的状态，这给使用者区分引脚功能带来方便。

一般体积比较大的产品在外壳上均标出型号、主要参数、生产厂家标识等，但大多数产品只是标出机械开关的两个关键参数—额定电压和额定电流，如图30-4（d）所示。如果需要了解更详细的参数和性能特点等，就只能查阅厂家提供的产品说明书了。

电路符号

常用机械开关在电路图中的表示符号见图30-5。注意：一个最简单的开关只有一组触点（一个动触点和一个静触点），而复杂的开关就有好几组触点。一般根据图形符号所画开关的动触点（斜线）引脚数量，可确定出该开关的触点组数；根据所画静触点的状态（常开、常闭或转换）及数量，可确定出所用开关的触点组合

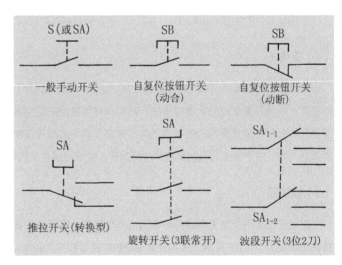

图30-5 常用机械开关的符号

形式和组数。多个动触点通过虚线连接起来，表示各组动触点间联动，即各组触点同步转换。

开关的文字符号用"S"表示，对于控制开关、波段开关可以用"SA"，对于自复位按钮开关可用"SB"。当同一个电路图中出现多个机械开关或同一个机械开关由多组触点构成时，可按习惯在文字符号后面加上数字编号，以示区别。

31 "里应外合"的接插件

接插件也称连接器,它是实现电路器件、部件或组件之间可拆卸连接的最基本的机械式电气连接器件。常用的接插件包括各种插头(插件)、插座(接件)与接线端子等,其主要功能是传输信号和电流,并可控制所连接电路的通或断。

接插件种类很多,外形各异,应用十分广泛,其性能好坏直接关系和影响到整个电路系统的正常工作。下面仅对最常用的接插件进行介绍。

种类及用途

接插件可分为两大类型:一类是用于电子电器与外部设备连接的接插件,另一类是用于电子电器内部电路板与电路板、电路板与器件或组件等之间线路连接的接插件。如果按形式不同,可分为单芯插头和插座、二芯插头和插座、三芯插头和插座、同轴插头和插座、多极插头和插座等。按用途不同,又可分为音频、视频插头和插座、印制电路板插座、电源插头和插座、集成电路插座、管座、接线柱、接线端子和连接器等。

常用接插件的实物外形如图31-1所示,下面分别对其功能和用途进行简单介绍。

(1)接线柱

接线柱常用于电子电器与外部设备之间的连接,其外形如图31-1(a)所示,它可分为两种形式:一种是图左边的普通接线柱,其特点是可直接把连接导线的接头通过紧固螺帽压在接线孔中;另一种是图右边的香蕉插头、插座,其特点是将连接导线焊在插头上,再与插座插接到一起。由于插头上面的弹簧片形似香蕉,故该接线柱又被称作"香蕉插头、插座"。

(2)接线座

接线座主要用于电子电器内部电路板与电路板、电路板与器件或组件之间线路的连接,其外形如图31-1(b)所示,它可分为电路板焊接型和双向接线型(纯接线型)两种形式:电路板焊接型的一端做成焊脚,可直接将接线座焊接在电路板上面,另一端通过紧固螺丝钉将连接导线的接头紧固在接线孔中。这种接线座一般以两组接线为单元座,同一规格的产品可根据需要组合(套接)成任意组数接线的接线座。双向接线型的两端结构完全一样,均通过相应的紧固螺丝钉将连接导线(一进一出)的接头紧固在相应的接线孔中。这种接线座通常以12组(或更多组)接线为单元座,使用时可根据需要的组数任意切割。由于多组接线座的外形呈长条状,所以经常将这样的接线座称为"接线排"。

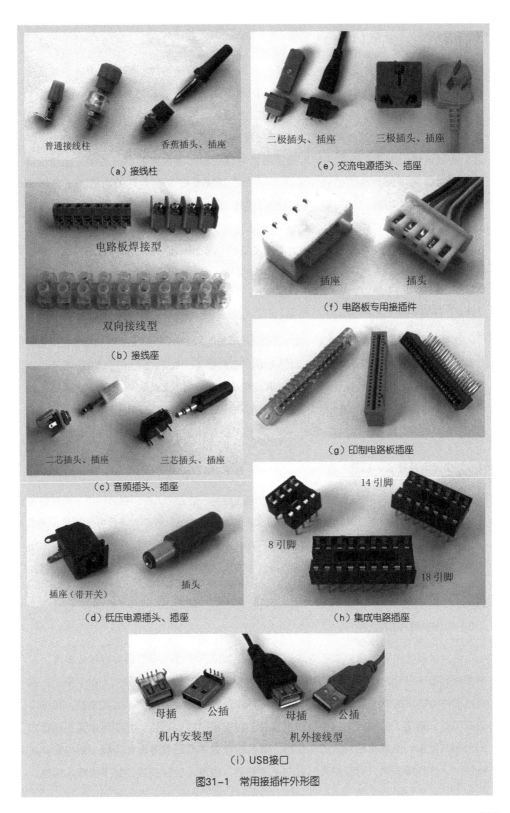

普通接线柱　　　香蕉插头、插座

（a）接线柱

电路板焊接型

双向接线型

（b）接线座

二芯插头、插座　　　三芯插头、插座

（c）音频插头、插座

插座（带开关）　　　插头

（d）低压电源插头、插座

二极插头、插座　　　三极插头、插座

（e）交流电源插头、插座

插座　　　插头

（f）电路板专用接插件

（g）印制电路板插座

8引脚　14引脚　18引脚

（h）集成电路插座

母插　公插　母插　公插

机内安装型　　　机外接线型

（i）USB接口

图31-1　常用接插件外形图

（3）音频插头、插座（孔）

这类接插件主要分二芯插头、插座和三芯插头、插座两种，它可方便地实现音响设备与外部设备（如耳机、话筒等）之间的随时连接或断开，其外形如图31-1（c）所示。顾名思义，二芯插头、插座能够同时接插双线连接的设备，适合于传送单路音频信号，三芯插头、插座能够同时接插三线连接的设备，适合于传送立体声（双声道）音频信号。为了实现插头插入插座后音响设备内部电信号的自动转接（比如，耳机接入时，机内扬声器必须自动断开），二芯插座兼有单自动开关功能，三芯插座兼有双自动开关功能，这样对应插座的接线脚数目分别为3和5，使用时有信号传输和开关控制之分，不可混淆。音频插头、插座常用的规格有 $\phi 2.5\text{mm}$、$\phi 3.5\text{mm}$、$\phi 6.35\text{mm}$（指插头电极外直径，也就是插座口径）等，一般音响设备的话筒和耳机采用 $\phi 6.35\text{mm}$ 的插头和插座，小型音响设备通常采用 $\phi 2.5\text{mm}$ 或 $\phi 3.5\text{mm}$ 的插头和插座。

（4）低压电源插头、插座

这类接插件是在音频二芯插头、插座的基础上改进而来，专门用于各种小型电子设备与配套外接电源的插接，其外形如图31-1（d）所示。与音频二芯插头、插座的最大区别在于，该插头形状为管状，内、外侧分别作为电源的两个电极，这从根本上避免了音频二芯插头在插入插座的过程中会不可避免地产生瞬间短路（指插头两极）的现象；插座电极则与插头的管状电极相匹配，亦兼有自动开关功能，可在外接电源插头插入插座时，自动切断机内供电电源。

（5）交流电源插头、插座

这类接插件分二极电源插头、插座和三极电源插头、插座两大类，在各种电子电器设备中专门用来传输220V交流电，其常用的产品外形如图31-1（e）所示。需要指出的是，这类接插件种类规格比较多，就机装式插座而言，有些插座为电源输出型插座，可插入普通家用电器的插头；但大多数插座为电源输入型插座，不能够插入电极外露的普通插头，只能插入与之匹配的非电极外露型插头（即输出型插头）。

（6）电路板专用接插件

这类接插件由可直接焊接在电路板上的插座和接有传输电线的插头两部分组成，它有多种规格，可分为单引线和多引线两大类，其常见的产品外形如图31-1（f）所示。这类接插件的特点是使用灵活、占据面积小、插拔方便等。其结构是插头（或插座）内有接线金属片，插座（或插头）内有引线接线针。对于多引线接插件，为了防止插头插错方向，每对插头、座都有相对应的定位挡，或各电极的中心距有意设计不同（结构呈非对称性），这样插头就只有在规定的方向上才能插入插座，反向或移位都不能插入插座。

（7）印制电路板插座

这种专用的插座外形如图31-1（g）所示，与之匹配的"插头"实际上是应用电路板。该插座在各种仪器、仪表和计算机中被广泛采用，它有很多规格，可分单排（用于单面印制电路板）和双排（用于双面印制电路板）两大类，其引脚数目有多种，引脚间距有多种规格。这种插座上面一般都设有定位槽，有些还设有开启键和锁紧键。

（8）集成电路插座

该插座是为配合集成电路的使用而设计的，其外形如图31-1（h）所示。这种专用插座除了最常见的双列直插封装形式外，还有单列直插、四列直插等多种封装形式，其具体规格与对应的集成电路相适应。实际应用时，插座直接焊接在印制电路板上，集成电路则通过其引脚直接插入插座内。这样的好处在于，在印制电路板上免焊接集成电路，给维修和更换集成电路都带来了很大的方便。

（9）USB接口

USB是英文Universal Serial Bus的缩写，中文含义是"通用串行总线"。它是1994年年底由英特尔、康柏、IBM和Microsoft等多家公司联合提出、并首先应用在PC领域的接口技术。由于USB接口具有数据传输速度快、支持热插拔、连接灵活、独立供电等优点，近年来，在各种数码产品中得到广泛应用。常用USB接口的外形如图31-1（i）所示，它由对口接插的公插（公口）和母插（母口）两部分组成，分机内安装型和机外接线型两种。机内安装型的引脚（通常4个引脚、两个固定脚）可直接焊接在印制电路板上，机外接线型通常将焊接好四芯引线的公插或母插用塑料一次性压封而成。无论是机内安装型还是机外接线型，其公插均可对口插入母插内，使用非常灵活、方便。

主要参数

接插件种类很多，功能不一，反映产品性能的参数项有时并不完全相同。但下面的基本参数项具有共性，使用者必须掌握。

①额定电压。指在长期安全工作的前提下，接插件所允许接入的最高电压。

②额定电流。指在长期安全工作的前提下，接插件所允许通过的最大电流。

③接触电阻。指接插件在接通状态（如插头插入插座内）时，各"接触对"电极之间所存在的电阻值。常用接插件的接触电阻值一般在0.03Ω（$30m\Omega$）以下，此值越小越好。

④绝缘电阻。指接插件各电极之间及各电极与外壳之间所具有的最低电阻值。一般绝缘电阻值应在$50M\Omega$以上，此值越大越好。

⑤分离力（拔出力）。指插头或插针拔出插座或插孔时，所需要克服的摩擦力。此参数表示接触极之间的压力大小，一般压力越大，可靠性也越高。

⑥寿命。这是指接插件在正常条件下所能工作的有效时间，常用插拔次数来表示。普通接插件的使用次数在200～10000次。

型号命名

国产接插件的型号命名并没有统一的标准，不过各厂家的命名基本上都遵循和延用了早期行业所制定的标准，其型号大致上都由4部分组成，格式和含义如图31-2所示。第1部分用字母表示产品类型，如"CS"表示音频插头（插塞），"CK"表示音频插座（插孔），"CT"表示电源插头，"CZ"表示电源插座，"SZ"表示集成电路专用插座、"CA"或"CZJ"、"CY"表示低频簧片式矩形接插件，"CX"表示低频圆形接插件、"CD"表示低频针孔式矩形接插件。第2部分用字母表示产品大小（有些型号省略了该字母），通常用字母"X"代表"小型"，无字母则表示非小型。第3部分用数字表示电极数目，也有一些产品用字母表示种类或安装形式，如用"D"表示电源型接插件，用"Y"表示圆型电极等。第4部分用字母和数字表示产品其他规格、种类或序号等，具体由各厂家自行规定，一般无规律可循，表现形式五花八门。

实际上，在选择和使用各种接插件时，一般并不特别强调型号（许多资料根本不说明型号），而是注重产品的实际功能、规格和主要参数等。表31-1给出了一些常用国产接插件的型号及性能参数，仅供参考。

表31-1　几种国产接插件的性能参数

名称	型号	极限参数		性能参数					结构特点
		额定电压（V）	额定电流（A）	接触电阻（Ω）	绝缘电阻（MΩ）	耐压（V）	拔出力（kgf）	寿命（次）	
音频插头、插座（孔）	CSX2-2.5	27	0.2	≤0.03	≥50	200		10000	φ2.5mm、二芯，带开关
	CKX2-2.5								
	CSX2-3.5	27	0.2	≤0.03	≥50	200		10000	φ3.5mm、二芯，带开关
	CKX2-3.5								
音频插头、插座（孔）	CS-2	50		≤0.03	≥500	500		10000	φ6.35m、二芯，带开关
	CK-2								
	CS-3	50		≤0.03	≥500	500		10000	φ3.8mm、三芯，带开关
	CK-3								

续表

名称	型号	极限参数		性能参数					结构特点
		额定电压(V)	额定电流(A)	接触电阻(Ω)	绝缘电阻(MΩ)	耐压(V)	拔出力(kgf)	寿命(次)	
交流电源插头、插座	CTD-2	DC:350 AC:250		≤0.01	≥1000	2000	1.5~5	5000	二极
	CZD-2								
	CTD-3	DC:350 AC:250	5	≤0.01	≥1000	2000	1.5~5	5000	三极(带接地插脚)
	CZD-3								
	CTY-2	250	1	≤0.01	≥1000	1000	0.2~1.8	1000	二极,圆形
	CZY-2								
印制电路板插座	CZJX-Y	300	3	≤0.01	≥1000	1000	≤5.5	500	
	CY1-20K	300	3	≤0.01	≥1000	1000	≤1.5~3	500	对应插件为电路板
	CY1-30K						≤2~4.5		
集成电路插座	SZX-8	30V	0.1	≤0.02	≥500	500	0.2~2	200	8脚
	SZX-10						0.2~2		10脚
	SZX-12						0.4~2.5		12脚
	SZX-14						0.4~2.5		14脚
	SZX-16						0.6~3		16脚
	SZX-18						0.6~3		18脚
	SZX-24						0.8~4		24脚
	SZX-28						0.8~4		28脚
	SZX-40						1.2~5		40脚

产品标识

各种接插件由于外形跟其他元器件有明显的差异,所以从外观就能一眼识别出来。一般接插件都由插头、插座两部分构成,两部分的接插电极数目是一致的,不过对于带有开关功能的插座,其引脚数要多于对应插头,使用时应分清楚各引脚的功能。如果无法观察清楚或手头无厂家提供的接线图,可借助万

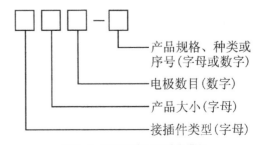

产品规格、种类或序号(字母或数字)

电极数目(数字)

产品大小(字母)

接插件类型(字母)

图31-2 国产接插件大致命名规律

用表欧姆挡进行判断。

　　三芯带有双自动开关功能的音频插头、插座，各接线端的功能如图31-3（a）所示，在使用时不可混淆。值得注意的是，由于外形和构造的不同等原因，这类产品的插座尽管其功能相同，但引脚排列并不完全相同，识别时应加以注意。

　　具有3个电极的220V交流电源插头、插座，除了一极接相线（L）、一极接零线（N）外，剩下的非对称电极要求接地线（E）。这3个电极的接线是有规定的，如图31-3（b）所示。为了避免接线发生差错，插头、插座的相应电极旁边一般都标有接线符号，使用时应注意识别，并正确接线。

　　集成电路插座的各电极排序规则跟集成电路完全一致，如图31-3（c）所示。印制电路板插座、电路板专用接插件等，一般均在适当位置标出引脚序号，使用时应注意识别。

　　USB接口有4个电极引脚，其中间两个电极规定传送数据（-DATA和+DATA）信号、两边的两个电极分别用于传送电源（V_{CC}）和接通电路地端（GND），如图31-3（d）所示，使用时应遵循这一接线规定。

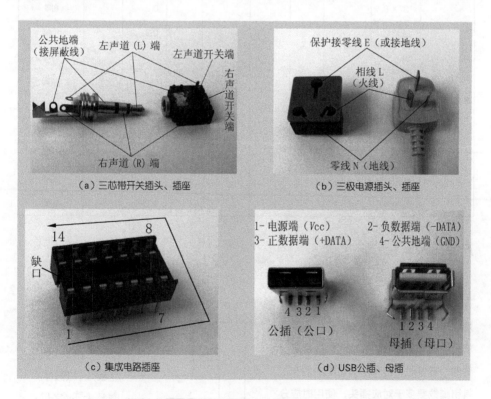

图31-3　常用接插件的引脚识别

电路符号

　　常用接插件在电路图中的表示符号如图31-4所示。注意：多个电极的插头、插座分别通过虚线连接起来，表示一个完整的接插件。

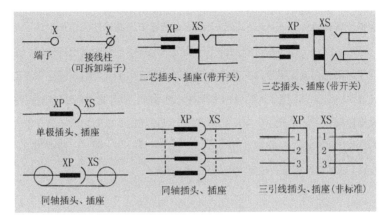

图31-4　常用接插件的符号

　　接插件的一般文字符号为"X"，为了区分，常用"XP"表示插头，用"XS"表示插座，用"XB"表示连接片。当同一个电路图中出现多个接插件时，可按习惯在文字符号后面加上数字编号，以示区别。

32 本领不凡的压敏电阻器

压敏电阻器简称"VSR"，是20世纪70年代开发出来的一种对电压变化十分敏感的非线性过电压保护半导体器件。压敏电阻器的电阻值会随着电压的增加而急剧下降，具有限压型伏安特性，可广泛应用于抑制和吸收各种电子及电气电路中存在的过电压信号。由于普通压敏电阻器属于无极性两端过电压保护器件，所以无论是应用于交流电路还是直流电路，只需将其并联在被保护设备的电源输入端或相关元器件的两端，即可达到各种过电压保护目的。

压敏电阻器具有温度系数小，电压范围宽、抑制过电压（或耐浪涌电流）能力强、响应速度快、寿命长、体积小、价格便宜等优点，目前在各种电子、电气设备中得到广泛应用。氧化锌（ZnO）压敏电阻器是一种最常用的压敏电阻器。

结构及特点

常见压敏电阻器的基本结构如图32-1所示，它采用典型的半导体陶瓷工艺制作。其核心材料为氧化锌（或碳化硅、钛酸钡等），而氧化锌的微观结构中又包括氧化锌晶粒和晶粒周围的晶界层。氧化锌晶粒的电阻率很低，而晶界层的电阻率却很高，晶粒与晶界层的接触面之间形成一个相当于齐纳二极管的势垒，构成一个压敏单元。每个单元的击穿电压大约为3.5V。在压敏电阻器内许许多多的这种单元进行串联和并联，便构成了压敏电阻器的基体。串联的单元越多，其击穿电压就越高；基片的横截面积越大，相当于并联的导电路径越多，其允许通过的电流（通流容量）也越大。压敏电阻器在工作时，每个压敏电阻单元都能承担浪涌能量，也就是说整个电阻体都能承担能量，这不像半导体稳压二极管（齐纳二极管）那样只是结区承受电功率，这就是压敏电阻器为什么比半导体稳压二极管能承受大得多的通过电流，并且吸收能量的原因。

压敏电阻器的伏安特性曲线如图32-2所示。我们知道，普通电阻器两端接上电压时，流过电阻器的电流与所加电压的关系成正比（即遵从欧姆定律），其伏安特性呈线性。但压敏电阻器截然不同，它的伏安特性不遵从欧姆定律，而是呈特殊的非线性关系。当压敏电阻器两端所加电压在标称电压（临界数值）以内时，其电阻值几乎为无穷大，仅有微安级（≤50μA）的电流通过，器件处于高电阻状态；而当其两端的电压超过标称电压后，一个小的电压增量会引起一个大的电流增加，此时电阻值急剧下降，器件处于导通状态，其工作电流可猛增至数十至上千安培（A），而反应时间仅为纳秒（ns）或毫秒（ms）级。只要压敏电阻器的工作状态不超过极限值，则在其两端电压回落至标称电压值以下时，它的电阻值又会恢复到接近无穷大。

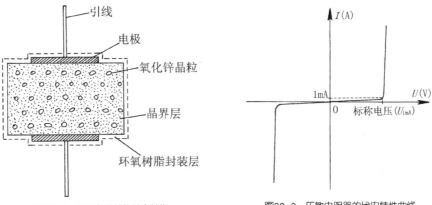

图32-1 压敏电阻器的基本结构　　　　　图32-2 压敏电阻器的伏安特性曲线

压敏电阻器在国外又被称为"斩波器"、"限幅器"等，我国台湾地区还被称为"突波吸收器"，这是从其实际用途得名的。利用压敏电阻器的限压特性，可以限制被保护电路自身或外部侵入的异常冲击电压，并可抑制浪涌电流，以保护电路中的元器件不被损坏。例如，当供电网络叠加有过电压脉冲时，若接上合适的压敏电阻器，则过电压峰值波形将会被削平，并被限制在一定的幅度内。又如，在电话机进线的两端并接上合适的压敏电阻器，可起到瞬态过电压保护作用，能够有效防止雷电等对电话机造成的损害。与其他过压保护器件相比，压敏电阻器具有抑制过电压能力强、响应速率快、漏电流小等优点，而且其体积小、可靠性高、价格低廉，因此被广泛应用于各种电子、电气电路中，作为过电压保护、防雷、抑制浪涌电流、吸收尖峰脉冲、限幅、高压灭弧、消噪、保护半导体元器件等使用。

外形和种类

常见压敏电阻器外形比较单一，如按安装方式不同区分，可分为图32-3所示的插接式和贴片式两大类。大多数插接式压敏电阻器的外形与高压圆片形瓷介电容器的外形非常相似，区别在于压敏电阻器的扁圆片往往显得稍厚一些。

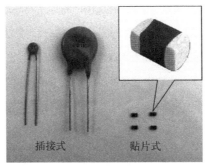

插接式　　　　贴片式

图32-3 常用压敏电阻器实物外形

压敏电阻器的种类很多，按其结构不同可分为：体型压敏电阻器（其伏安特性的非线性主要是由电阻体本身的半导体性质形成）、结型压敏电阻器（其非线性主要由电阻体与金属电极间的非欧姆接触形成）、膜状压敏电阻器等。按其材料来分类，可分为氧化锌压敏电阻器、碳化硅压敏电阻器、钛酸钡压敏电阻器、金属氧化物压敏电阻器等。按其伏安特性可分为无极性（对称型）和有极性（非对称型）压敏电阻器。

常用的压敏电阻器几乎全是氧化锌体型压敏电阻器，它是一种具有电压电流对称特性的无极性压敏电阻器。这种产品主要用来保护各种电子产品或组件免于受开关或雷击诱发所产生的"突波"影响，其非线性指数的特性与用途的多样性，以及可以廉价批量生产等优点，使其得到广泛应用。

主要参数

压敏电阻器的参数有标称电压、通流容量、允许误差、漏电流、残压比、电压比、电压（电流）温度系数、电压非线性系数、静态电容量、额定功率等多种，业余制作或维修时只需要掌握以下3项参数即可。

①标称电压（U_{1mA}）。也称压敏电压、击穿电压或阈值电压，它是指压敏电阻器通过1mA直流电流时，在其两端所施加的电压值。常用U_{1mA}表示，其单位是伏特（V）。当加到压敏电阻器两端的电压超过标称电压时，压敏电阻器的阻值将会急剧减小。

②通流容量。也称通流量，是指在规定的条件（以规定的时间间隔和次数，施加标准的冲击电流）下，允许通过压敏电阻器上的最大脉冲（峰值）电流值。实际使用时，要求短时间（几微秒至几毫秒）内流过压敏电阻器的最大脉冲（峰值）电流不得超过通流容量。

③漏电流。也称等待电流，是指在压敏电阻器两端加有75%标称电压时，通过压敏电阻器的直流电流。压敏电阻器的漏电流通常小于$50\mu A$。该值实际上反映了压敏电阻器在接入电路后，平时所消耗的功率大小。很显然，漏电流越小越好。

型号命名

国产压敏电阻器的型号命名遵循了敏感电阻器（包括光敏电阻器、热敏电阻器、湿敏电阻器、气敏电阻器、力敏电阻器、磁敏电阻器等）的统一命名规则，其型号一般由4部分组成，格式和含义如图32-4所示。第1部分用汉语拼音字母"M"表示"敏感电阻器"。第2部分用汉语拼音字母"Y"表示"压敏电阻器"。第3部分用汉语拼音字母表示用途或特征，如"L"表示防雷用、"H"表示灭弧用、"E"表示消噪用、"B"表示补偿用、"C"表示消磁用、"G"表示高压保护用、"M"表示防静电用、"W"表示稳压用、"K"表示高可靠型、"N"表示高能型、"P"表示高频型、"T"表示特殊型、"Z"表示组合型等。注意，有些通用型产品省略了该部分字母。第4部分用阿拉伯数字表示产品序号，有的在序号的后面还标有标称电压、通流容量、尺寸（如扁圆片电阻体的直径）、电压误差（用字母表示）等。例如：MYL1-1型表示防雷用压敏电阻器，其序号为1-1；MY31-270/3型表示标称电压为270V、通流容量为3kA的普通压敏电阻器，其序号为31。

表32-1给出了一些常用国产压敏电阻器的型号及性能参数，仅供参考。

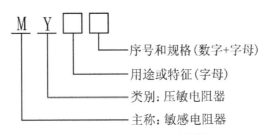

图32-4 国产压敏电阻器的命名规则

表32-1 常用国产压敏电阻器的性能参数

型号	标称电压 U_{1mA}（V）	允许误差（±%）	通流容量（A）	电容量（pF）	漏电流（μA）	外形直径 D（mm）
MYH1-470/0.5	470	10	500	400	≤10	10
MYH1-470/1	470	10	1000	900	≤10	14
MYH3-05D18	18	15	40	3300	≤10	5
MYH3-20D18	18	15	800	50000	≤10	20
MYH3-05D56	56	10	40	1000	≤10	5
MYH3-07D56	56	10	100	1700	≤10	7
MYH3-10D56	56	10	200	4000	≤10	10
MYH3-14D56	56	10	400	9000	≤10	14
MYH3-20D56	56	10	800	16000	≤10	20
MYH3-05D100	100	10	200	200	≤10	5
MYH3-20D100	100	10	3500	4700	≤10	20
MYH3-05D430	430	10	200	45	≤10	5
MYH3-20D430	430	10	3500	1100	≤10	20
MYH3-14D1800	1800	10	2000	55	≤10	14
MYH3-21D1800	1800	10	3500	250	≤10	21

续表

型号	标称电压 U_{1mA} (V)	允许误差 (±%)	通流容量 (A)	电容量 (pF)	漏电流 (μA)	外形直径 D (mm)
MYL07DK	22~82	10	100		≤10	7
MYL10DK			200		≤10	10
MYL20DK			1000		≤10	20
MYL25DK			3000		≤20	25
MY31	18~27	20	100~1000	1600~22000	≤80	5~25
	33~82	10		900~7000	≤50	
	100~180			80~4800		
	228~270		100~5000	65~2000		
	300~1100			50~1500	≤30	
	1200~1300	5		40~1000		
	1500~2000		500~5000			

产品标识

常用压敏电阻器作为一种两端、无极性过压保护器件，其体积越大（扁圆片型产品直径越大），通流容量也就越大。对于不知道通流容量大小的压敏电阻器，通过对比体积大小，并参照表32的相关参数，可以判断出通流容量的大小。

通常，压敏电阻器的外壳上都直接标出型号（包括后缀的规格），如图32-5（a）所示。由于常见压敏电阻器的体积相对于一般的阻容元器件来说都比较大，所以有的产品在其壳体上标出型号的同时，还像图32-5（b）所示的那样，在型号后面单独标出它的重要参数——标称电压和通流容量等。实际中，还有许多通用型压敏电阻器都不标出型号，而只标出产品尺寸、标称电压及其误差等参数，如图32-5（c）所示。注意，图中"361K"的含义为："361"表示标称电压为 $36 \times 10^1 = 360V$，"K"表示误差为 ±10%（如果是字母"L"，则误差为 ±15%）。若标注为"360"，则表示标称电压为 $36 \times 10^0 = 36V$。

还有一些体积比较小的压敏电阻器，只标出标称电压，如图32-5（d）所示。要了解这类产品的具体特征和其他参数，就只能查看厂家提供的说明书了。

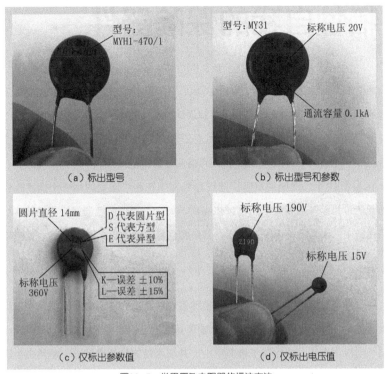

图32-5 常用压敏电阻器的标注方法

电路符号

压敏电阻器的符号如图32-6左边所示，其图形符号是以普通电阻器符号为基础，增加了一条斜线，并在斜线一端标出斜体字母"U"，以明确表示这是一只电阻值与电压相关的压敏电阻器。当同一个电路图中出现多个压敏电阻器时，可按习惯在文字符号"RV"（或R）后面加上数字编号，以示区别。在一些进口电器（主要是日本产品）的图纸中，压敏电阻器常采用图32-6右边所示的符号，读者应熟知。

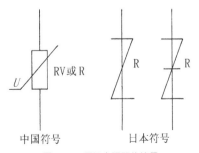

图32-6 压敏电阻器的符号

33 牺牲自我的保险器件

保险器件主要包括各种保险丝、温度保险丝、熔断电阻器和可恢复保险丝等，在电路中它主要起到过流、过压、超温等保护作用。普通保险丝（FUSE）也称为电流保险丝、熔丝，它是一种最常用的一次性保护器件，其作用是在电子设备和电路因某种原因发生过流时自动切断电源，以"牺牲"自身保护电路中相关元器件免遭损坏。

自从19世纪90年代爱迪生发明了把细导线封闭在台灯座里的第一个插塞式保险丝之后，保险丝的种类越来越多，应用也越来越广。如今，形形色色的保险器件已广泛应用于各种电子设备中，成为各种电子设备和电路中名副其实的"安全卫士"和"保护神"。

结构及原理

尽管我们常用的保险器件形形色色、各种各样，基本构成也有所不同，但它们的工作原理却大同小异。图33-1（a）所示是普通玻璃管保险丝的结构示意图，它由熔丝、玻璃管和金属帽（电极）构成，熔丝置于玻璃管中，并与两端的金属帽相连。熔丝由金属或合金材料制成，它对一定强度电流所引起的发热很敏感，可达到"熔断"的目的。图33-1（b）所示是普通温度保险丝的结构示意图，其外壳内连接两引线的感温导电体由具有固定熔点的低熔点合金制成，当所处环境温度达到额定动作温度时，便可快速熔断，并切断电路。

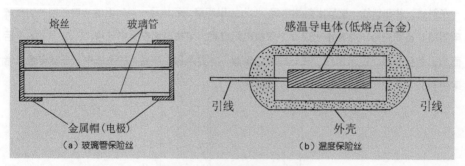

图33-1　常用保险器件结构示意图

无论是哪一种保险器件，为了对电子设备或电路的短路和过载进行有效保护，在实际应用时都必须串接在被保护的电路中，如果是应用在220V交流电回路中，通常还应强调优先串接在电源相线输入端。这样，在电路或电子设备工作正常时，保险器件相当于一截导线，对电路无影响；当电路或电子设备发生短路或过载故障时，流过保险器件的电流会剧增，并超过其额定工作电流，致使保险器件的熔丝（或其他材料）急剧发热并熔断，从而自动切断工作电源，有效保护电路和电子设备，防止故障扩大。

由于普通保险器件的保护作用是以"牺牲自身"为代价的，它属于一次性器件（也称不可恢复保险器件），所以一旦保险器件"熔断"，必须在排除电路故障后更换新的相同规格的保险器件。

外形和种类

保险器件种类较多，其外形特征更是大相径庭。如按保护形式区分，有过电流保险丝（限流熔丝）、过热保险丝（温度熔丝）等。如按熔断速度区分，有普通保险丝、快速保险丝、延迟保险丝等。如按使用电压高低区分，有高压保险丝（熔断器）、低压保险丝等。如按形状区分，有可插入相应安装座的管状保险丝、可插入相应插座的插片式保险丝、可直接插焊在电路板上的直插式保险丝和贴片式保险丝等。

常用保险器件的外形实物如图33-2所示，下面分别对其性能特点进行简单介绍。

（1）普通玻璃管保险丝

该产品就是电子爱好者常讲的"普通保险管"，它的外形如图33-2（a）所示，其特点是熔断时间较慢，但价格低廉，应用十分广泛。常用额定电流主要有0.1A、0.15A、0.2A、0.5A、0.75A、1A、1.5A、2A、2.5A、3A、4A、5A、6A、8A、10A、15A和20A等规格，外形尺寸主要有ϕ3.6mm×10mm、ϕ5mm×20mm、ϕ6mm×30mm等规格。一般透过玻璃管可以用肉眼直接观察到保险丝熔断与否。这种保险丝可以直接插焊在电路板上，但大多数情况下都是通过相应的保险丝座配套使用的，以方便更换。

（2）延迟型保险丝

该产品就是电子爱好者常说的"延时保险管"、"延时熔丝"，其特点是能承受短时间内大电流（浪涌电流）的冲击，而在电流过载超过一定时限后又能可靠地熔断。这种产品主要用在开机瞬时电流较大的电子设备或装置中（开机电流往往是正常工作电流的5～7倍），如普通彩色电视机、微波炉中就广泛使用了延迟型保险丝。延迟型保险丝的外形如图33-2（b）所示，其玻璃管产品的外形与普通玻璃管保险丝几乎完全一样，不同之处在于内部熔丝较粗且呈螺旋状。为了区别于普通保险丝，延迟型保险丝常在其电流规格之前加上字母"T"，如T2A、T3.15A、T4A等。

（3）温度保险丝

该产品也称"过热保险丝"或者"温度熔丝"，它的外形如图33-2（c）所示。这种产品通常安装在易发热的电子整机的变压器、功率输出管上，或电吹风、电饭锅、电钻等装置中。当机件发生热故障，温度上升超过额定动作值时，保险丝自动熔断，使电源切断，从而保护相关零部件。温度保险丝的外壳上通常标注有额定温度、允许最大工作电流及电压值等，很容易识别，使用也十分方便。

（4）保险电阻器

该产品也称"熔断电阻器"，它的外形如图33-2（d）所示。保险电阻器是一种兼具电阻器和保险丝双重功能的保护元件，其电阻值通常较小，仅零点几欧至数欧，少数为几十欧至几千欧，大都起限流作用，因此它的主要功能还是保险丝。国产保险电阻器大都为灰色，用色环或数字表示阻值，外形看起来跟普通电阻器没什么两样，其额定功率由产品大小决定，也有直接标注在外壳上的。

（5）可恢复保险丝

该产品也称"可恢复熔断器"，采用正温度系数的PTC高分子材料制成，它实际上是一种限流型保护器件，其外形如图33-2（e）所示。一般的保险丝熔断后即失去使用价值，必须更换新的，但可恢复保险丝却可以重复使用：它串联在被保护电路中，在常温下呈现极小的阻值，对电路无影响；当负载电路出现过流或短路故障时，由于通过可恢复保险丝的电流剧增，导致其迅速发热并进入高阻状态，从而自动切断电路中的电流，保护负载不致损坏。待故障排除后，冷却了的可恢复保险丝又自动恢复微阻导通状态，电路便自动恢复到正常工作状态。

（6）贴片保险丝

该产品目前已广泛应用于数码相机、手机、笔记本电脑等便携式电子产品中，其外形如图33-2（f）所示。贴片保险丝可分为一次性贴片保险丝和贴片自恢复保险丝两大类。一次性贴片保险丝在选择时应注意实际工作电流（即常态电流）不得超过其额定电流的75%（称减额系数），同时要考虑其内阻、温升、抗冲击性能，以免影响正常工作。

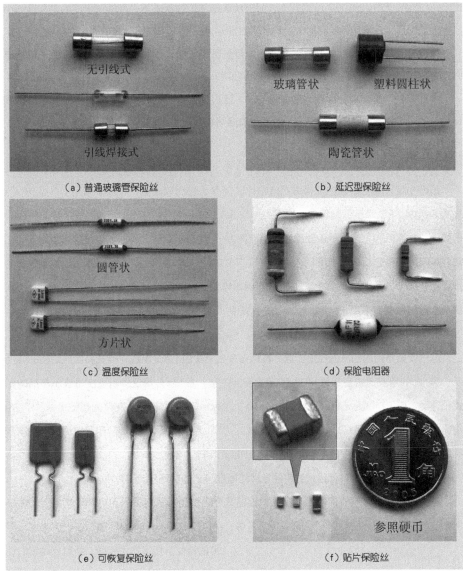

图33-2 常用保险器件外形图

主要参数

普通保险丝的主要参数有额定电流、额定电压、反应速度等，其具体定义如下。

①额定电流。这是指保险丝长期工作时所能承受的最大正常工作电流。熔丝对环境温度的变化比较敏感，一般温度不同，额定电流也有所不同。为避免有害的"误熔断"，一般在实际使用时，常选额定电流大于正常工作电流的30%左右为好。

②额定电压。这是指保险丝在"断开"后所能承受的最大电压，其常见的固定规格有

32V、125V、250V、500V、600V等。保险丝在正常工作状态下，两端所承受的电压远远小于其额定电压，在选用保险丝时一般均要求其额定电压要大于实际电路中的有效电压。

③反应速度。即熔断时间，这是指电流超过额定值时，保险丝"熔断"所需要的最快时间，它分正常型、快速型、延时型及限制电流型等。

除此以外，不同功能和用途的保险器件，还有各自特有的参数。例如，额定温度是温度保险丝的一个重要参数，保持电流、触发电流是可恢复保险丝的两个重要参数。

型号命名

国产小型普通保险丝的型号命名方法比较简单，也比较随意，一般多采用"F×A×V"格式，其中"F"表示保险丝（熔断器），"×A"表示额定电流，"×V"表示额定电压。例如："F3A250V"表示保险丝的额定电流为3A、额定电压为250V。如果是延迟型保险丝，常在其电流规格之前增加字母"T"，如T2A、T3.15A、T4A等，以便区分。保险电阻器的命名多采用"RF××"格式，其中"RF"表示保险电阻器，"××"用数字表示产品序号。可恢复保险丝的命名多采用"MH××"格式，其中"M"表示敏感电阻器，"H"表示保险丝，"××"用数字表示产品序号。

电气设备常用的国产低压熔断器，其型号命名一般由4部分组成，格式和含义如图33-3所示。第1部分用汉语拼音字母"R"表示熔断器主称；第2部分用汉语拼音字母表示产品的形式和种类，如"M"为无填料密封管式，"T"为有填料密封管式，"L"为螺旋式，"S"为快速式，"C"为瓷插式，"H"为汇流排式，"X"为限流式；第3部分用阿拉伯数字表示产品序号；第4部分用阿拉伯数字表示熔断器的额定电流，单位为"A"。例如：型号为RT14-20，表示这是一个有填料、且密封了的管式熔断器，它的额定电流是20A。

温度保险丝、可恢复保险丝、保险电阻器等产品的型号命名多采用生产厂家自定的命名规则或直接参照国外同类型产品的型号命名法，所以没有统一的标准可循。由于这类保险器件的特性、用途各不相同，所以反映它们性能的参数有着较大的差别，读者应注意区分并弄清楚每个参数的具体含义。表33-1汇集了一些常用温度保险丝的型号及性能参数，表33-2给出了RXE系列可恢复保险丝的性能参数，表33-3给出了几种常用保险电阻器的型号及性能参数，仅供参考。

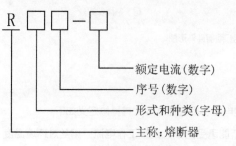

图33-3　国产熔断器的命名规则

表33-1　常用温度保险丝的性能参数

型号	额定温度（℃）	熔断精度（℃）	保持温度（℃）	极限温度（℃）	额定电流（A）
WR106	106		75	114	0.5、1、2
WR116	116		80	124	
WR126	126		85	134	
WR130	130	±3	90	138	0.5、1、2、3
WR136	136		95	144	
WR145	145		100	153	
WR152	152		110	160	
WR170	170		120	178	1、2、3
RY105	105		85	115	
RY115	115		95	125	
RY125	125		105	135	
RY130	130	±3	110	140	2~10
RY145	145		124	154	
RY150	150		135	165	
RY165	165		145	175	
RY190	190		170	200	
RY210	210	±5	190	220	10~30
RY250	250		230	260	

表33-2　RXE系列可恢复保险丝的性能参数

型号	保持电流（A）	触发电流（A）	特定电流下最大断开时间		原始阻抗（Ω）		额定电压（V）	最大故障电流（A）
			电流（A）	时间（s）	最小电阻	最大电阻		
RXE010	0.10	0.20	0.50	4.0	2.50	4.50	60	40
RXE017	0.17	0.34	0.85	3.0	3.30	5.21		
RXE020	0.20	0.40	1.00	2.2	1.83	2.84		
RXE025	0.25	0.50	1.25	2.5	1.25	1.95		
RXE030	0.30	0.60	1.50	3.0	0.88	1.36		
RXE040	0.40	0.80	2.00	3.8	0.55	0.86		

续表

型号	保持电流（A）	触发电流（A）	特定电流下最大断开时间		原始阻抗（Ω）		额定电压（V）	最大故障电流（A）
			电流（A）	时间（s）	最小电阻	最大电阻		
RXE050	0.50	1.00	2.50	4.0	0.50	0.77	60	
RXE065	0.65	1.30	3.30	5.3	0.31	0.48		
RXE075	0.75	1.50	3.75	6.3	0.25	0.40		
RXE090	0.90	1.80	4.50	7.2	0.20	0.31		
RXE110	1.10	2.20	5.50	8.2	0.15	0.25		40
RXE135	1.35	2.70	6.75	9.6	0.12	0.19		
RXE160	1.60	3.20	8.00	11.4	0.09	0.14	50	
RXE185	1.85	3.70	9.25	12.6	0.08	0.12		
RXE250	2.50	5.00	12.50	15.6	0.05	0.08		
RXE300	3.00	6.00	15.00	19.8	0.04	0.06		
RXE375	3.75	7.50	18.75	24.0	0.03	0.05		

表33-3　常用保险电阻器的性能参数

型号	额定功率（W）	阻值范围（Ω）	允许偏差（%）	额定电压（V）	绝缘电压（V）	温度系数（10⁻⁶/℃）	环境温度（℃）
PF10	0.25	0.47～1000		200	250	±350	
	0.5			250	250		
	1			350	350		
	2						
RF11	0.5	0.33～1500	±5、±10	200	1000	±350	-25～+125
	1	0.33～1000					
	2			300			
	3	0.33～3300					
RJ90-A（B）	0.5	1000～5100	±5	150	300	±500～1000	
	1						
	2			200	400		
	3						

产品标识

普通保险器件都有两个电极（或引线），如图33-4（a）所示。由于其外形与其他元器件有着明显的差别，所以一般看外观就能识别出来。但保险电阻器、贴片保险丝由于特征不明显，要注意区分与其外形相近的普通电阻器、贴片阻容元件。

小型保险器件只有少数产品在外壳上标出了型号或简化了的型号，如图33-4（b）所示。大多数保险器件在外壳上不标出型号，只标出反映产品特征的单字母、额定电流和额定电压等参数，如图33-4（c）所示。例如："F 0.1A 250V"表示这是一个额定电流为0.1A、额定电压为250V的普通保险丝，"T 1.6A 250V"表示这是一个额定电流为1.6A、额定电压为250V的延迟型保险丝。"250V 1A D110℃"表示这是一个额定电流为1A、额定电压为250V、额定温度为110℃的温度保险丝。

对于外壳是玻璃管的保险丝，透过玻璃还可以看到里面的熔丝，如图33-4（d）所示。通过观察熔丝的粗细，可以判断出额定电流大小。显然，熔丝越粗，说明额定电流越大，反之，正好相反。此外，熔丝呈螺旋管状的保险丝，一般多为延迟型保险丝。多年来笔者一直用此方法区分彩色电视机常用的延迟型保险丝和普通保险丝，简便而有效。

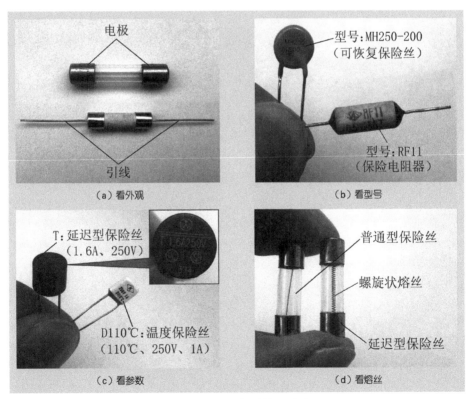

图33-4 常用保险器件的识别方法

电路符号

保险器件的标准符号如图33-5所示，其中左边为通用保险丝符号，右边为保险电阻器符号——它可以形象地理解为一个普通保险丝符号和一个电阻器符号串联而成。

保险丝的文字符号是"FU"或"F"，保险电阻器的文字符号是"RF"。若电路图中有多只同类元器件时，可按习惯在其文字符号后面加上数字编号，以示区别，如F1、F2……

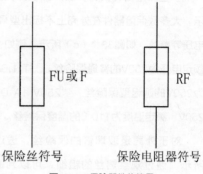

FU或F RF

保险丝符号 保险电阻器符号

图33-5　保险器件的符号

第十章 其他元器件

电子管又称胆管，是一种在密闭的玻璃管或金属管内产生电流传导，并通过电场对处于真空或特殊稀薄气体中的电子流进行有效控制，以完成整流、检波、信号放大或振荡等任务的电子器件。电子管是第一代电子技术的主要器件，它历史悠久，目前在高保真音响器材、广播电台发射机等设备上仍发挥着独特的作用。

石英晶体振荡器简称晶振，采用高品质的人造石英晶体材料制造，是一种专用于稳定频率和选择频率的电谐振元件。陶瓷滤波器采用压电陶瓷材料制造，具有"选频"特性，是专用于各种滤波电路的电谐振元件。由于两者（包括前面已介绍过的压电陶瓷片）均依靠自身材料的"压电效应"原理工作，所以可统称为"压电元件"。

34 历史悠久的电子管

电子管（英文名称electron tube）在港台地区通称"胆"，是一种在密闭的玻璃管或金属管内产生电流传导，并通过电场对处于真空或特殊稀薄气体中的电子流进行有效控制，以完成整流、检波、信号放大或振荡等任务的电子器件。因电子管的密闭管壳内除了被抽成真空外，还有一些管壳内被充入了少量的惰性气体或汞蒸气，所以电子管有真空管（vacuum tube）和充气管（gas filled tube）之分。常用电子管绝大多数为真空管。

电子管作为一种历史悠久的电子器件，在电子技术的发展过程中，做出过很大贡献。后来由于半导体器件的问世及快速发展，电子管逐步让位并退出越来越多的领域。目前在一些高保真音响器材中，仍然使用电子管作为音频功率放大器件，尤其受到音响"发烧友"的追捧和青睐。

结构及特性

电子管的种类很多，用途也各不相同。但由于它们几乎都是利用电场对真空中的自由电子传输进行有效控制的器件，所以尽管在结构上各有特点，但其基本部件却有许多相同之处，大体上都是由基座、加热灯丝、电极和管壳组成。其中，电极是电子管的关键结构件，通常有阴极、屏极和栅极3种电极，它们都是由各种不同的金属或合金（如镍、钼、钨、铬、铜、铁及其合金）制成。

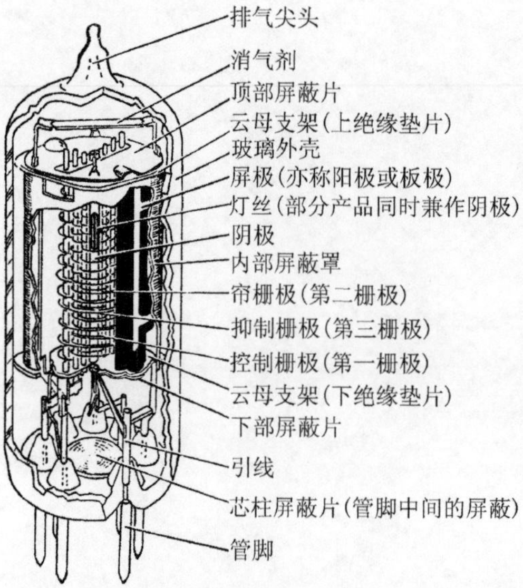

图34-1所示是常用小型电子管的结构图。由图可知，阴极位于电子管的中央，为锯齿形或圆筒形状，其任务是被灯丝加热后发射电子。屏极（亦称阳极或板极）位于各电极的最外层，有平板形、矩形、圆筒形和椭圆形等几种，其任务是接收从阴极发射来的电子，形成屏极电流。栅极是用很细的金属丝或金属网做成的圆筒形、椭圆形或矩形栅栏，它位于阴极与阳极之间，其作用是控制从阴极发射出

排气尖头
消气剂
顶部屏蔽片
云母支架（上绝缘垫片）
玻璃外壳
屏极（亦称阳极或板极）
灯丝（部分产品同时兼作阴极）
阴极
内部屏蔽罩
帘栅极（第二栅极）
抑制栅极（第三栅极）
控制栅极（第一栅极）
云母支架（下绝缘垫片）
下部屏蔽片
引线
芯柱屏蔽片（管脚中间的屏蔽）
管脚

图34-1　小型电子管结构图

来、并最终到达屏极的电子数量，实现最基本的放大电压信号功能。

　　不同类型的电子管，栅极的层数也不同，三极管只有一个栅极（即控制栅极）。在三极管的栅极和屏极间加入一个网状电极——帘栅极，就构成了放大能力大幅提升、可用于高频电路的普通四极管。在四极管的帘栅极和屏极之间再加入一个网状电极——抑制栅极，就构成了能够抑制屏极"二次电子发射"、使屏极特性曲线起始段变得平滑的五极管。还有一种常用的束射四极管（也叫集射四极管），它是指有阴极、控制栅极、帘栅极、屏极和集射屏的四极管，其中集射屏装在帘栅极和屏极之间，并与阴极相联，可使电子流从集射屏的开口处集中射向屏极，不仅增大了屏流，而且同样能够有效地抑制屏极的"二次电子发射"，进一步增强放大能力。束射四极管几乎全部是能够产生较大屏极电流的功率管，其放大能力明显优于普通三极管，综合性能高于五极管，使用非常普遍。如果电子管内部一个栅极都没有，就构成了只有阴极和屏极、具有整流或检波作用的二极管。

　　电子管的阴极加热方式可分为直热式和旁热式（也称间热式）两种，直热式电子管的阴极和加热灯丝"合二为一"，而旁热式电子管的阴极和加热灯丝是彼此靠近且分离的。当电子管控制栅极的栅圈间距相等时，其屏极电流随栅极电压的变负而具有较陡的截止特性，被称作锐截止管；当栅圈的间距有疏密时，其屏极电流随栅极电压变负时截止较慢，被称为遥截止管或"变跨导管""变μ管"。

　　电子管的各电极安装在绝缘基座上，并被密封在抽去空气的真空管壳内。管壳几乎都采用了玻璃外壳，但也有外加金属外壳的。需要说明的是，由于制造工艺、杂质附着以及材料本身等原因，电子管内会残留微量余气，为保证管内真空度，成品管都在管内安置或在管内壁涂敷了一层消气剂（也称吸气剂、除气剂）。消气剂一般使用掺氮的蒸散型锆铝或锆钒材料。为便于使用和增加一致性，常将两只相同的电子管或不同的两个电子管合装在一个管壳内，这就是所谓的"复合管"。

外形和种类

　　常用电子管的外形实物如图34-2所示。按其大小可分为大型管、小型管（花生管、指形管或MT管）和超小型管（铅笔形管）等，图34-2（a）所示为最常见的小型管和大型玻璃管（G式管）；按其形状不同，可分为瓶形玻璃管(ST管)、筒形玻璃管（GT管、金属玻璃管）、球形管、锁式管等，图34-2（b）所示为最常见的筒形玻璃管和瓶形玻璃管；按外壳材料不同，可分为图34-2（c）所示的玻璃管、金属管两大类；按管脚数量不同，可分4、5、6、7、8、9、11、12、14、20、25脚等，图34-2（d）所示为最常用的7脚和9脚电子管；按电极数不同，可分为二极管、三极管、四极管、束射四极管、五极管、六极管、七极管和复合管等，图34-2（e）所示为最常用的束射四极管和复合管——双三极管、双二极管；按用途不同，可分为电压放大管、功率放大管、混频或变频管、整流管、检波管、调谐指示管等，图34-2（f）所示为最常用的电压放大管、功率放大管和整流管。

小型电子管由于具有一系列的优点而得到普及使用，作为国际上的推荐品种，具有广泛的国际互换性。

图34-2 常用电子管的分类

主要参数

电子管在一般应用下的主要参数有：灯丝电压U_F（V）、灯丝电流I_F（mA）、屏极电压U_A（V）、屏极电流I_A（mA）、栅极电压U_G（V）、帘栅极电压U_{G2}（V）、抑制栅极电压U_{G3}（V）、阴极与灯丝间电压U_{KF}（V）、负载电阻R_L（kΩ）、内阻R_i（kΩ）、输出功率P_O（W）、放大系数μ（无单位）、跨导S（mA/V）等。

电子管在各种放大电路中，与放大器效果关系最密切的参数为跨导S、内阻R_i和放大系数μ，其定义和相互间的关系如下。

①跨导S（mA/V）。也称"互导"，这是指在屏极电压固定不变时，屏极电流的变化量ΔI_A与对应栅极电压变化量ΔU_G的比值，即$S = \Delta I_A / \Delta U_G$，单位为mA/V。跨导$S$表征了电子管栅极电压对屏极电流的控制能力。一般三极管的跨导值为0.5～10mA/V，S值越大，说明栅极电压对屏极电流的控制能力越强。

②内阻R_i（kΩ）。这是指在栅极电压固定不变时，屏极电压的变化量ΔU_A与对应屏极电流变化量ΔI_A的比值，即$R_i = \Delta U_A / \Delta I_A$，单位为kΩ。它表征了电子管屏极电压对屏极电流的控制能力。一般三极管的内阻值约在0.5～100kΩ，内阻越小，屏极电压控制屏极电流的能力就越强。

③放大系数μ。这是指在保持屏极电流变化量ΔI_A一定的条件下，屏极电压的变化量ΔU_A与对应栅极电压变化量ΔU_G的比值，即$\mu = \Delta U_A / \Delta U_G$。它表征了电子管栅极电压对屏极电流的控制能力较之屏极电压对屏极电流的影响强多少倍。一般三极管的放大系数为2.5～100，μ值越大，说明电子管的放大品质越高。

跨导S、内阻R_i和放大系数μ三者的关系，可用公式$\mu = S \times R_i$来表示。该公式被称为电子管的内部方程式。如果知道了3个参数中的任意两个，便可求出余下的一个。

型号命名

国产电子管型号命名分为数字开头和字母开头两大类型，各类型管一般均包括4个部分，其格式和含义如图34-3所示。

以数字开头的型号命名，主要用于放大、收信、小型整流、调谐指示等电子管，其格式和含义见图34-3（a）。第1部分用阿拉伯数字表示灯丝电压的整数部分，其中"1"代表灯丝电压为1.2V，"2"代表灯丝电压为2.4V，"5"代表灯丝电压为5V，"6"代表灯丝电压为6.3V，"12"代表灯丝电压为12.6V。第2部分用字母表示管子的结构及类别，其中"A"代表"双控制栅变频管"，"B"代表"双二极五极管"，"C"代表"三极管"，"D"代表"二极管"，"E"代表"调谐指示管"，"F"代表"三极五极管"，"G"代表"双二极三极管"，"H"代表"双二极管"，"J"代表"锐截止五极管和束射四极管"，"K"代表"遥截止五极管和束射四极管"，"N"代表"双三极管"，"P"代表"输出五极管和束射四极管"，"S"代表"四极管"，"Z"代表"小功率整流二极管"等。第3部分用阿拉伯数字表示同类型管的序号（区分规格、性能等）。例如，6N1和6N2都是双三极管，但前者为中等放大系数，后者有较高的放大系数。第4部分用字母表示电子管外壳的材料和形状，其中"P"代表普通玻璃外壳管，"K"代表金属陶瓷管，"J"代表橡实管，无字母代表 ϕ 19mm～22.5mm的小型玻璃管（即花生管）等。例如，6A2型表示灯丝电压是6.3V的七极变频管，为小型玻璃管；6P1型表示灯丝电压是6.3V的输出束射四极管，为小型玻璃管；6P6P型表示灯丝电压是6.3V的输出束射四极管，为普通玻璃管。

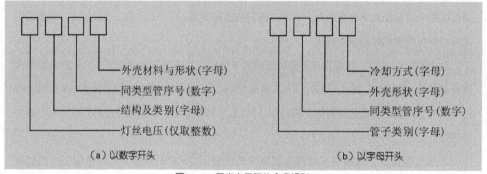

图34-3　国产电子管的命名规则

以字母开头的型号命名，主要用于发射、高压整流、稳压、闸流等电子管，其格式和含义见图34-3（b）。第1部分用字母表示电子管的类别，其中"F"代表"发射管"，"FD"代表"长波或短波发射管"，"FU"代表"超短波发射管"，"FC"代表"分米波发射管"，"FL"代表"厘米波发射管"，"FM"代表"脉冲发射管"，"E"代表"真空高压整流二极管"，"EQ"代表"充气整流二极管"，"EG"代表"汞气整流二极管"，"EM"代表"真空脉冲整流二极管"，"T"代表"调制管"，"WY"代表"稳压管"，"ZQ"代表"充气闸流管"等。第2部分用阿拉伯数字表示同类型管子的序号，主要区分规格、性能等，一般多在序号前面增加上短"-"号。第3部分用字母表示外壳的形状，具体与以数字开头的第4部分相同。第4部分用字母表示管子冷却方式，其中"S"代表水冷管，"F"代表风冷管。充气整流管的第4部分常用分数来表示，分子表示允许的屏极电流平均安培数（即整流电流值），分母表示最大反峰电压千伏数。而有些电子管则省略了第3、4部分。例如，FU-5型表示发射专用三极管；FU-7型表示发射专用束射四极管；FU-10S型表示水冷方式的发射管；EG1-0.3/8.5（866）型表示汞气整流二极管，其最大屏极电流平均值为0.3A，最大反峰电压为8.5kV。

在上述基本型号后面，有时还附加补充特性代号（常单独标印在电子管外壳上）。如"Q"代表高可靠与机械强度管，"S"代表长寿命管，"T"代表特等军级管，"J"代表合格的军级品，"M"代表合格的民用品。表34-1汇集了一些常用国产电子管的型号及性能参数，仅供参考。

表34-1　常用国产电子管的性能参数

型号	主要用途	灯丝电压(V)	灯丝电流(A)	第一栅极电压(V)	第二栅极电压(V)	第二栅极电流(mA)	屏极电压(V)	屏极电流(mA)	跨导(mA/V)	放大系数	输出功率(W)
6N1	低频电压放大	6.3	0.6	自偏电阻600Ω			250	7.5	4.35	35	2.2
6N2		6.3	0.34	-1.5			250	2.3	2.1	97.5	1
6N3	高频电压放大	6.3	0.35	-2			150	8.3	5.9	35	
6N4	低噪声低频电压放大	并联6.3	0.34	自偏电阻600Ω			250	2.3	2.1	97.5	
		串联12.6	0.17								
6N5P	电子稳压电路	6.3	2.5	-7			90	60	4.45		
6N7P		6.3	0.8	-6			300	7	3.2	35	≥4.2
2P2		1.2/2.4	60/30	-3.5	60	≤1.2	60	3.5	≥0.9		≥0.5
6P1	低频功率放大	6.3	0.5	-12.5	250	≤7	250	44	4.9		≥3.8
6P3P		6.3	0.9	-14	250	≤8	250	72	6	135	≥5.4
6P6P		6.3	0.45	-12.5	250	≤7.5	250	45	4.1	205	≥3.6
6P14		6.3	0.76	自偏电阻120Ω	250	≤7	250	48	11.3		≥4.2
6P15	视频输出电压放大	6.3	0.76	自偏电阻75Ω	150	≤6.5	300	30	14.7		
6J1	宽频带高频电压放大	6.3	0.175	自偏电阻200Ω	120	≤3.2	120	7.35	5.2		
6J2	混频及宽频带高频电压放大	6.3	0.17	自偏电阻200Ω	120	≤3.7	120	5.5	3.7		

型号	主要用途	灯丝电压(V)	灯丝电流(A)	第一栅极电压(V)	第二栅极电压(V)	第二栅极电流(mA)	屏极电压(V)	屏极电流(mA)	跨导(mA/V)	放大系数	输出功率(W)
6J3	高频电压放大	6.3	0.3	自偏电阻200Ω	150	≤3	250	7	5		
1A2	变频	1.2	0.03	0	45		60	0.7	≥0.17(变频)≥0.65(振荡)		
6A2		6.3	0.3		100		250	3	≥0.3(变频)≥4.5(振荡)		
6A7P		6.3	0.3		100		250	3.5	0.45(变频)4.7(振荡)		
12A7P		12.6	0.15		100		250	3.5	0.45(变频)4.7(振荡)		
FU-5	调幅、低频放大	10	3.25	-10			1500	200			215
FU-7	低频放大、倍频、振荡、调幅	6.3	0.9	-29	300	4	600	36	6	135	28
6E1	调谐指示	6.3	0.3	-15			250	2	>0.5		0.2
6E2		6.3	0.3	-15			250	2	>0.5	20	0.5
6E5P		6.3	0.3	-4			250	5.3	1.2	24	
2Z2P	整流	2.5	1.75				4500	47.5			
5Z1P	全波整流	5	2				350	125			
5Z2P		5	2				400	125			
5Z3P		5	3				500	230			
6Z4		6.3	0.6				350	75			
6Z5P		6.3	0.6				400	70			

产品标识

常见电子管均为玻璃外壳，且多数是小型全玻璃外壳管，如图34-4（a）所示。由于其外形特征与其他元器件有着明显的差别，所以一般不需要查看型号和检测，使用者一眼就可以确认出电子管的身份。

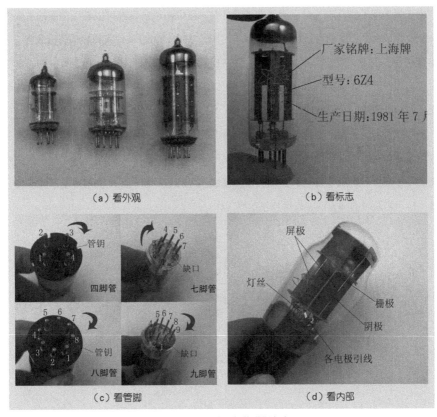

（a）看外观　　　　　　　　（b）看标志

（c）看管脚　　　　　　　　（d）看内部

图34-4　常用电子管的识别方法

电子管的外壳上均标出了厂家铭牌、型号、生产日期等，如图34-4（b）所示，这给使用者带来了很大的方便。

电子管各电极的引线大多是通过管脚引出来的（也有少数电极是从管顶引出），随着电子管电极数的增加，其管脚数也相应地增加。常见的电子管管脚数有4、5、6、7、8、9、11、12、14、20、25等。最少的为3个脚，但因3个脚的管脚在使用中不方便，所以都用4个脚来代替，其中一个脚空着不用，如图34-4（c）左上所示。具有5个或6个脚的管子，一般都是旧式电子管。最常见的电子管多为七脚、八脚和九脚。七脚管是小型花生式管子，它的管脚位置是按8个脚等分，而空出一个脚位不做管脚，以防止错接，如图34-4（c）右上所示。八脚式管子的8个脚是等距的，为防止插错位置，在中心增设了一个"管钥"（即定位插脚），其样式如图34-4（c）左下所示。九脚管是小型电子管，它的9个脚设在10个平均等距位置中的9个位置上，其中一个位置空着没有管脚，如图34-4（c）右下所示。所有电子管管脚的编号是将电子管反转过来，管脚朝上，从最大缺口（小型管）或"管钥"凸起部分（八脚管）开始，依次顺时针排序为1、2、3、4……这种管脚排序方法，跟集成电路完全一致。

由于常用电子管几乎全部采用了玻璃管外壳，所以透过玻璃壳可以看到里面的主要结构件——灯丝、栅极、屏极等，如图34-4（d）所示。并且通过仔细观察栅极和屏极数目，可确定出管子是二极管、双二极管、三极管、双三极管、四极管、五极管，还是束射四极管等；通过"追根寻源"，细查内部各电极引线，可以区分出相通的各管脚来，这对于识别标识已模糊不清的电子管，是行之有效的好办法。

不同型号的电子管，其管脚所连接管内各电极、灯丝的排序各不相同，图34-5给出了几种常用电子管的管脚接线图（内部各电极用图形符号表示，具体详见图34-6），仅供参考。对于各种不同型号的电子管，其正确的管脚接线图应查看厂家产品说明书或电子管手册，做到接入应用电路时准确无误，确保管子正常工作。

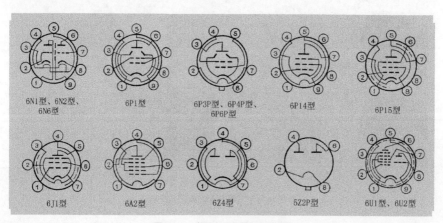

图34-5　常用电子管管脚接线图

电路符号

常用电子管的电路符号如图34-6所示。其中各电极名称在实际电路图中一般都不标注，只标出各管脚的顺序排列编号，以方便制作和维修。为了简便起见，往往还将间热式阴极的灯丝省略不描绘。

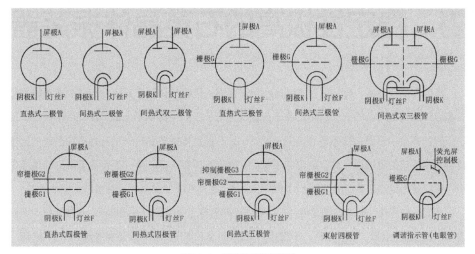

图34-6 常用电子管的符号

　　电子管的文字符号是"V"或"VE"，旧标准用"G"表示。若电路图中有多只电子管时，可按习惯在其文字符号后面加上数字编号，以示区别，如V1、V2……

35 稳定性极高的石英晶体振荡器

　　石英晶体振荡器（英文名称Crystal）简称晶振，严格来讲，它应该是石英晶体谐振器和石英晶体时钟振荡器的统称，不过由于在消费类电子产品中石英晶体谐振器的应用更多，所以一般的概念中已把晶振等同于谐振器理解了。石英晶体振荡器是一种利用石英晶片的压电特性制作而成的电谐振元件，在电路中常用于稳定频率和选择频率。石英晶振的突出优点在于，用它所构成的振荡器的频率十分准确且稳定，是目前其他类型的振荡器所不能替代的。

　　作为一种线性、无源被动元件，石英晶体振荡器在无线电话、载波通讯、广播电视、卫星通信、无线遥控装置、数字仪表、计算机、家电单片机和电子钟表等设备中得到了广泛的应用。

结构及特点

　　常见金属外壳石英晶体振荡器的内部结构如图35-1所示。从一块石英晶体（二氧化硅的结晶体）上按一定方位角切得薄晶片（可以是正方形、矩形或圆形等），在晶片的两个对应表面上涂敷上银层，引出一对电极，再将晶片部分密封在金属（或塑料、玻璃、陶瓷）外壳内，就构成了一个普通石英晶体振荡器。

　　石英晶体振荡器之所以能作为谐振器，是基于它具有的"压电效应"特性。若在石英晶体振荡器的两个电极间加上一电压，石英晶片的两个银层面间就会形成电场，晶片就会产生机械变形。反之，若在晶片两侧施加上机械压力，则在晶片相应的方向上会产生电场，这种现象称为压电效应。如在石英晶体振荡器两电极间所加的是交变电压，石英晶片就会产生机械变形振动，同时机械变形振动又会产生交变电场。一般来说，这种机械振动的振幅比较小，但其振动频率却很稳定。当外加交变电压的频率与晶片的固有频率（取决于晶片切割方式、几何形状、尺寸等）相同时，机械振动的幅度将急剧增加，这种现象称为压电谐振，它与LC回路的谐振现象十分相似。

　　石英晶体振荡器的特点是具有很高的品质因数（Q值），它有串联和并联两种基本谐振现象，可构成灵活多样的振荡电路。由石英晶体振荡器组成的振荡器与普通LC回路构成的振荡器相比较，其最大特点是频率稳定度极高。石英晶体振荡器的Q值高达

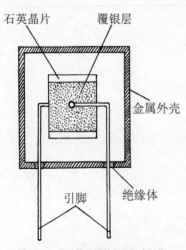

图35-1　石英晶体振荡器的基本结构

石英晶片　　覆银层

金属外壳

引脚　　绝缘体

$10^4 \sim 10^6$，其振荡频率几乎取决于晶片尺寸，稳定度可达$10^{-6} \sim 10^{-8}$，一些产品甚至高达$10^{-10} \sim 10^{-11}$。而最好的LC振荡电路的Q值只能达到几百，振荡频率的稳定度也只能达到10^{-5}。可见，石英晶体振荡器的稳定性是LC回路等所不能相比的。

外形和种类

常用石英晶体振荡器按外形不同，可分为图35-2（a）所示的圆柱型、扁圆型、方型和贴片型等几种；按外壳封装材料不同，可分为图35-2（b）所示的金属外壳和塑料外壳两种（另有玻璃外壳和陶瓷外壳，不过很少见到）；按引脚电极数目区分，有图35-2（c）所示的二端型（普通石英晶体振荡器）和三端型（组合有两个电容器的石英晶体振荡器或增加了一条金属外壳引脚的石英晶体振荡器）、四端型（外形与有源石英晶体振荡器相同，但其中两个引脚空悬着的无源石英谐振器）等几种。

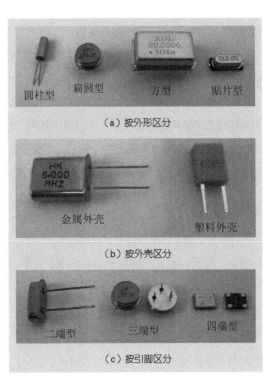

（a）按外形区分

（b）按外壳区分

（c）按引脚区分

图35-2 常用石英晶体振荡器的分类

如果按照用途来区分，有通用型石英晶体振荡器、时钟脉冲用石英晶体振荡器、微处理器用石英晶体振荡器和钟表用石英晶体振荡器等几种；如果按频率精度和稳定度来划分，有普通型、中精度型和高精度型3种，其频率稳定度分别可达10^{-5}、10^{-6}、10^{-8}。高精度石英晶体振荡器的壳内多带有恒温槽，能够进行温度补偿，如国产BA12型高精度石英晶体振荡器的频率稳定度高达10^{-11}，可用于产生基准频率或标准时间。

主要参数

反映石英晶体振荡器产品性能的主要参数有如下几项，使用者应了解和掌握。

①标称频率。这是石英晶体振荡器技术条件中规定的频率，通常标志在产品的外壳上。注意：该参数与实际工作频率——石英晶体谐振器与工作电路共同产生的频率，往往有一些出入。

②调整频差。指在规定的条件和基准温度（25℃±2℃）下，产品工作频率相对于标称频率所允许出现的偏差值。

③总频差。指在规定的条件下，某温度范围内的工作频率相对于标称频率的最大偏离值，即频率偏移。

④温度频差。也称频率漂移，它是指在规定的条件下，石英晶体振荡器的工作频率在工作温度范围内相对于基准温度（25℃±2℃）所出现的偏差值，它代表了该产品的频率温度特性。

⑤老化率。指在规定条件下，石英晶体振荡器的工作频率随着时间而出现的相对变化。通常在以年为时间单位衡量时，称为年老化率。

⑥负载电容。指与石英晶体振荡器一起决定负载谐振频率的有效外界电容。通常负载电容C_L的值是直接由厂家提供的，其常用的标称值为8pF、12 pF、15pF、20pF、30pF、50pF、100pF……在应用石英晶体振荡器时，满足石英晶体振荡器外接电容器等于负载电容C_L这个条件，振荡频率才会与标称频率一致。显然，通过调整"负载电容"一般可以将振荡电路的工作频率调整到标称值。

⑦负载谐振电阻。指石英晶体振荡器与指定的外部电容器相串联或并联，在谐振频率下所呈现出的等效电阻。

⑧激励电平。也称激励功率，它是指石英晶体振荡器在工作时所消耗的有效功率，有时用流经石英晶振的电流表示。在振荡回路中，激励电平应大小适中，既不能过激励（容易振动在高次谐波上），也不能欠激励（不容易起振）。常见的激励电平有2mW、1mW、0.5mW、0.2mW、0.1mW、50μW、20μW、10μW、1μW、0.1μW等。

型号命名

国产石英晶体振荡器的型号一般由3部分组成，其格式和含义如图35-3所示。第1部分用字母表示外壳材料，如"J"表示金属壳，"S"表示塑料壳，"C"表示陶瓷壳，"B"表示玻璃壳。第2部分用字母表示石英晶片切割方向，如"A"表示AT切割、"B"表示BT切割、"C"表示CT切割、"D"表示DT切割、"E"表示ET切

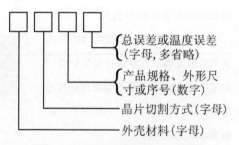

图35-3 国产石英晶体振荡器的命名规则

割、"F"表示FT切割、"H"表示HT切割、"U"表示WX切割……第3部分用阿拉伯数字表示产品的主要技术指标及外形尺寸等，如用"1"表示圆形外壳，用"5"或"8"表示矩形外壳。例如，JA5表示产品为AT切割矩形金属壳谐振晶体；JF6.000为FT切割方式、金属外壳、谐振频率为6MHz 的谐振晶体（可用在单片机时钟电路中）；JA18A为AT切割方式、金属外壳、硬脚谐振晶体（频率4.43MHz的可用于彩电中）。还有的石英晶体振荡器在型号的最后面缀上字母，表示产品标称频率的总误差或温度误差等级，如JA94A、JA96A型等。

实际上，许多厂家生产的石英晶体振荡器，其型号命名规则是各自制定的，而且从产品的型号上是无法看出它的主要参数的。通常除了标称频率一般都标识在产品外壳上以外，其他具体参数就只能通过查阅产品手册或厂家说明书才能获得。表35-1给出了一些常用国产石英晶体振荡器的型号及性能参数，仅供参考。

表35-1 几种国产石英晶体振荡器的性能参数

型号	标称频率 (kHz)	调整频差 (×10⁻⁶)	负载电容 (pF)	激励电平(mW)	谐振电阻 (Ω)	工作温度 (℃)	用途
JA12	200～500	±200		2		-10～70	家电遥控器等
JA22			14、12、18、20	4	≤90		
JA18A	4433.619		12			-10～60	彩色电视接收机专用
JA18B			∞		≤70		
JA24			14、12、18、20、30	1	≤60		
JA18C	8867.238		20				
JA40	4194.304		30	1或2	≤80	-10～60	石英电子钟专用
JA42			10、12、18、20		≤100		
JA44	26～30MHz	±50	∞	2	≤40	-10～50	通用型
JA44A	3次泛音		20		≤50		
JA44B	49～50MHz	±30	∞		≤40		
JA44C	3次泛音		20		≤50		
JA1(308)	32.768		8、10、12	1	30k	-10～60	石英电子手表专用
JA2(206)			5、15、20		40k		
JU1(308)	32.768	±20、±30、±50	8、10、12.5、15、20	<1	≤30	-10～60	石英电子钟表等
JU2(206)		±30、±50			≤50		
JA45	80～200	±200		2		-10～70	普通低频振荡电路

产品标识

常用石英晶体振荡器由于外形跟其他元器件有着较为明显的差别，所以看外观大体上就能识别出来。石英晶体振荡器的外壳上一般都会标出标称频率，如图35-4（a）所示。其中，带有小数点的频率单位为兆赫兹（MHz），如315.00、27.145等。不带小数点的频率单位为千赫兹（kHz），并且在数字后一般多标有字母K，如32768、455K等。

石英晶体振荡器的频率数字下方或上方有字母标号时，一般为厂商的标记。如图35-4（b）中的"TQG"代表TQG公司。体积较大的石英晶体振荡器，在外壳上面还标出了产品型号，如图35-4（c）所示。

根据引脚数量，可确定出二端型、三端型和四端型石英晶体振荡器，如图35-4（d）所示。对于普通二端型产品，其两个引脚无极性之分。多端产品的引脚排列没有统一规定，应查阅产品手册或厂家说明书进行区分。有些二端型石英晶体振荡器的金属外壳专门引出了一根接地线，如图35-4（e）所示，使得产品引脚总数达到3脚。贴片式二端型石英晶体振荡器（即石英晶体谐振器）分为二脚和四脚，一般四脚贴片的对脚为有效脚，如图35-4（f）所示，剩下的两对悬空脚（相通）可以作为接地，也可以悬空不用。

图35-4　石英晶体振荡器的识别方法

电路符号

石英晶体振荡器在电路图中的表示符号见图35-5。注意：其图形符号与压电陶瓷片的图形符号相同。

石英晶体振荡器的图标符号常用"B"来表示，有时也用"X""Y""G"或"Z"等字母来表示。当同一个电路图中出现多个石英晶体振荡器时，可按习惯在文字符号后面加上数字编号，以示区别。

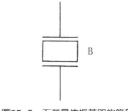

图35-5 石英晶体振荡器的符号

36 小巧可靠的陶瓷滤波器

陶瓷滤波器是采用具有压电效应的陶瓷材料生产而成的一种谐振元件，它具有选频特性，能使有用的频率信号通过，同时抑制(或大为衰减)无用的频率信号，在各种电子电路中广泛用作信号处理、数据传送和抑制干扰等。

陶瓷滤波器具有体积小、造价低、无需调试、插入损耗小、通频带宽、选择性好、幅频特性和相频特性好、性能稳定可靠等优点。生活中常用的收音机、电视机、录像机、手机等家电产品中，都可见到陶瓷滤波器的"身影"。

外形和种类

常见陶瓷滤波器按幅频特性不同，可分成图36-1（a）所示带通滤波器（又称滤波器）、带阻滤波器（又称陷波器）两类。带通滤波器的功能是让有限带宽内的频率信号顺利通过，而让此频率范围以外的频率信号受到衰减。带阻滤波器的功能是抑制某个频率范围内的频率信号，使其衰减，而让此频带以外的频率信号顺利通过。

陶瓷滤波器按引脚电极数目不同，可分成图36-1（b）所示的最常用的二端型、三端型两种，另外还有不常用的多端组合型。陶瓷滤波器大都采用塑壳封装形式，少数产品也用金属壳封装，其实物外形如图36-1（c）所示。

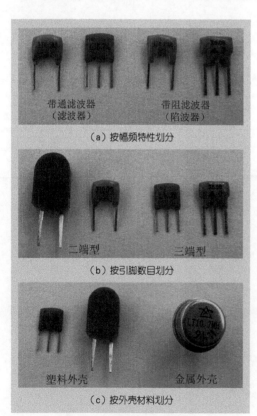

（a）按幅频特性划分

带通滤波器（滤波器）　　带阻滤波器（陷波器）

（b）按引脚数目划分

二端型　　三端型

（c）按外壳材料划分

塑料外壳　　金属外壳

图36-1　常用陶瓷滤波器的分类

结构及特点

陶瓷滤波器是采用压电陶瓷材料制成的具有"选频"特性的一种固体谐振元件，它与前面介绍的石英晶体振荡器一样，也是利用压电效应工作的。压电陶瓷在未极化之前不具有压电效应，但经过极化处理后就会有非常高的压电常数，为石英晶体的几百倍。由于压电陶瓷的基本特性、等效电路等与石英晶体振荡器很相似，所以这里不再详细介绍。

普通陶瓷滤波器的结构很简单：将锆钛酸铅（PZT）或钛酸钡（BaTiO₃）等陶瓷材料做成薄片，再在两面覆上银层，然后夹在有弹性的两个金属电极之间，并封装在塑料（或金属）外壳内，即制成二端陶瓷滤波器。二端陶瓷滤波器可以等效成一个LC谐振回路，其谐振曲线尖锐，谐振电阻小，但和LC单调谐回路一样，存在着通带窄和矩形系数差的缺点。如果把二端陶瓷滤波器的电极分割成互相绝缘的两部分，就构成了一个三端陶瓷滤波器。三端陶瓷滤波器可以等效成一个LC双调谐回路，因此它的通频带宽，矩形系数好，性能比二端陶瓷滤波器优越许多。

陶瓷滤波器的基本工作原理：首先将电路的电信号通过压电陶瓷材料转换为机械振动，然后再将机械振动转换为电信号输出，即利用陶瓷材料的压电效应来实现"电信号→机械振动→电信号"的转化，并在转化过程中利用陶瓷材料固有的谐振特性达到"选频"目的。由于机械振动的频率响应很尖锐，故其Q值很高，能够达到几千甚至几十万，这是普通LC滤波电路所望尘莫及的。

陶瓷滤波器不仅机械Q值高，而且幅频和相频特性好、机电耦合系数大、温度系数小、体积小、信噪比高、稳定性好，现已被广泛应用在手机、彩电、录像机、收音机等家用电器及其他电子产品中，用作信号处理、数据传送和抑制干扰等。陶瓷滤波器用于取代部分电子电路中的LC滤波电路时，不仅体积小、免调试，而且能够大幅度提高整个电路的工作性能。

主要参数

反映陶瓷滤波器产品性能的主要参数有标称频率、通带宽度、插入损耗、陷波深度、失真度、谐振阻抗、匹配阻抗等。初学者在选用及更换陶瓷滤波器时，只要注意其功能（或型号）和标称频率即可，其他参数可留待以后学习。需要指出的是，标称频率对不同功能的陶瓷滤波器来讲，其称呼也有所不同，如带通滤波器称"中心频率"或"标称中心频率"，带阻滤波器（陷波器）则称"陷波频率"。

型号命名

国产陶瓷滤波器的型号命名遵循一般陶瓷元件的命名规则，其型号一般由5部分组成，格式和含义如图36-2所示。第1部分用字母表示产品功能，如

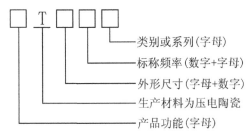

图36-2 国产陶瓷滤波器的命名规则

"L"表示滤波器，"X"表示陷波器，"J"表示鉴频器，"Z"表示谐振器。第2部分用字母"T"表示生产材料为压电陶瓷。第3部分用字母"W"和下标数字表示外形尺寸，也有部分型号仅用字母"W"或"B"表示，而无下标数字。第4部分用"数字+字母（M或K）"表示标称频率。如465k表示标称频率为465kHz，10.7M则表示标称频率为10.7MHz。第5部分用字母表示产品类别或系列，有些产品省略了该部分。如LTW6.5M为中心频率是6.5MHz的陶瓷滤波器。实际上，大部分产品的型号命名中干脆省略了第3部分，大部分产品的外壳标志中又省略了第2部分的字母"T"。

早期国产的陶瓷滤波器还有一种型号命名方法，这就是20世纪六七十年代国产的中、高档收音机里常用到的2L465A、3L465型陶瓷滤波器，其命名含义："2"、"3"分别表示二端产品和三端产品，"465"表示滤波器的谐振频率为465kHZ，"A"是生产序号。

由于现在许多厂家（包括外资厂商）生产的陶瓷滤波器，其型号命名规则是自行制定的，所以给人感觉是五花八门，没有规律可循。一般来说，使用者从产品的型号上只能看出标称频率，其他具体参数只能通过查阅产品手册或厂家说明书才能获得。表36-1给出了一些常用陶瓷滤波器的型号及性能参数，表36-2给出了一些常用陶瓷陷波器的型号及性能参数，仅供参考。

表36-1　常用陶瓷滤波器的性能参数

型号	中心频率	-3dB带宽(kHz)	-20dB带宽(kHz)	插入损耗(dB)	阻带衰减(dB)	匹配阻抗(Ω)	代换型号
LT465	465±1kHz	≥4		≤4			2L465 LTX1
LT455	455±1kHz	≥7		≤6			
3L465	465±1.5kHz	≥4		≤6			LBC-2
LT5.5M	5.5MHz	±70		≤6		470	
LT6.0M	6.0MHz	±75		≤6		470	
LT6.5M	6.49MHz±40kHz	±80		≤6		500	
LT6.5MB	6.42MHz±30kHz	≥1801	≤630	≤6	≤25	510	SFE6.5MB
LT10.7MA	(10.7±0.03)MHz	280±50		≤6		510	
LT10.7MB	(10.67±0.03)MHz	280±50		≤6		510	
LT10.7MA	(10.73±0.03)MHz	280±50		≤6		510	
SFE6.5MB	6.5MHz	≥1801	≤630	≤6	≤6	470	LT6.5MB
A75417-AM	6.5MHz	≥1801	≤630	≤6	≤25	470	LT6.5MB
RFIL-C0027CEZZ	6.5MHz	≥1801	≤630	≤6	≤25		LT6.5M LT6.5MB

表36-2 常用陶瓷陷波器的性能参数

型 号	陷波频率 (MHz)	陷波深度(dB)	-30dB带宽 (kHz)	绝缘电阻(MΩ)	代换型号
XT4.43M	4.43	≥20	≥30	100	
XT5.5MA	5.5	≥20	≥30	100	
XT6.0MA	6.0	≥20	≥30	100	
XT6.5MA	6.5	≥20	≥12	100	
XT6.5MB	6.5	≥30	≥60	100	TPS6.5MB
2TP4.5	4.5	≥20	≥30	100	XT4.5M
2TP6.5	6.5	≥30	≥70	100	XT6.5M
TPS4.5MB	4.5	≥30	≥50	100	XT4.5MB
TPS6.5MB	6.5	≥35	≥70	100	XT6.5MB

产品标识

陶瓷滤波器的外形类似于独石电容器，它是在一块特定尺寸的压电陶瓷材料基片上引出两个或多个特定尺寸的电极后封装而成，特定的尺寸决定了其特性。由于常用陶瓷滤波器的外形跟其他元器件有着较为明显的区别，所以从外观大体上能识别出来。

陶瓷滤波器的体积一般都很小，其外壳上一般都无法标出完整的型号，仅标出表示产品功能的单字母（有的在字母前边还标出了引脚数）和标称频率，有些产品还在标称频率后面缀有表示中心频率等的字母，如图36-3（a）所示。其中，不带小数点的频率单位为千赫兹（kHz），带有小数点的频率单位为兆赫兹（MHz）。例如，标志是"2L465"的二端陶瓷滤波器，它的标称频率是465kHz；标志是"L10.7A"的三端陶瓷滤波器，它的频率是10.7MHz，后缀字母A（对应色点是红色）表示其中心频率为"10.70 MHz±30 kHz"。

有些产品不仅在表示频率数字的后面缀上字母来区分中心频率，而且还同时在外壳表面点上不同的色点来区分中心频率，有些产品则只有区分中心频率的后缀字母，而无区分中心频率的色点，如图36-3（b）所示。色点和后缀字母代表的具体中心频率，因生产厂家、标称频率的不同而有所不同，具体应查看产品说明书。

根据引脚数目，可确定出二端型和多端型陶瓷滤波器，如图36-3（c）所示。对于普通二端型产品，其两个引脚无极性之分。三端型产品有输入端、输出端和接地端（多为中间引脚），使用时不能混淆。由于多端产品的引脚排列没有统一规定，所以使用时应查阅产品手册或厂家说明书进行区分。

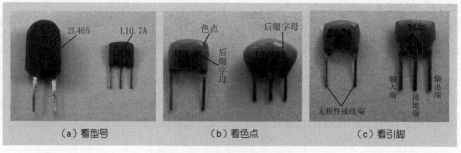

图36-3 陶瓷滤波器的识别方法

在电路图中的识别

陶瓷滤波器在电路图中的表示符号见图36-4。注意：其图形符号与石英晶体振荡器、压电陶瓷片（均属于"晶体换能器"）的表示符号相同。陶瓷滤波器的文字符号许多书刊不统一，除了用"B"来表示外，有的还用"BC"或"DL""X""XT""Z""FT"、"XT"等字母来表示。当同一个电路图中出现多个陶瓷滤波器时，可按习惯在文字符号后面加上数字编号，以示区别。

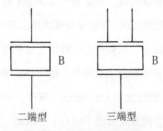

图36-4 陶瓷滤波器的符号

由于石英晶体振荡器、压电陶瓷片的电路符号与陶瓷滤波器完全相同，所以看书查图时要注意区别。除了看文字说明外，还可根据其在电路中的位置和作用进行推断。

附　录

随着计算机、手机网络技术的快速发展和普及，通过互联网（又称因特网）查询有关元器件的最新详细资料，已成为一种重要手段。如今的互联网，一般涉及电子类的网站都建立了元器件参数资料的数据库，通过随时随地访问这些网站，就可方便地进行相关资料的查询，免费获得内容丰富详实的文字说明、参数表格、典型应用、销售信息等。

通过互联网快速查询电子元器件资料的方式，表明了在信息技术飞速发展的今天，一些传统的学习和工作方式正面临着重大变革！通过互联网查寻有关电子元器件的资料，尤其是本书未涉及到的一些新颖元器件、贴片元器件等，不仅能够在很短的时间内方便获取大量详尽的最新资料，而且利于提高学习和工作的效率。因此初学者熟练掌握网络查询电子元器件的方法，是很有必要的！

学会网上查询电子元器件资料

电子元器件是构成各种电子电路和电子装置的基本单元，也是电子技术领域中一个重要的组成部分。电子技术每一次突破性地进展，都与电子元器件的每次变革息息相关。电子元器件发展之快、类型之多，远非我们这本入门级图书所能包容。本书仅对常用的普通电子元器件进行了介绍，许多新颖元器件、贴片元器件均未涉及。那么，读者如何才能获得本书所介绍以外的一些电子元器件的资料呢？这里推荐大家首选互联网（又称因特网）查询的办法！

随着计算机、手机网络技术的快速发展和普及，通过互联网查询有关电子元器件的最新详细资料，已成为一种重要手段。如今的互联网，一般涉及电子类的网站都建立了元器件参数资料的数据库，通过访问这些网站就可方便地进行相关资料的查询，免费获得内容丰富详实的文字说明、参数表格、典型应用、销售信息等。

通过互联网快速查询电子元器件资料的方式，表明了在信息技术飞速发展的今天，一些传统的学习和工作方式正面临着重大变革！通过互联网查寻相关电子元器件的资料，不仅能够在很短的时间内方便获取大量详尽的最新资料，而且利于提高学习和工作的效率。因此初学者熟练掌握网络查询电子元器件的方法，是很有必要的。

作者根据自己多年来的亲身实践，总结并列举出网上查询电子元器件资料的4种途径，供初学者参考：

1. 选择电子专业网站查询

国内外著名公司、电子行业、网络销售等机构设立的电子专业网站，大都建有电子元器件资料库。这些网页资料查询快捷，所提供的电子元器件参数资料大多数是可方便下载的PDF格式文件，但也有直接显示产品主要参数的页面。读者通过各种搜索引擎，可查到并进入这些电子专业网站，在其检索框中输入元器件名称、产品型号、生产厂商等关键词进行查询，就能精确获得相关电子元器件参数资料、对应的厂家及销售信息等。

查询时注意，要善于利用网站之间的链接。一些专业的网站通常都作相互链接，只要找到并打开一个我们所需要的专业网站，就可在其首页显示出的"友情链接"栏中点击并浏览到许多同类的网站。所获得的PDF格式资料文件，需要在电脑或手机上安装专门的PDF阅读软件后才能打开文件并进行阅读。

2．利用网络搜索引擎直接查询

只要在网络搜索引擎的搜索栏内输入待查询电子元器件的型号，并进行"模糊搜索"，再浏览搜索结果，对符合要求的信息链接逐一点击并浏览，最终一定会查到自己所满意的电子元器件资料。

还可采用更为直接的方法进行查询，具体方法是在浏览器的地址栏内直接输入待查的电子元器件型号，然后如上所述，对页面显示出的符合要求的信息链接逐一点击并浏览，即可获得所需要的资料，其缺点是查询速度较慢，成功率也相对低一些。

3．通过E-mail方式索取

一般电子元器件生产厂家或销售商的网站，都建立有一个特别的"联系我们"服务栏。在此服务栏目下，读者通过电子邮件方式，可申请获得厂商或销售商提供的相关电子元器件资料，也算是一种方便、快捷的方法。

通过电子邮件方式索取电子元器件资料时注意，大多数的网站只要读者正确输入自己的E-mail地址，资料文件马上就会传输到请求者的电子信箱中。所接收到的资料文件一般都采用PDF格式，需要在电脑上安装专门的应用软件后才能打开文件并进行阅读。

4．从商家的元器件介绍页面获取

一些电子元器件零售经销商（如"淘宝网"上的店家），在报出电子元器件网购价格的同时，还介绍了所销售电子元器件的基本参数、典型应用和使用常识等，有些还提供原厂家详细说明书的下载链接，读者在查看或购买该电子元器件的同时，也就轻而易举地获得了（可粘贴所需要的内容到电子文档或直接保存页面）一些有用的资料，非常便利。

需要顺便提及的是，通过网络不仅查询电子元器件资料非常便利，而且通过网购获得自己"动手做"所需要的各种电子元器件，更是方便快捷、价格便宜。作者身处大西北的一个县城，在当地几乎是无法购买到各种制作所需要的电子元器件。20世纪70年代，只能在当地收音机维修部购买到普通的晶体管收音机用元器件；进入20世纪80年代，也只能按照《中学科技》、《无线电》等杂志上登出的"读者服务部"和"邮购部"的供货消息，通过邮政局汇款，邮购到一些需要的电子元器件，但每次邮购周期在半个月到1个月之间，有时候得耐心等待数个月时间，无货退款、质量不保证的事时有发生；20世纪90年代及21世纪初的数年间，许多厂家和公司通过电子报刊登出邮购广告，国内电子元器件的邮购实际上经历了一个从"鼎盛时期"到"逐渐消退"的演变过程；2009年以来，作者开始从"淘宝网"等购买电子元器件，价格便宜，品种齐全，发货速度快，从网上下订单、付款到收货，一般3～5天时间，并且售后服务有保障。如今，网购电子元器件已成为个人最为满意的购买渠道，相信许许多多的科技制作"达人"，最终也会首选并青睐上网购电子元器件这一购买渠道！